高职高专装配式建筑专业"互联网+"创新规划教材

（活页式）

装配式混凝土建筑施工技术

秦继英　李胜杰　曾福英 ◎ 主编

梅　杨　　王　辉 ◎ 主审

高职高专装配式建筑专业"互联网+"创新规划教材

装配式混凝土建筑施工技术

（活页式）

主　编 ◎ 秦继英　李胜杰　曾福英
副主编 ◎ 李　静　邢　通　刘　萍　龙照华
参　编 ◎ 王小静　李燕飞　嵇　莉　冯　林　毛华彪　陈建强
主　审 ◎ 梅　杨　王　辉

内 容 简 介

本书基于我国装配式建筑行业人才培养需求，依据行业相关规范和施工工艺等，联合企业一线技术人员共同编写。教材采用手册与活页相结合的形式，实现理论与实践的充分结合。本书包括 8 个模块和真实案例展示，涵盖了装配式混凝土建筑预制构件的运输和存放标准，以及常见构件的施工和验收要求。书中配有真实施工图片等资料，同时融入精益求精的大国工匠精神和职业使命担当等内容，可满足教学和培训的需要。

本书可作为高等职业院校建筑工程类相关专业的教材，也可作为装配式建筑产业工人职业技能培训教材，同时可供相关工程技术人员自学或参考使用。

图书在版编目（CIP）数据

装配式混凝土建筑施工技术：活页式 / 秦继英，李胜杰，曾福英主编. -- 北京：北京大学出版社，2025.8. -- （高职高专装配式建筑专业"互联网+"创新规划教材）. -- ISBN 978-7-301-36485-7

Ⅰ. TU755

中国国家版本馆 CIP 数据核字第 2025FN5788 号

书　　　名	装配式混凝土建筑施工技术（活页式） ZHUANGPEISHI HUNNINGTU JIANZHU SHIGONG JISHU（HUO YE SHI）
著作责任者	秦继英　李胜杰　曾福英　主编
策 划 编 辑	杨星璐
责 任 编 辑	王莉贤　刘健军
数 字 编 辑	蒙俞材
标 准 书 号	ISBN 978-7-301-36485-7
出 版 发 行	北京大学出版社
地　　　址	北京市海淀区成府路 205 号　100871
网　　　址	http://www.pup.cn　新浪微博：@北京大学出版社
电 子 邮 箱	编辑部 pup6@pup.cn　总编室 zpup@pup.cn
电　　　话	邮购部 010-62752015　发行部 010-62750672　编辑部 010-62750667
印 刷 者	北京鑫海金澳胶印有限公司
经 销 者	新华书店
	787 毫米×1092 毫米　16 开本　15.75 印张　374 千字 2025 年 8 月第 1 版　　2025 年 8 月第 1 次印刷
定　　　价	59.00 元（活页式）

未经许可，不得以任何方式复制或抄袭本书之部分或全部内容。
版权所有，侵权必究
举报电话：010-62752024　电子邮箱：fd@pup.cn
图书如有印装质量问题，请与出版部联系，电话：010-62756370

前言 Preface

我国住房和城乡建设部发布的《"十四五"建筑业发展规划》中明确指出,"十四五"时期是加快建筑业转型发展的关键期,要坚持以推动建筑业高质量发展为主题,以推动智能建造与新型建筑工业化协同发展为动力,实现建筑业向新型工业化、数字化、智能化、绿色化转型发展的目标。新型建筑工业化是以构件预制化生产、装配式施工为生产方式,以设计标准化、构件部品化、施工机械化为特征,整合设计、生产、施工等整个产业链,实现建筑产品节能、环保、全生命周期价值最大化的可持续发展的新型建筑生产方法,而装配式施工则是其中关键环节之一。"装配式混凝土建筑施工技术"课程更是装配式建筑人才培养的核心课程。

本书编写团队充分发挥企业与职业院校的各自优势,基于《装配式建筑评价标准》(GB/T 51129—2017)、《装配式混凝土建筑技术标准》(GB/T 51231—2016)、《装配式混凝土结构技术规程》(JGJ 1—2014)等主要规范,结合装配式建筑施工员培养及 1+X 证书对应的《装配式建筑构件制作与安装职业技能等级标准》进行编写。本书力求使教学内容与工作内容相衔接,并融合现代化教学手段与信息技术,实现培养装配式混凝土建筑施工现场技术管理人才的目标,为读者提供一本全面、系统、实用的装配式混凝土建筑施工技术指南。同时,本书积极顺应人工智能发展趋势,提供了 AI 伴学内容及提示词,引导学生利用生成式人工智能(GenAI)工具,如 DeepSeek、Kimi、豆包、通义千问、文心一言、ChatGPT 等来进行拓展学习。本书融入党的二十大精神,是一本将纸质教材和数字化资源、专业知识技能与立德树人深度融合的融媒体教材。

本书具有以下特点。

1. 融入国家经济发展战略,对接建筑产业升级

作为建筑工业化的发展重心,装配式建筑的发展是建筑产业现代化的需要,也是建筑业向绿色化、智能化发展的重要抓手,更是国家经济发展战略的重要组成部分。装配式混凝土建筑施工是装配式混凝土建筑建造过程的核心环节,施工技术的先进性、智能化、绿色化,是装配式混凝土建筑的发展关键。

2. 课程思政贯彻始终

我们将课程思政贯穿教材始终,以体现工程伦理和精益求精的大国工匠精神。

3. 内容融入岗位证书要求

本书内容与装配式建筑施工员岗位要求及 1+X 证书对应的《装配式建筑构件制作与安装职业技能等级标准》的技能要求相吻合,满足装配式建筑施工员的岗位需求,助力学生可持续发展。为便于机构培训和学校实训,本书各模块的活页卡片部分设有实操任务,分别提供两项任务,供使用者根据自己的实训条件参考、选用。

4. 校企人员合作编写

本书从编写人员到审核人员，有理论知识扎实的装配式建筑专家、施工经验丰富的项目经理、参与职业院校建筑类专业教学实训体系和配套设施设备研发的专业人员，以及相关专业教师，编写人员结构多元，保证了本书既适合学生使用，又与实践紧密结合。本书理实合一，充分发挥了各自优势并相互协作，融合了编写团队的智慧和心血。

5. "互联网+"资源丰富

本书配有丰富的教学资源，包括动画、现场视频、微课等视频资源，同时还有在线答题等信息化形式的内容。编者会根据行业发展情况，不定期更新二维码链接资源，以便书中内容与行业发展结合更为紧密。

6. 具有手册式教材的框架及特点

本书内容包含大量的职业技能考评要点，结合考评要求，读者可快速学习并理解各类施工工具、施工方法及施工原理，掌握施工技能。

本书建议学时为 64 学时，通过理论和实践的混合教学，使学生具备装配式混凝土建筑施工技术的实践能力和进行相关技术改革创新的基本能力。各章建议学时分配见下表。

章节	课程内容	理论教学	实践练习	现场教学	小结
模块 1	装配式混凝土建筑概述	2	0	2	4
模块 2	预制构件运输、进场验收与存放	4	0	2	6
模块 3	预制柱施工技术	6	2	0	8
模块 4	预制混凝土剪力墙施工技术	6	4	0	10
模块 5	钢筋套筒灌浆施工技术	6	4	2	12
模块 6	预制梁施工技术	4	2	0	6
模块 7	预制叠合板施工技术	4	4	2	10
模块 8	预制楼梯施工技术	4	4	0	8
	合　计	36	20	8	64

本书的编写旨在推动装配式混凝土建筑技术的普及和应用，提高建筑工程技术人员的专业素养和技能水平，促进建筑行业的可持续发展。

河南建筑职业技术学院秦继英、河南省城乡规划设计研究总院股份有限公司李胜杰和河南建筑职业技术学院曾福英担任本书的主编；河南建筑职业技术学院李静、邢通、刘萍及浙江太学科技集团有限公司龙照华担任本书的副主编；河南建筑职业技术学院王小静、李燕飞、嵇莉，以及中国建筑第七工程局有限公司冯林、中铁建设集团中原建设有限公司毛华彪、浙江太学科技集团有限公司陈建强参编。河南建筑职业技术学院梅杨和河南东方建筑工业科技集团有限公司王辉担任本书的主审。

由于编者水平有限，书中难免存在不足之处，恳请读者批评指正。

资源索引

北京大学出版社
活页式创新教材使用说明

  本书为活页式创新教材，积极响应 2019 年国务院颁布的《国家职业教育改革实施方案》（简称职教二十条）相关政策。与现在普遍采用的胶装教材不同，本书的内页是活动的，方便用书老师和读者根据实际情况进行调整。

本活页式创新教材的主要特点如下：

一、活"教"

★ 任课老师可根据自身情况随时调整教学顺序。

★ 替换、可添加、可删减，随时更新教学内容，添加教辅资料。

★ 课后作业可收缴评分并返给学生。

二、活"学"

★ 做好的笔记可随时添加到教材对应位置，方便复习。

★ 可自我添加学习辅助资料，如论文、试卷等。

★ 上课不用带整本书，只带当节课需要的内容即可，简单方便。

★ 根据自我学习进度随时调整学习顺序。

三、活"用"

★ 随书赠送一份活页式教材附件，内有装订环（3 大 3 小）、笔记页、封皮。

★ 装订环用于装订活页式教材，大环用于整本书或多数页，小环用于零散页，比如一章或两章。

★ 笔记页用于做笔记并装订。

★ 封皮用于装订时放在首页进行保护。

具体使用方法请扫二维码查看视频：

使用说明

目 录
Catalog

模块 1 装配式混凝土建筑概述 ··· 1-3
- 任务 1.1 装配式混凝土建筑相关概念 ··· 1-5
- 任务 1.2 装配式混凝土结构 ·· 1-6
- 任务 1.3 装配式混凝土建筑施工特点 ··· 1-12
- 任务 1.4 常用预制混凝土构件 ·· 1-14
- 任务 1.5 装配式混凝土建筑发展趋势 ··· 1-15
- 模块小结 ·· 1-16
- 练习题 ·· 1-17

模块 2 预制构件运输、进场验收与存放 ·· 2-1
- 任务 2.1 预制构件的运输 ·· 2-2
- 任务 2.2 预制构件进场验收 ·· 2-6
- 任务 2.3 预制构件存放 ··· 2-10
- 任务 2.4 某项目预制构件运输实例介绍 ··· 2-13
- 任务 2.5 职业技能考评要点 ·· 2-21
- 模块小结 ·· 2-24
- 练习题 ·· 2-25
- 活页卡片 ·· 2-26

模块 3 预制柱施工技术 ·· 3-1
- 任务 3.1 预制柱安装工艺任务 ·· 3-2
- 任务 3.2 预制柱安装工机具 ·· 3-5
- 任务 3.3 预制柱安装实操 ·· 3-8
- 任务 3.4 预制柱安装质量验收 ·· 3-13
- 任务 3.5 职业技能考评要点 ·· 3-15
- 模块小结 ·· 3-18
- 练习题 ·· 3-19
- 活页卡片 ·· 3-20

模块 4　预制混凝土剪力墙施工技术······4-1

- 任务 4.1　预制混凝土剪力墙概述······4-2
- 任务 4.2　预制混凝土剪力墙安装工艺······4-4
- 任务 4.3　预制混凝土剪力墙安装工机具······4-6
- 任务 4.4　预制混凝土剪力墙安装实操······4-10
- 任务 4.5　预制墙板安装质量验收······4-15
- 任务 4.6　职业技能考评要点······4-17
- 模块小结······4-20
- 练习题······4-21
- 活页卡片······4-22

模块 5　钢筋套筒灌浆施工技术······5-1

- 任务 5.1　钢筋套筒灌浆施工工艺······5-2
- 任务 5.2　钢筋套筒灌浆施工工机具······5-7
- 任务 5.3　钢筋套筒灌浆施工实操······5-10
- 任务 5.4　职业技能考评要点······5-17
- 模块小结······5-19
- 练习题······5-20
- 活页卡片······5-22

模块 6　预制梁施工技术······6-1

- 任务 6.1　预制梁概述······6-2
- 任务 6.2　预制叠合梁安装工艺······6-4
- 任务 6.3　预制梁吊装工机具······6-7
- 任务 6.4　预制叠合梁安装实操······6-10
- 任务 6.5　预制梁安装质量验收······6-13
- 任务 6.6　职业技能考评要点······6-15
- 模块小结······6-18
- 练习题······6-19
- 活页卡片······6-20

模块 7　预制叠合板施工技术······7-1

- 任务 7.1　预制叠合板安装工艺······7-2
- 任务 7.2　叠合板吊装工机具······7-6
- 任务 7.3　叠合板安装实操······7-6
- 任务 7.4　叠合板质量控制和验收······7-8

任务 7.5　职业技能考评要点 ··· 7-10
模块小结 ·· 7-13
练习题 ··· 7-14
活页卡片 ·· 7-16

模块 8　预制楼梯施工技术 ··· 8-1

任务 8.1　预制楼梯安装工艺 ··· 8-2
任务 8.2　预制楼梯吊装工机具 ··· 8-5
任务 8.3　预制楼梯安装实操 ··· 8-6
任务 8.4　预制楼梯安装质量验收 ·· 8-10
任务 8.5　职业技能考评要点 ··· 8-12
模块小结 ·· 8-15
练习题 ··· 8-16
活页卡片 ·· 8-17

附录 1　构件装配工职业技能等级 ··· F-1
附录 2　某装配整体式剪力墙结构项目案例 ······························· F-3
附录 3　AI 伴学内容及提示词 ··· F-33
参考文献 ··· C-1

本书思维导图

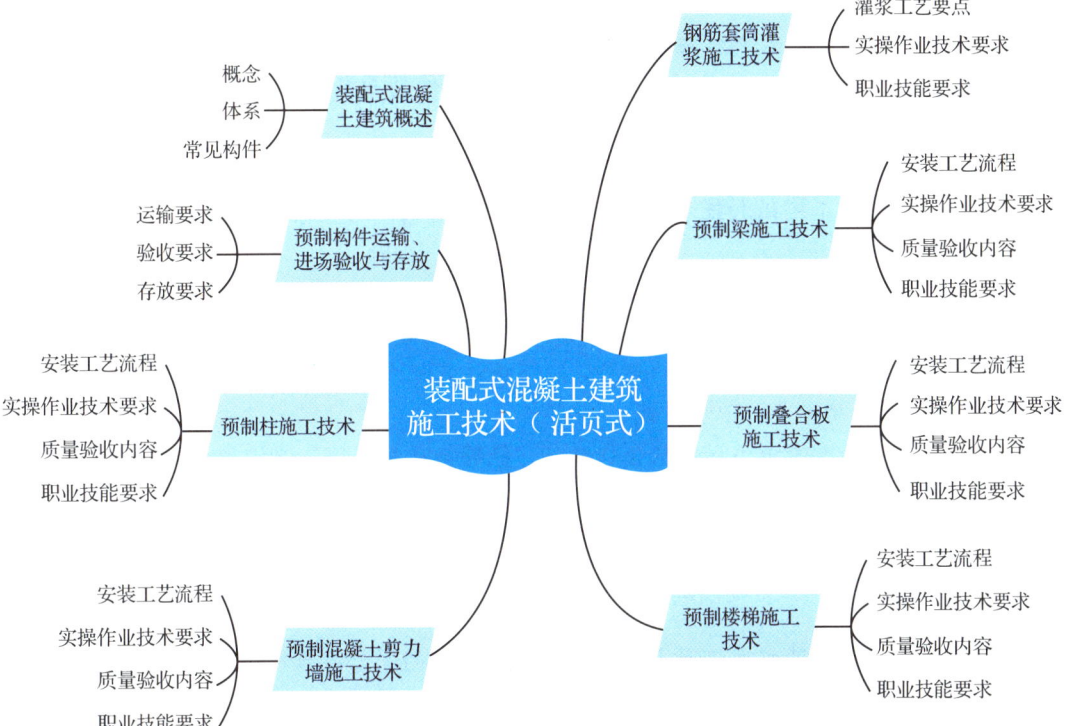

专业能力目标

1. 熟练掌握装配式混凝土结构主要构件类型及其安装工艺。
2. 熟悉装配式混凝土构件施工的常用机械设备。
3. 掌握装配式混凝土结构的施工工艺,包括构件的吊装、定位、固定、连接等关键技术。
4. 熟悉并掌握装配式混凝土结构的连接技术,如灌浆连接、后浇连接、干法连接等。
5. 能够根据施工图纸和技术要求,完成装配式混凝土结构的施工任务。

职业素养目标

1. 具备良好的职业道德和责任心,能够严格遵守施工安全规范和质量标准。
2. 具备持续学习和不断创新的精神,能够关注装配式混凝土建筑领域的新技术、新工艺,不断提升自己的专业知识和技能。
3. 具备良好的沟通能力和团队合作精神,能够与项目经理、设计师、工程师等团队成员有效协作,共同完成施工任务。
4. 具备标准意识、规范意识、安全意识、工匠精神和创新思维。

职业发展目标

1. 成为能够胜任装配式混凝土建筑工程技术岗位的高素质技术技能人才。
2. 具备从事装配式混凝土建筑工程施工及项目管理等相关工作的能力。
3. 具备吃苦奉献、拼搏争先的精神品质,勇于奋斗、乐观向上,具有自我管理能力、职业生涯规划能力。
4. 能够在土木工程建筑业、房屋建筑业等行业中发挥专业优势,为装配式混凝土建筑的发展贡献力量。

模块 1　装配式混凝土建筑概述

思维导图

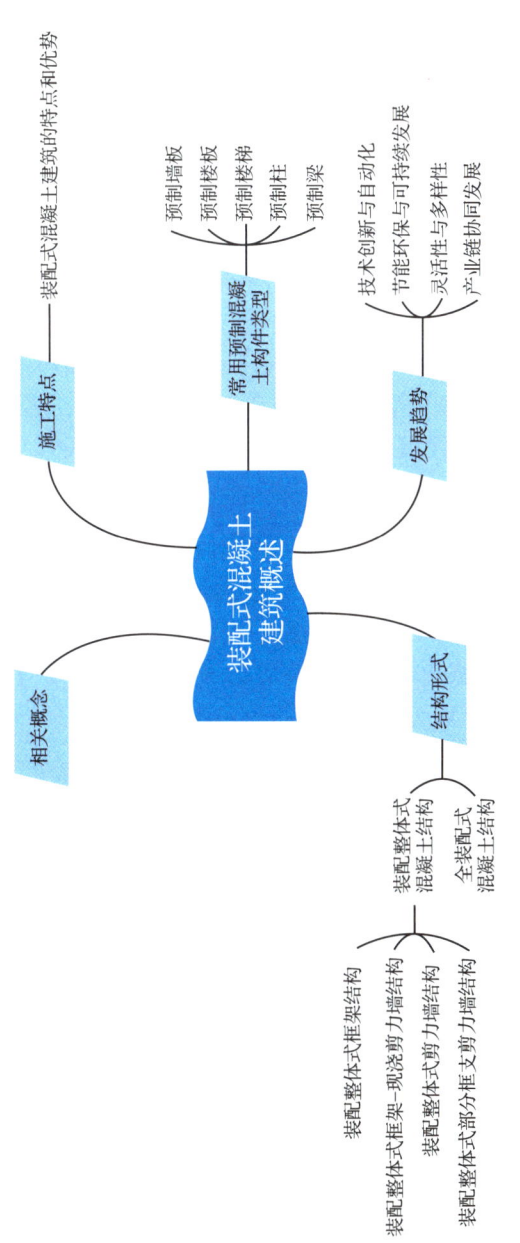

引言

装配式建筑是"用预制部品部件在工地装配而成的建筑",其核心特点是将传统建造方式中的大量现场作业转移至工厂完成,构件(如楼板、墙板、楼梯等)经工厂预制后运输至现场,通过可靠连接技术组装为完整建筑。

2016年,国务院办公厅下发了《关于大力发展装配式建筑的指导意见》(国办发〔2016〕71号),该文件明确指出装配式建筑有利于节约资源能源、减少施工污染、提升劳动生产效率和质量安全水平,有利于促进建筑业与信息化、工业化深度融合。大力发展装配式建筑,坚持标准化设计、工厂化生产、装配化施工、一体化装修、信息化管理、智能化应用,提高技术水平和工程质量,促进建筑产业转型升级。随后,装配式建筑在全国各地进入快速发展阶段,中华人民共和国住房和城乡建设部(简称住房城乡建设部)和各省市相继制定并下发了相关指导意见。这标志着装配式建筑在我国进入新的快速发展阶段。

"十四五"以来,全国各地都在部署装配式建筑和绿色建筑的发展规划。为提高建设装配式建筑和绿色建筑的积极性,国家和各省市密集出台了一系列激励政策,包括财政补贴、优先评奖、信贷金融支持、减免城市配套费用等。推进以装配式建筑、智能建造为代表的新型建筑工业化,是推动形成绿色低碳节能环保的生产方式、带动建筑业全面转型升级的必然选择。从数据来看,装配式建筑快速发展:2016年至2020年,全国装配式新建建筑面积分别为1.14亿㎡、1.6亿㎡、2.89亿㎡、4.2亿㎡、6.29亿㎡,每年平均增长幅度为54%。未来,绿色建造、智能建造和建造工业化互相融合、协同发展,更深层次的技术融入,将成为建筑业高质量发展的新引擎,成为中国建造发展的支撑和基石。

> **想一想**
>
> 1. 国家大力推广装配式建筑的原因是什么?
> 2. 你认为未来我国装配式技术发展趋势是什么?
> 3. 党的二十大报告提出"推动经济实现质的有效提升和量的合理增长",装配式建筑如何通过工业化生产方式实现建筑业的高质量发展?

什么是装配式建筑

《关于大力发展装配式建筑的指导意见》

《中国建筑业装配式建筑发展研究报告(2023)》

装配式建筑市场蓬勃发展,中国工业化建筑新时代来临

任务 1.1　装配式混凝土建筑相关概念

> **想一想**
> 除了装配式混凝土建筑，你知道装配式建筑还有哪些结构类型吗？请举例说明。

装配式混凝土建筑是装配式建筑的一种具体形式。下面介绍在装配式混凝土建筑中经常用到的一些专业术语和概念。

（1）预制混凝土构件：在工厂或现场预先制作的混凝土构件，简称预制构件。

（2）装配式混凝土结构：由预制混凝土构件通过可靠的连接方式装配而成的混凝土结构，包括装配整体式混凝土结构、全装配式混凝土结构等。

（3）装配整体式混凝土结构：由预制混凝土构件通过可靠的方式进行连接并与现场后浇混凝土、水泥基灌浆料形成整体的装配式混凝土结构，简称装配整体式结构。

（4）装配整体式混凝土框架结构：全部或部分框架梁、柱采用预制构件构成的装配整体式混凝土结构，简称装配整体式框架结构。

（5）装配整体式混凝土剪力墙结构：全部或部分剪力墙采用预制墙板构成的装配整体式混凝土结构，简称装配整体式剪力墙结构。

（6）混凝土叠合受弯构件：预制混凝土梁、板的顶部在现场后浇混凝土而形成的整体受弯构件，简称叠合板、叠合梁。

（7）预制外挂墙板：安装在主体结构上，起围护、装饰作用的非承重预制混凝土外墙板，简称外挂墙板。

（8）预制混凝土夹心保温外墙板：中间夹有保温层的预制混凝土外墙板，简称夹心外墙板。

（9）混凝土粗糙面：预制构件结合面上的凹凸不平或骨料显露的表面，简称粗糙面。

（10）钢筋套筒灌浆连接：在预制混凝土构件内预埋的金属套筒中插入钢筋并灌注水泥基灌浆料而实现的钢筋连接方式。

（11）钢筋浆锚搭接连接：在预制混凝土构件中预留孔道，在孔道中插入需搭接的钢筋，并灌注水泥基灌浆料而实现的钢筋搭接连接方式。

任务 1.2 装配式混凝土结构

装配式混凝土结构根据连接方式的不同可分为装配整体式混凝土结构和全装配式混凝土结构。装配整体式混凝土结构是通过预制混凝土构件与现场后浇混凝土、水泥基灌浆料形成整体的结构,而全装配式混凝土结构则是通过干法连接(如螺栓连接、焊接等)形成整体的结构。本书主要介绍装配整体式混凝土结构。装配整体式混凝土结构按结构形式可分为装配整体式框架结构、装配整体式框架-现浇剪力墙结构、装配整体式剪力墙结构、装配整体式部分框支剪力墙结构等类型,在具体的工程项目中,可以根据建筑物高度、抗震等级、抗震设防烈度、功能等要求来确定所需的结构类型。装配整体式混凝土结构因其结构形式的不同,构件的类型、特点、适用高度也各不相同。装配整体式混凝土结构形式及特点见表1-1。

表1-1 装配整体式混凝土结构形式及特点

结构类型	主要预制构件类型	常见现浇部位	常见建筑类型
装配整体式框架结构	预制柱、叠合梁、叠合楼板、预制楼梯、预制外挂墙板等	基础、底部加强区(底层)、节点、叠合梁板现浇层	公共建筑、低多层住宅
装配整体式框架-现浇剪力墙结构	预制柱、叠合梁、叠合楼板、预制楼梯、预制外挂墙板等	基础、底部加强区、节点、叠合梁板现浇层、剪力墙	公共建筑、中高层住宅
装配整体式剪力墙结构	预制剪力墙、叠合梁、叠合楼板、预制楼梯、预制叠合阳台板、空调板等	基础、底部加强区、叠合梁板现浇层、节点、剪力墙边缘构件、水平现浇带或圈梁	住宅
装配整体式部分框支剪力墙结构	预制剪力墙、叠合楼板、预制楼梯	基础、底部加强区、现浇框支框架	住宅

根据《装配式混凝土结构技术规程》(JGJ 1—2014),装配整体式混凝土结构房屋最大适用高度应满足表1-2的要求,并应符合相关的规定。

表1-2 装配整体式混凝土结构房屋最大适用高度

单位:m

结构类型	非抗震设计	抗震设防烈度			
		6度	7度	8度(0.2g)	8度(0.3g)
装配整体式框架结构	70	60	50	40	30
装配整体式框架-现浇剪力墙结构	150	130	120	100	80
装配整体式剪力墙结构	140(130)	130(120)	110(100)	90(80)	70(60)
装配整体式部分框支剪力墙结构	120(110)	110(100)	90(80)	70(60)	40(30)

注:1. 房屋高度指室外地面到主要屋面板板顶的高度(不考虑局部突出屋顶的部分)。
  2. 当结构中仅水平构件采用叠合梁、板,而竖向构件全部为现浇时,其最大适用高度同现浇结构。
  3. 在规定水平力作用下,装配整体式框架-现浇剪力墙结构中,当框架结构承受的地震倾覆力矩大于总倾覆力矩50%时,最大适用高度应适当降低。
  4. 在规定水平力作用下,装配整体式剪力墙结构中,当预制剪力墙构件承担的底部剪力大于底部总剪力的50%时,最大适用高度应适当降低;当预制剪力墙构件承担的底部剪力大于底部总剪力的80%时,应取括号内的数值。
  5. 当结构中竖向构件全部为现浇且楼盖采用叠合梁板时,房屋的最大适用高度可按现行行业标准《高层建筑混凝土结构技术规程》(JGJ 3—2010)中的规定采用。

装配整体式混凝土结构构件的抗震设计，应根据设防类别、抗震设防烈度、结构类型和房屋高度确定不同的抗震等级，并应符合相应的计算和构造措施要求。丙类装配整体式混凝土结构的抗震等级应按表1-3确定，乙类装配整体式混凝土结构应按本地区抗震设防烈度提高一度的要求加强其抗震措施；当本地区抗震设防烈度为8度且抗震等级为一级时，应采取比一级更高的抗震措施；当建筑场地为Ⅰ类时，仍可按本地区抗震设防烈度的要求采取抗震构造措施。

表 1-3 丙类装配整体式混凝土结构的抗震等级

结构类型		抗震设防烈度					
		6度		7度		8度	
装配整体式框架结构	高度/m	≤24	>24	≤24	>24	≤24	>24
	框架	四	三	三	二	二	一
	大跨度框架	三		二		一	
装配整体式框架-现浇剪力墙结构	高度/m	≤60	>60	≤24	>24且≤60	>60	≤24	>24且≤60	>60
	框架	四	三	四	三	三	二
	剪力墙	三	三	三	二	二	一
装配整体式剪力墙结构	高度/m	≤70	>70	≤24	>24且≤70	>70	≤24	>24且≤70	>70
	剪力墙	四	三	四	三	二	二	一
装配整体式部分框支剪力墙结构	高度/m	≤70	>70	≤24	>24且≤70	>70	≤24	>24且≤70
	现浇框支框架	二	二	二	二	一	一
	底部加强部位剪力墙	三	三	三	二	二	一
	其他区域剪力墙	四	三	四	三	三	二

注：大跨度框架指跨度不小于18m的框架。

目前我国大部分省市的装配式混凝土建筑主要以高层住宅、多层商业办公楼、学校、医院等项目为主，高层住宅主要以混凝土剪力墙结构为主，其他项目则以框架结构为主。相关研究报告表明，目前装配整体式剪力墙结构在国内的装配式建筑中占了70%～80%，且多以《装配式混凝土建筑技术标准》（GB/T 51231－2016）里的套筒灌浆连接技术为主。随着行业技术发展，目前国内几家主要的装配式建筑企业在免灌浆套筒技术体系方面做了一系列研究，丰富了装配整体式剪力墙结构体系，但主要为装配式叠合剪力墙（双皮墙），代表性的有北京住宅产业化集团的纵肋叠合剪力墙体系、三一筑工的SPCS装配整体式叠合混凝土结构技术体系，以及上海宝业集团、武汉美好建筑装配科技有限公司等企业的双皮墙结构体系。

装配整体式剪力墙结构体系

下面就目前常用的装配整体式剪力墙结构体系和装配整体式框架结构体系进行详细

介绍。

1. 装配整体式剪力墙结构

剪力墙结构是由墙体作为主要承重及抗侧力构件,承担各类荷载引起的内力,并能有效控制结构的水平力的结构。装配整体式剪力墙结构是全部或部分剪力墙采用预制墙板的剪力墙结构,如图1-1所示。该结构刚度大,空间整体性好,房间内无明梁、明柱,便于室内布置,方便便捷,适用于高层住宅。

图1-1 装配整体式剪力墙结构

工程实例:万科装配整体式剪力墙结构施工工艺视频

其基本特征:主体结构剪力墙全部或部分采用预制墙板,楼板采用叠合板,楼梯、阳台及其他围护结构可以采用预制构件也可采用现浇技术,各类构件通过现浇节点等方式可靠连接而成。剪力墙根据预制形式不同,可以分为整体预制和叠合预制两种类型,整体预制的剪力墙通常采用套筒灌浆连接技术,叠合预制的剪力墙一般采用现浇混凝土连接。

2. 装配整体式叠合剪力墙结构

装配整体式叠合剪力墙结构(简称叠合剪力墙结构,图1-2)是装配整体式剪力墙结构的一种,是指全部或部分剪力墙采用由内外叶预制混凝土板和中间空腔组成的叠合墙板(双面叠合剪力墙板或夹心保温叠合剪力墙板),并与叠合楼板、楼梯及阳台等预制构件,通过后浇混凝土等可靠连接方式形成整体的混凝土剪力墙结构体系。

该结构的连接技术与钢筋套筒灌浆连接技术不同,其预制竖向构件在设计、生产和施工方面与钢筋套筒灌浆连接技术体系存在较大差异,且最关键的构件为叠合剪力墙。

项目案例1: 某住宅工程项目13#楼(图1-3),总建筑面积为10271.55m²,地下两层,地上27层,建筑总高度78.53m。该项目采用装配整体式剪力墙结构,预制混凝土构件有预制剪力墙、预制保温一体化外墙板、预制飘窗、预制叠合楼板、预制楼梯等,上下墙体采用钢筋套筒灌浆连接，叠合楼板采用单向板。该项目的施工流程图如图 1-4 所示。

图 1-2 装配整体式叠合剪力墙结构

图 1-3 某装配整体式叠合剪力墙结构项目

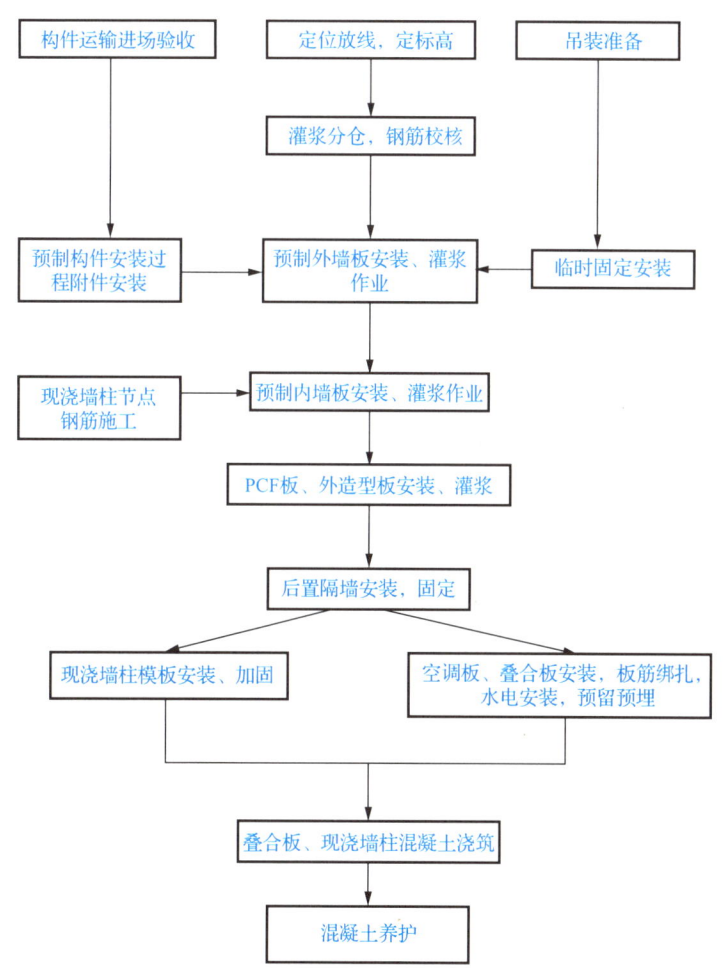

图 1-4 某装配整体式叠合剪力墙结构项目施工流程图

3. 装配整体式框架结构

装配整体式框架结构是按标准化设计，根据建筑和结构的特点将梁、柱、板、楼梯、阳台、外墙等构件拆分，在工厂进行标准化预制生产，在现场采用机械化安装，并进行可靠连接，形成整体的框架结构，如图 1-5 所示。

图 1-5 装配整体式框架结构

装配整体式框架结构体系

其基本特征：主体结构框架采用预制梁、柱，楼板采用叠合板，楼梯、阳台及其他围护结构可以采用预制构件也可采用现浇技术，各类构件通过现浇节点等方式可靠连接而成。预制柱连接方式主要采用钢筋套筒灌浆连接。

项目案例 2：某办公楼工程项目，地上总建筑面积为 62230.44m^2，地下两层，地上 6 层，建筑总高度为 23.85m。结构类型为装配整体式框架结构，抗震设防烈度为 7 度，设计地震分组为第二组，采用的预制构件有预制柱、预制保温装饰一体化外墙、轻质内隔墙等，预制柱上下连接采用钢筋套筒灌浆连接。该项目部分预制柱平面布置图如图 1-6 所示。

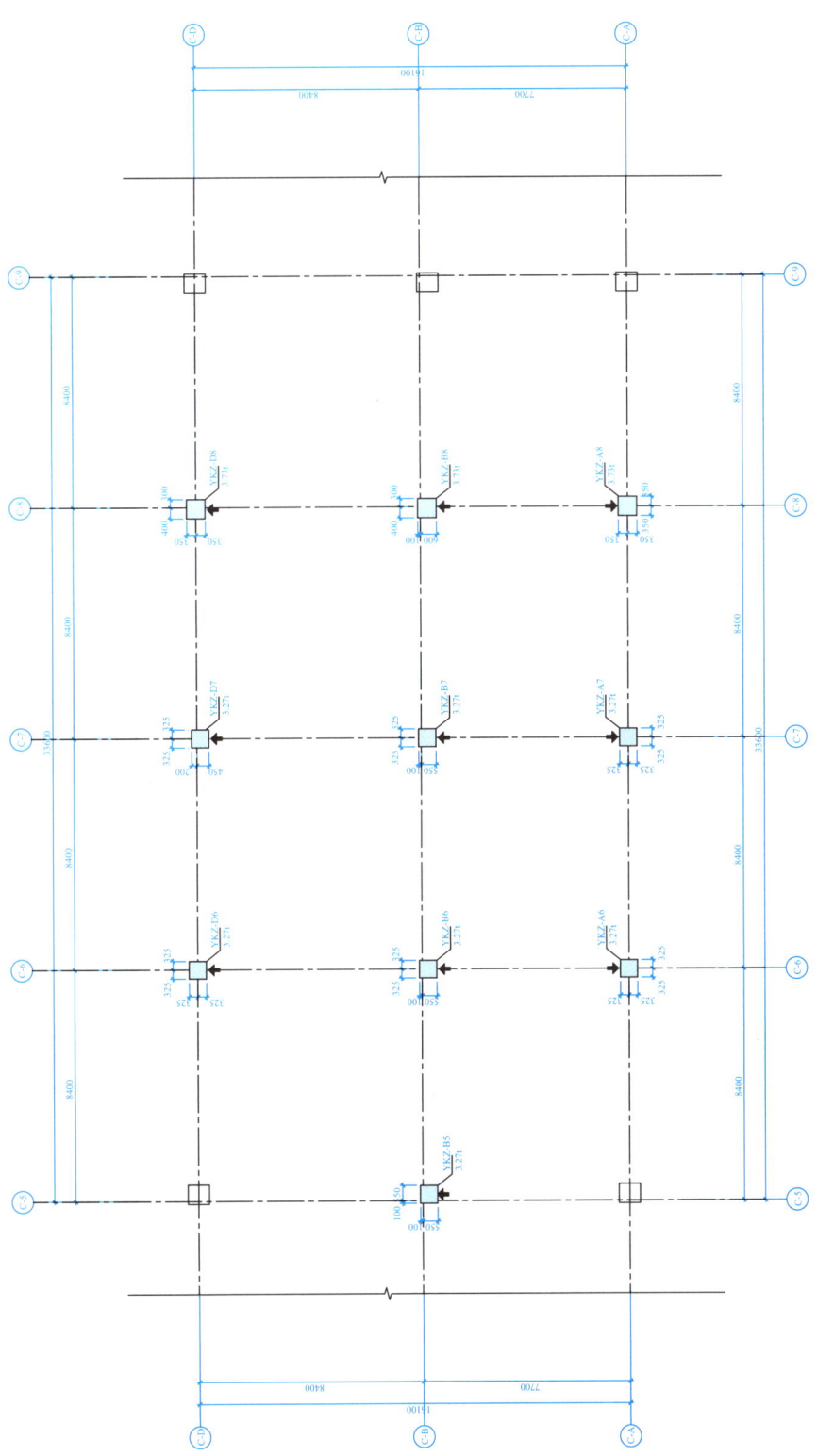

图 1-6 该项目部分预制柱平面布置图

建筑工业化特点

装配式混凝土建筑施工特点

任务 1.3　装配式混凝土建筑施工特点

装配式混凝土建筑与现浇混凝土建筑在施工方面相比，其特点和优势如表 1-4 所示。

表 1-4　装配式混凝土建筑相较于现浇混凝土建筑的特点和优势

序号	项目	装配式混凝土建筑	现浇混凝土建筑
1	建筑形式	工厂预制，钢模可预先定制，构件造型灵活多样，现场机械吊装，可多种结构形式组合成型	受限于模板架设能力和施工技术水平
2	施工方案	施工以吊装作业为主，通常采用塔式起重机吊装预制构件，吊装中吊钩与构件预留钢筋连接或与起吊点连接，吊至计划部位进行组装。吊装过程中要根据构件情况设置安全防护栏或采取临边防护措施，完成构件钢筋及防水条的焊接。根据施工方案，可以在同层现浇完成后进行套筒灌浆，或在本层墙板吊装完成、顶板模板安装调试完毕后进行套筒灌浆。施工流程总结为：构件吊装→临时固定→套筒灌浆→上层构件吊装，依次循环进行	现场施工作业，钢筋工程为现场加工、吊运、安装，钢筋采用直螺纹套筒连接或焊接；模板工程采用现场拼装；混凝土工程采用现场浇筑工艺
3	施工人员	人员少，技能强，机械化程度高；人员固定，管理难度小	人员多，专业性低；人员流动性大，管理难度大
4	材料需求	工厂预制，现场周转材料需求量小	现场安装，周转材料需求量较大
5	机械需求	采用大吨位起重机，一般最小起重量为 5t	一般对起重量要求不大，只要能覆盖即可
6	施工环境	工厂加工、现场拼装连接、工序较少	现场露天作业，受冬季及雨季影响较大
7	安全方面	工序较为单一、现场人员较少，易于安全管理	现场人员较多，存在交叉作业，高空作业较多，不利于安全管控
8	工程质量	构件由工厂生产，多道检验，严格按施工图生产，生产条件可控，产品质量有保证，工艺先进，建成建筑品质高	建成建筑品质很大程度上受限于现场施工人员的技术水平和管理人员的管理能力

续表

序号	项目	装配式混凝土建筑	现浇混凝土建筑
9	施工工期	工期短,可实现设计、生产、施工一体化,装饰装修部品的标准化、精细化、信息化;生产施工效率高。例如:生产一层楼梯,工厂预制,两名工人现场拼装,3小时可完成	工期长。例如:生产一层楼梯,两名工人,换作现浇施工,同样流程,至少需要2天
10	成本	总体施工成本较低	总体施工成本较高
11	绿色施工	构件在工厂生产,大大减少噪声和扬尘,建筑垃圾回收率高	施工现场有扬尘、废水、噪声,建筑垃圾回收率低
12	协调	结构施工阶段有吊装工、钢筋工、木工、混凝土工、架子工等工种。现场施工内容较少,协调量较小	结构施工阶段有钢筋工、木工、混凝土工、架子工等工种。现场施工内容较多,协调量较大

虽然装配式混凝土建筑具有一定优势,但目前其在我国建筑工业化发展的应用中仍受到制约,主要原因有以下几方面。

(1)建筑的设计、生产、施工及装修各环节相对独立,发挥不了生产线规模化、装配式施工机械化大生产的优势。

(2)预制构件不便于工厂生产、堆放和运输,不便于现场装配,不便于全产业链的资源整合。

(3)设计方法以"等同现浇"为主,结构体系及设计理论上的创新较少。

(4)目前装配式混凝土建筑的应用主要靠政策推动,提高质量、提升效率、减少对用工依赖、节能减排(两提两减)的效果尚不明显。

(5)区域发展不平衡,装配式混凝土建筑的普及与各地经济发展水平相关。

(6)复合型专业技术人员和产业工人缺乏。

装配式混凝土建筑的优缺点

任务 1.4　常用预制混凝土构件

装配式混凝土建筑常用预制构件有预制柱、预制梁（叠合梁）、预制楼板（叠合板）、预制楼梯、预制墙板、预制阳台板、预制空调板、预制飘窗等，如图 1-7 所示。

预制柱

预制梁（叠合梁）

预制楼板（叠合板）

预制楼梯

预制墙板

预制阳台板

预制空调板

预制飘窗

图 1-7　常用预制混凝土构件

装配式混凝土建筑预制构件有哪些？

一般情况下，装配式混凝土建筑的基础、首层和顶层楼板，结构转换层，叠合构件的叠合层和一些构件的结合部位需要采用现浇混凝土。高层建筑的裙楼部分由于层数少、构件类型复杂等因素，也经常选择采用现浇混凝土。对于有抗震要求的建筑，规范规定在一些特定部位必须采用现浇混凝土，如装配整体式框架-现浇剪力墙结构的剪力墙、装配整体式框架-现浇核心筒结构的核心筒、装配整体式剪力墙结构的底部加强部位的剪力墙等。

任务 1.5　装配式混凝土建筑发展趋势

我国建筑业处于从传统建造方式向工业化、信息化转型的关键时期。装配式混凝土建筑以其施工速度快、工程质量可控、绿色环保等优点，成为推动建筑业转型升级的重要途径。2016年2月6日中共中央 国务院《关于进一步加强城市规划建设管理工作的若干意见》中指出，十年内，我国新建建筑中，装配式混凝土建筑比例将达到30%。2030年碳达峰行动方案，将推动装配式混凝土建筑比例进一步提升，部分城市群可能提出更高目标，北上广深等城市通过政策激励和技术创新，率先实现装配式混凝土建筑占比超50%。按照这个速度，我国每年将建造几亿平方米的装配式混凝土建筑，这个规模和发展速度在世界建筑产业化进程中是前所未有的，我国的建筑界将面临巨大的转型和产业升级的压力。

随着城市化进程的加快和建筑市场竞争的加剧，市场对高效、绿色、可持续的建筑结构需求日益增长。装配式混凝土建筑作为一种可快速建设、高品质、环保节能的建筑技术，能够满足这一市场需求。与传统的混凝土建筑相比，装配式混凝土建筑的优势主要表现在以下几个方面。

1. 技术创新与自动化

随着建筑信息模型（BIM）技术在建筑行业的普及和成熟，装配式混凝土建筑的设计、施工和运营管理可以通过BIM实现数字化、可视化和协同化，提升工作效率和提高质量。

装配式混凝土建筑的制造过程可以通过自动化设备、机器人和数字化控制系统实现智能化生产，提升生产效率和提高产品质量。

随着装配式混凝土建筑技术的成熟和推广，相关的标准化体系也将逐步完善。

装配式混凝土建筑在材料选择、构件设计、制造工艺、施工方法等方面都需制定相应的标准，以保证其质量的可控性和稳定性。

2. 节能环保与可持续发展

装配式混凝土建筑技术具有优异的节能环保性能，是实现低碳建筑和可持续发展的重要手段。采用预制装配式混凝土墙板、楼板等构件，可以减少对自然资源的消耗，降低建筑施工过程中的能源消耗和噪声污染。装配式混凝土建筑未来的发展方向是将绿色建筑理念融入装配式混凝土建筑中，采用可再生能源、节水系统以及有机废弃物回收利用等技术，使建筑具备低碳、零排放的特性。

3. 灵活性与多样性

装配式混凝土建筑在构件尺寸和形状上具有较高的灵活性，可以适应不同建筑形式和功能需求。随着技术的进步和制造工艺的改进，装配式混凝土建筑将实现更加多样化的设计和生产。

4. 产业链协同发展

装配式混凝土建筑的发展将带动设计、施工、部品部件生产、装配化装修、设备制造和运输物流等相关产业，助力完善装配式混凝土建筑全产业链一体化布局。同时，产业链协同将促进技术创新和产业升级，推动行业持续健康发展。

装配式混凝土建筑发展已成行业趋势

随着全球人口增长、城市化进程加快以及可持续发展理念的普及，装配式混凝土建筑在住宅、公共建筑等领域的需求日益增加。目前装配式混凝土建筑的应用主要集中在住宅建筑领域，占据装配式混凝土建筑应用总量的70%以上。然而，随着技术的不断进步和市场需求的多样化，公共建筑、工业建筑等领域也在逐渐增加装配式混凝土建筑的应用比例。这些领域的拓展为装配式混凝土建筑提供了更广阔的发展空间。

在政策扶持、市场需求和技术创新等多重因素的推动下，装配式混凝土建筑行业将保持快速增长态势，并迎来更加广阔的发展前景。未来，随着行业技术的不断进步和市场需求的不断扩大，装配式混凝土建筑将在建筑行业中发挥更加重要的作用。

想一想

智能建造与装配式混凝土建筑之间有什么样的关系？在国家"3060双碳"背景下，发展装配式混凝土建筑具有什么样的重大意义？

装配式混凝土建筑与智能建造融合发展是建筑产业的新机遇

三一智能建造全过程讲解

模块小结

本模块结合我国新型建筑工业化发展方向，介绍了装配式混凝土建筑的相关概念，在对比各种结构类型特点的基础上重点介绍了装配整体式剪力墙结构、装配整体式框架结构；对比了装配式混凝土建筑施工与现浇混凝土建筑施工的优缺点，并介绍了几种常见的预制混凝土构件，以及装配式混凝土建筑未来的发展趋势。

练习题

一、选择题

1. 国务院办公厅下发的《关于大力发展装配式建筑的指导意见》中明确提出，力争十年左右的时间，使装配式建筑占新建建筑面积的比例达到（   ）。
   A．20%　　　　　B．30%　　　　　C．40%　　　　　D．50%

2. 《关于大力发展装配式建筑的指导意见》中提出，统筹建筑结构、机电设备、部品部件、装配施工、装饰装修，推行装配式建筑（   ）。
   A．深化设计　　　　　　　　B．正向设计
   C．协同设计　　　　　　　　D．一体化集成设计

3. 下列构件中不属于装配整体式框架结构常用预制构件的是（   ）。
   A．预制柱　　　　B．叠合梁　　　　C．叠合板　　　　D．叠合剪力墙

4. 下列内容不属于装配式建筑优点的是（   ）。
   A．施工速度快　　　　　　　B．工程质量可控
   C．绿色环保　　　　　　　　D．湿作业多

5. 下列构件中不属于建筑用预制构件的是（   ）。
   A．预制楼梯　　　　B．预制箱梁　　　　C．预制梁　　　　D．预制板

二、填空题

1. 装配式混凝土建筑有利于_____、_____、_____和_____，有利于促进建筑业与信息化、工业化深度融合。

2. 大力发展装配式混凝土建筑，要坚持_____、_____、_____、一体化装修、信息化管理、智能化应用。

3. 装配式混凝土建筑根据结构形式可分为_____、_____、_____等类型。

4. 装配整体式框架结构多用于_____、_____。

5. 在预制构件中预留孔道，在孔道中插入需搭接的钢筋，并灌注水泥基灌浆料而实现的钢筋搭接连接方式称为_____。

三、思考题

1. 相比于现浇施工技术，装配式建筑施工有哪些优势？
2. 推动装配式混凝土建筑的发展与国家碳达峰、碳中和战略有何关系？

模块 2　预制构件运输、进场验收与存放

思维导图

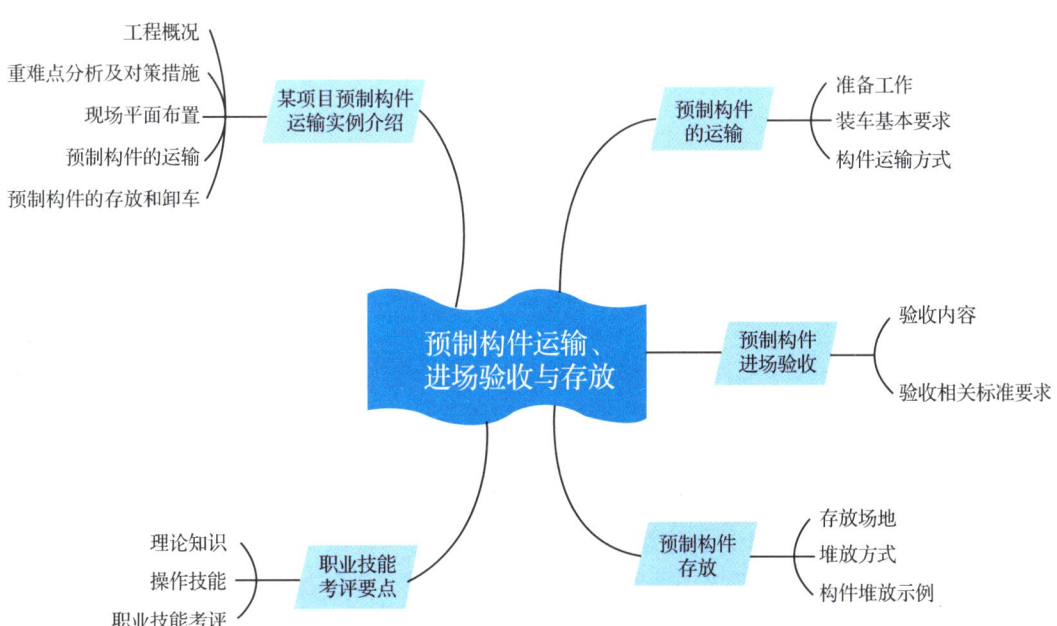

引言

装配式混凝土建筑的不断发展，为建筑业的机械化和工业化开辟了道路。构件采用工厂化预制，并由专业运输车运至施工现场。因此，如何把预制构件安全保质地运到施工现场，并进行进场验收和存放就是一道至关重要的工序，需要作业人员具有较高的质量意识、安全意识、严谨负责的态度和团队合作的精神。本模块重点讲解预制构件的运输、进场验收、存放等基本内容。

任务 2.1　预制构件的运输

预制构件体量较大，如果在运输过程中发生事故或损坏构件，可能会造成安全事故或一定的经济损失，因此，预制构件的运输非常重要。

2.1.1　准备工作

预制构件运输的准备工作主要包括：制定运输方案、设计并制作运输架、验算构件强度、清查构件及勘察运输路线。这里介绍除验算构件强度外的其他 4 项准备工作。

1. 制定运输方案

此环节需要根据运输构件实际情况、装卸车现场及运输路线的情况、施工单位或当地的起重机械和运输车辆的供应条件及经济效益等因素综合考虑，最终选定运输方法、起重机械（装卸构件用）、运输车辆和运输路线。运输路线应按照客户指定的地点及货物的规格和质量制定，确保运输条件与实际情况相符。

装配式混凝土建筑合理运距的介绍

2. 设计并制作运输架

运输架根据构件的质量和外形尺寸进行设计制作，且尽量考虑运输架的通用性。

3. 清查构件

此环节主要是清查构件的型号、质量和数量，是否有合格印章和出厂合格证书等。

4. 勘察运输路线

在运输前再次对路线进行勘察，对沿途可能经过的桥梁、桥洞、车道的承载能力，通行高度、宽度、转弯半径和坡度，沿途上空有无障碍物等进行实地考察并记载，制定出最佳路线。在制定路线方案时，每处需要注意的地方应注明。某处如不能满足车辆顺利通行，应及时采取措施。此外，应注意沿途是否有横穿铁道，如有应查清火车通过道口的时间，以免发生交通事故。

> **特别提示**
>
> 勘察运输路线需要实地考察，如果仅凭经验和询问很有可能发生意料之外的事情，有时甚至需要交通部门的配合等，因此勘察运输路线不容忽视。

> **想一想**
>
> 装配式混凝土建筑项目相比于现浇式建筑项目，除了预制构件的运输成本，还有哪些成本是现浇式建筑项目所没有的？
>
> 党的二十大报告提出"加快发展物联网，建设高效顺畅的流通体系"，预制构件运输如何通过智能调度系统实现物流优化？

2.1.2 装车基本要求

（1）凡需现场拼装的构件应尽量将构件成套装车或按安装顺序装车运至安装现场。

（2）对大型构件，宜采用龙门吊或起重机吊运。

（3）当构件采用龙门吊装车时，起吊前天车工需检查吊钩是否挂好，构件上的螺丝是否拆除，等等，以保证构件起吊安全。

（4）外墙板宜采用竖直立放运输，应使用专用运输架运输，运输架应与车身连接牢固，墙板饰面层应朝外，构件与运输架应连接牢固。

（5）不论是上车运输还是卸车堆放，都应按设计要求和施工方案确定吊点和起吊方法。吊点的位置还应符合下列规定。

① 两点起吊的构件，吊点位置应高于构件的重心，或吊点与构件的上端锁定点高于构件的重心。

② 细长的和薄型的构件起吊，可采用多吊点或特制起吊工具，吊点和起吊方法按设计要求进行，必要时由施工技术人员计算确定。

③ 变截面的构件起吊时，应做到平起平放，若做不到，则截面较小的一端应先起升。

（6）运输构件的搁置点：一般等截面构件在长度1/5处；板的搁置点在距端部200～300mm处；其他构件视受力情况确定，搁置点宜靠近节点处。

（7）构件装车时应轻起轻落、左右对称放置车上，保持车上荷载分布均匀；卸车时按后装的先卸的顺序进行，使车身和构件稳定。构件装车编排应尽量将质量大的构件放在运输车辆前端中央部位，质量小的构件则放在运输车辆的两侧，并降低构件重心，使运输车辆平稳，行驶安全。

（8）采用平运叠放方式运输时，叠放在车上的构件之间，应放置垫木，并且构件在同一条垂直线上，垫木厚度相等。有吊环的构件叠放时，垫木的厚度应高于吊环的高度，且支点垫木上下对齐，并应与车身绑扎牢固。

（9）构件与车身、构件与构件之间应设有板条、草袋等隔离体，避免运输时构件滑动、碰撞。

（10）预制构件固定到专用运输架后，需用专用帆布带或夹具或斜撑夹紧固定，帆布带固定预制构件的棱角处应用角铁隔离，构件边角位置或角铁与构件之间接触部位应用橡胶材料衬垫或其他柔性材料衬垫进行缓冲。

2.1.3 构件运输方式

1. 预制构件常用运输方式

预制构件常用运输方式主要有立式运输、平放运输两种。

（1）立式运输。

立式运输是在底盘平板车上，墙板对称靠放或者插放在专用运输架上进行运输的方式。对于内、外墙板和 PCF 板（预制混凝土外墙板）等竖向构件多采用立式运输方式。

（2）平放运输。

平放运输是将预制构件平放在运输车上，一件件叠放在一起进行运输的方式。平放运输方式主要适用于水平构件，如预制梁、楼梯和预制楼板、空调板、阳台板等构件。

2. 预制墙板运输

装车时，先将车厢上的杂物清理干净，然后根据所需运输构件的情况，往车上配备人字形运输架，运输架底端应加垫橡胶垫，构件吊运时应注意避免弯折外伸钢筋。装车时应先装车头部位的运输架，再装车尾部位的运输架，且构件应在人字形运输架两侧对称放置，每架可叠放 2~4 块构件，墙板与墙板之间需用泡沫板隔离，以防墙板在运输途中因振动而受损。图 2-1 所示为预制墙板运输示意图。

图 2-1 预制墙板运输示意图

3. 预制叠合板运输

（1）预制构件的混凝土立方体抗压强度需达到设计要求，且不小于 15MPa 时，方可脱模、吊装、运输及堆放。

（2）底板吊装时应慢起慢落，避免与其他物体相撞。应保证起重设备的吊钩位置、吊具及构件重心在垂直方向上重合，吊索与构件水平夹角不宜小于 60°，不应小于 45°。当吊点数量为 6 时，应采用专用吊具，吊具应具有足够的承载能力和刚度。吊装时，吊钩应同时钩住钢筋桁架的上弦筋和腹筋。

（3）预制叠合板采用多层叠放的方式运输，预制叠合板之间用垫木隔离，垫木应上下对齐，垫木长、宽、高均不宜小于 100mm。

（4）板两端（距板端 200mm 处）及跨中位置均应设置垫木且垫木间距不大于 1.6m。

（5）不同板号的预制叠合板应分别码放，码放高度不宜大于 6 层。

（6）预制叠合板应在支点处绑扎牢固，防止构件移动或跳动，在底板的边部及与绳索接触处的混凝土，采用衬垫加以保护。

图 2-2 所示为预制叠合板运输示意图。

图 2-2 预制叠合板运输示意图

4. 预制楼梯运输

（1）预制楼梯采用平放方式运输，预制楼梯之间用垫木隔离，垫木应上下对齐，垫木长、宽、高均不宜小于100mm，最下面一根垫木应通长设置。

（2）不同型号的预制楼梯应分别码放，码放高度不宜超过5层。

（3）预制楼梯应在支点处绑扎牢固，防止构件移动或跳动，在楼梯边部或绳索接触处的混凝土表面，应采用衬垫加以保护。

图2-3所示为预制楼梯运输示意图。

5. 预制阳台板运输

（1）预制阳台板运输时，底部采用木方作为支撑物，支撑应牢固，不得松动。

（2）预制阳台板封边高度为800mm、1200mm时，由于其尺寸和稳定性等因素影响，宜采用单层放置，以确保运输安全。

（3）预制阳台板运输时，应采取防止构件损坏的措施，防止构件移动、倾倒、变形等。

图2-3　预制楼梯运输示意图

【构件运输案例】某预制构件厂为某企业厂房生产电缆沟盖板，考虑电缆沟盖板是小型板形构件，单件质量轻，且属于板类构件，厂家因此选择多层叠放的方式进行运输（图2-4），运输车辆采用平板车。

图2-4　电缆沟盖板运输

预制构件运输货车侧翻事故

> **想一想**
>
> 结合所学知识，谈一谈在构件装车及运输过程中需要防范哪些安全风险？

任务 2.2　预制构件进场验收

2.2.1　验收内容

装配式结构预制构件进场时，不仅要检查预制构件合格证、质量验收表，还需对构件的标记、外观、外形尺寸、预埋件位置偏差进行检查，以及进行结构性能检验。

验收合格的构件才能在项目中使用。

2.2.2　验收相关标准要求

（1）预制构件进场检查验收时，应提交预制构件交付时的相关材料。
① 隐蔽工程质量验收表。
② 成品构件质量验收表。
③ 钢筋进场复验报告。
④ 混凝土留样检查报告。
⑤ 经具有相应法定检测资质的第三方质量检测机构出具的原材料、钢筋、套筒、保温材料、连接件、预埋件、混凝土试块等抽样复检报告。
⑥ 产品合格证。
⑦ 其他有关的质量证明文件等资料。

（2）对构件的标记、外观、外形尺寸、预埋件位置偏差进行检查时，重点检查以下内容。
① 预制构件应有标记，标记内容包括：工程名称、构件型号、制作日期、制作单位、合格标记、监理签章等。
② 预制构件外观质量不应有缺陷，对已经出现的严重缺陷应制定技术处理方案进行处理并重新检验，对出现的一般缺陷应进行修整并达到合格，且预制构件不应有影响结构性能、安装和使用功能的尺寸偏差。对超过尺寸允许偏差且影响结构性能、安装和使用功能的部位应经原设计单位认可，制定技术处理方案进行处理，并重新检查验收。表 2-1 所示为预制构件外观质量缺陷分类。

表 2-1　预制构件外观质量缺陷分类

名称	现象	严重缺陷	一般缺陷
露筋	构件内钢筋未被混凝土包裹而外露	纵向受力钢筋有露筋	其他钢筋有少量露筋
蜂窝	混凝土表面缺少水泥砂浆而形成石子外露	构件主要受力部位有蜂窝	其他部位有少量蜂窝
孔洞	混凝土中孔穴深度和长度均超过保护层厚度	构件主要受力部位有孔洞	其他部位有少量孔洞

续表

名称	现象	严重缺陷	一般缺陷
夹渣	混凝土中夹有杂物且深度超过保护层厚度	构件主要受力部位有夹渣	其他部位有少量夹渣
疏松	混凝土中局部不密实	构件主要受力部位有疏松	其他部位有少量疏松
裂缝	缝隙从混凝土表面延伸至混凝土内部	构件主要受力部位有影响结构性能或使用功能的裂缝	其他部位有少量不影响结构性能或使用功能的裂缝
连接部位缺陷	构件连接处混凝土缺陷及连接钢筋、连接件松动,插筋严重锈蚀、弯曲,灌浆套筒堵塞、偏位,灌浆孔洞堵塞、偏位、破损等缺陷	连接部位有影响结构传力性能的缺陷	连接部位有基本不影响结构传力性能的缺陷
外形缺陷	缺棱掉角、棱角不直、翘曲不平、飞出凸肋等,装饰面砖黏结不牢、表面不平、砖缝不顺直等	清水或具有装饰的混凝土构件内有影响使用功能或装饰效果的外形缺陷	其他混凝土构件有不影响使用功能的外形缺陷
外表缺陷	构件表面麻面、掉皮、起砂、沾污等	具有重要装饰效果的清水混凝土构件有外表缺陷	其他混凝土构件有不影响使用功能的外表缺陷

③ 预制构件外形尺寸允许偏差及检验方法应符合表 2-2 的规定。

表 2-2 预制构件外形尺寸允许偏差及检验方法

项目			允许偏差/mm	检验方法
长度	楼板、梁、柱、桁架类构件	<12m	±5	用尺量两端及中间部,取其中偏差绝对值较大值
		≥12m 且 <18m	±10	
		≥18m	±20	
	墙板		±4	
宽度、高(厚)度	楼板、梁、柱、桁架类构件宽度		±5	用尺量两端及中间部,取其中偏差绝对值较大值
	楼板厚度,梁、柱、桁架类构件高度		±5	用尺量板四角和四边中部位置共 8 处,取其中偏差绝对值较大值
	墙板的高度、宽度		±4	用尺量两端及中间部,取其中偏差绝对值较大值
	墙板厚度		±3	用尺量板四角和四边中部位置共 8 处,取其中偏差绝对值较大值
表面平整度	楼板、墙板内表面,梁、柱、桁架类构件		4	用 2m 靠尺安放在构件表面上,用楔形塞尺量测靠尺与表面之间的最大缝隙
	墙板外表面		3	

续表

项目		允许偏差/mm	检验方法
侧向弯曲	楼板、梁、柱	$L/750$ 且 ≤ 20	拉线，钢尺量最大弯曲处
	墙板、桁架	$L/1000$ 且 ≤ 20	
扭翘	楼板	$L/750$	四对角拉两条线，量测两线交点之间的距离，其值的2倍为扭翘值
	墙板	$L/1000$	
对角线	楼板	6	在构件表面，用尺量测两对角线的长度，取其绝对值的差值
	墙板	5	

注：L 为构件长度，单位为 mm。

④ 预制构件的预埋件、预留插筋、预埋管线等的规格和数量以及预留孔、预留洞的数量应符合设计规定；施工过程中临时使用的预埋件中心线位置允许偏差及检查措施应符合表 2-3 的规定。

预制板类、墙板类、梁柱类构件进行检验时，同一类型的构件，不超过 100 件为一批，每批应抽查构件数量不应少于 5%，且不少于 3 个。

表 2-3 预留孔洞、预埋件允许偏差及检验方法

项目		允许偏差/mm	检验方法
预留孔	中心线位置	5	用尺量测纵横两个方向的中心线位置，取其中较大值
	孔尺寸	±5	用尺量测纵横两个方向尺寸，取其最大值
预留洞	中心线位置偏移	5	用尺量测纵横两个方向的中心线位置，取其中较大值
	洞口尺寸、深度	±5	用尺量测纵横两个方向尺寸，取其最大值
预埋件	预埋板中心线位置	5	用尺量测纵横两个方向的中心线位置，取其中较大值
	预埋板与混凝土面平面高差	0，-5	用尺紧靠在预埋件上用楔形塞尺量测预埋件平面与混凝土面的最大缝隙
	预埋螺栓中心线位置	2	用尺量测纵横两个方向的中心线位置，取其中较大值
	预埋螺栓外露长度	+10，-5	用尺量
	预埋套筒、螺母中心线位置	2	用尺量测纵横两个方向的中心线位置，取其中较大值
	预埋套筒、螺母与混凝土面平面高差	0，-5	用尺紧靠在预埋件上用楔形塞尺量测预埋件平面与混凝土面的最大缝隙

续表

项目		允许偏差/mm	检验方法
预留插筋	中心线位置	3	用尺量测纵横两个方向的中心线位置，取其中较大值
	外露长度	±5	用尺量
键槽	中心线位置	5	用尺量测纵横两个方向的中心线位置，取其中较大值
	长度、宽度	±5	用尺量
	深度	±5	

注：检查中心线、螺栓和孔道位置偏差时，沿纵、横两个方向量测，并取其中偏差较大值。

⑤ 预制构件的粗糙面的质量及键槽的数量应符合设计要求。若粗糙度不满足规定，宜采用机械解决的方法，也可采用化学解决的方法。

（3）专业企业生产的预制构件进场时，预制构件结构性能检验应符合下列规定。

① 梁板类简支受弯预制构件进场时应进行结构性能检验，并应符合下列规定。

a. 结构性能检验应符合国家现行相关标准的有关规定及设计的要求，检验要求和试验方法应符合相关规范规定。

b. 钢筋混凝土构件和允许出现裂缝的预应力混凝土构件应进行承载力、挠度和裂缝宽度检验；不允许出现裂缝的预应力混凝土构件应进行承载力、挠度和抗裂检验。

c. 对大型构件及有可靠应用经验的构件，可只进行裂缝宽度、抗裂和挠度检验。

d. 对使用数量较少的构件，当能提供可靠依据时，可不进行结构性能检验。

② 对其他预制构件，除设计有专门要求外，进场时可不进行结构性能检验。

③ 对进场时不进行结构性能检验的预制构件，应采取下列措施。

a. 施工单位或监理单位代表应驻厂监督制作过程。

b. 当无驻厂监督时，预制构件进场时应对预制构件主要受力钢筋数量、规格、间距及混凝土强度等进行实体检验。

装配式结构预制构件检验批质量验收记录表

检验数量：同一类型预制构件不超过 1000 个为一批，每批随机抽取 1 个构件进行实体检验。

检验方法：检查结构性能检验报告或实体检验报告。

> **特别提示**
>
> "同类型"是指同一钢筋种类、同一混凝土强度等级、同一生产工艺和同一结构形式。抽取预制构件时，宜从设计荷载最大、受力最不利或生产数量最多的预制构件中抽取。

> **想一想**
>
> 如果构件出厂验收质量不合格，应该怎么办？如果你是构件质检员，对构件进行质量验收时，应该遵守哪些原则？

任务 2.3　预制构件存放

在装配式建筑施工中，预制构件品类多，数量大，无论是在生产中还是在施工现场均占用较大场地面积，合理有序地对构件进行分类存放，对于减少构件堆场使用面积，加强成品保护，加快施工进度，构建文明施工环境均具有重要意义。预制构件的存放应按规范要求进行，确保预制构件在使用之前不受破坏，运输及吊装时能快速、便捷地找到对应构件。

2.3.1　存放场地

（1）预制构件的存放场地宜为混凝土硬化地面或经人工处理的自然地坪，应满足平整度和地基承载力要求，并应有排水措施。

（2）堆放预制构件时应使构件与地面之间留有一定空隙，避免构件与地面直接接触，构件须搁置于垫木或软性材料（如塑料垫片）上，堆放构件的垫木应坚实牢靠，且表面有防止污染构件的措施。

（3）预制构件堆放场地应位于吊装设备的有效起重范围内，尽量避免出现二次吊运，以免造成工期延误及费用增加。场地大小应根据构件数量、尺寸及安装计划综合确定。

（4）预制构件应按规格型号、出厂日期、使用部位、吊装顺序分类存放，编号清晰。不同类型构件之间应留有不少于 0.7m 的人行通道。

（5）预制构件存放区域 2m 范围内不应进行电焊、气焊作业，以免污染产品。预制构件露天堆放时，预制构件的预埋铁件应有防止锈蚀的措施，易积水的预留、预埋孔洞等应采取封堵措施。

（6）预制构件应采取合理的防潮、防雨、防边角损伤措施，堆放边角处应设置明显的警示隔离标识，防止车辆或机械设备碰撞。

2.3.2　堆放方式

构件堆放方式主要有平放和立放两种，具体选择时应根据构件的刚度及受力情况确定，通常情况下，梁、柱等细长构件宜水平堆放，且不少于两条垫木支撑；墙板宜采用托架立放，上部两点支撑；楼板、楼梯、阳台板等构件宜水平叠放，叠放层数应根据构件与垫木或垫块的承载力及堆垛的稳定性确定，必要时应设置防止构件倾覆的支架。

1. 平放时的注意事项

对于宽度不大于 500mm 的构件，宜采用通长垫木，宽度大于 500mm 的构件，可采用不通长垫木，放上构件后可在上面放置同样的垫木。

垫木上下位置之间如果存在错位，构件除了承受垂直荷载，还要承受弯曲应力和剪切力，所以垫木必须放置在同一条线上。

构件平放时应使吊环向上，标识向外，便于查找及吊运。

2. 立放时的注意事项

立放可分为插放和靠放两种方式，插放时场地必须清理干净，插放架必须牢固，挂钩应扶稳构件，垂直落地；靠放时应有牢固的靠放架，必须对称靠放并吊运，其倾斜度（与地面夹角）应保持大于 80°，构件上部用垫块隔开。

构件的断面高宽比大于 2.5 时，堆放时下部应加支撑或有坚固的堆放架，上部应拉牢固定，避免倾倒。

同时，要将地面压实并铺上混凝土等材料，铺设地面要整修为粗糙面，防止构件滑动。

2.3.3 构件堆放示例

1．预制墙板堆放

预制墙板（预制墙体）立放时，宜采用专用 A 字架插放或对称靠放，长期靠放时必须加安全塑料带捆绑或钢索固定，A 字架应有足够的刚度，并支垫稳固。预制墙板立放时必须考虑上下左右不得摇晃，且须考虑地震时是否稳固。预制外挂墙板外饰面朝外，尽量避免与刚性支架直接接触，以垫木或者软性垫片加以隔开，避免碰坏墙板，且墙板底部也需垫上垫木或者软性垫片。图 2-5 所示为预制墙板堆放，图 2-6 所示为钢制 A 字架制作示意图。

图 2-5　预制墙板堆放

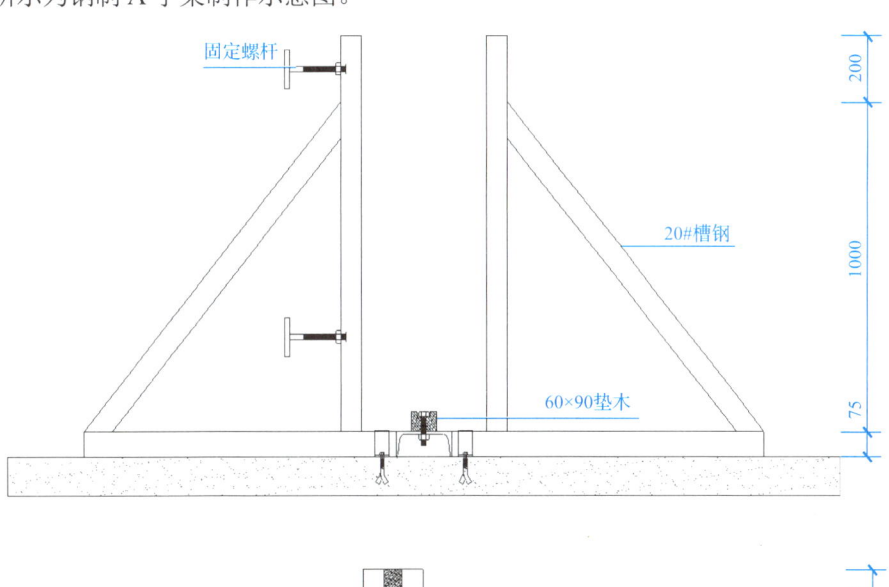

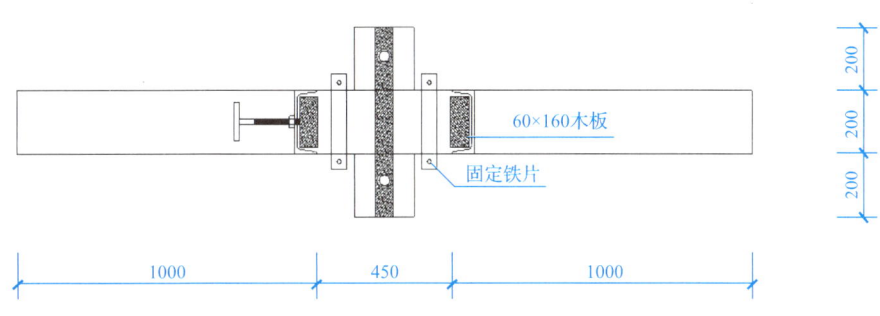

图 2-6　钢制 A 字架制作示意图

2．预制梁、柱堆放

预制梁、柱等细长构件宜水平堆放，如图 2-7 所示，预埋吊装孔表面朝上，高度不宜超过 2 层，且不宜超过 2.0m。实心梁、柱须于两端 $0.2\sim0.25L$ 处垫上垫木，底部支撑高度不小于 100mm，若为叠合梁，则须将垫木垫于实心处，不可让薄壁部位受力。

3．预制板类构件堆放

预制板类构件宜水平叠放，如图 2-8 所示，其叠放高度应按构件强度、地面承载力、垫木强度以及堆垛的稳定性确定，构件层与层之间应垫平、垫实，各层垫木应上下对齐，最下面一层垫木应通长设置，放置时需吊环向上，标识向外，混凝土养护期未满的应继续洒水养护。

图 2-7 预制梁、柱堆放

图 2-8 预制板水平叠放

4．预制楼梯或阳台板堆放

楼梯或异形构件堆置时，若堆置两层，必须考虑支撑稳固性；如进行多层堆置，一般不宜超过 5 层，必要时应设置堆放架以确保堆置安全。预制楼梯堆放如图 2-9 所示。

预制构件厂起重机倾覆重大事故

图 2-9 预制楼梯堆放

> **想一想**
>
> 1．结合预制构件存放或运输事故案例，谈一谈预制构件在存放和运输中需要注意哪些安全事项？
>
> 2．为什么要重视防止安全事故的发生，如果发生安全事故，会给我们带来哪些损失和教训？

任务 2.4 某项目预制构件运输实例介绍

2.4.1 工程概况

1. 背景介绍

本工程地下室和主体楼 1、2 层采用现浇结构进行施工，主体楼 3~18 层采用预制装配结构进行施工。预制装配结构每层有预制外墙板 20 块、预制内墙板 18 块、PCF 转角板 6 块、预制叠合板 22 块、预制空调板 10 块以及预制楼梯 2 个，最重预制墙板为轴线②、③、④、⑥、⑦交轴线Ⓐ、Ⓑ上的内墙板，质量为 7.8t，规格尺寸为 5350mm×2820mm×200mm，连接部位及楼板上部为现浇。

预制构件生产厂家距项目工程位置约 15km，沿线路况良好（无限高限宽限制），车辆稀少，运输无拥挤，预制构件从出厂到项目部约为半个小时车程，预制构件运输路线如图 2-10 所示。

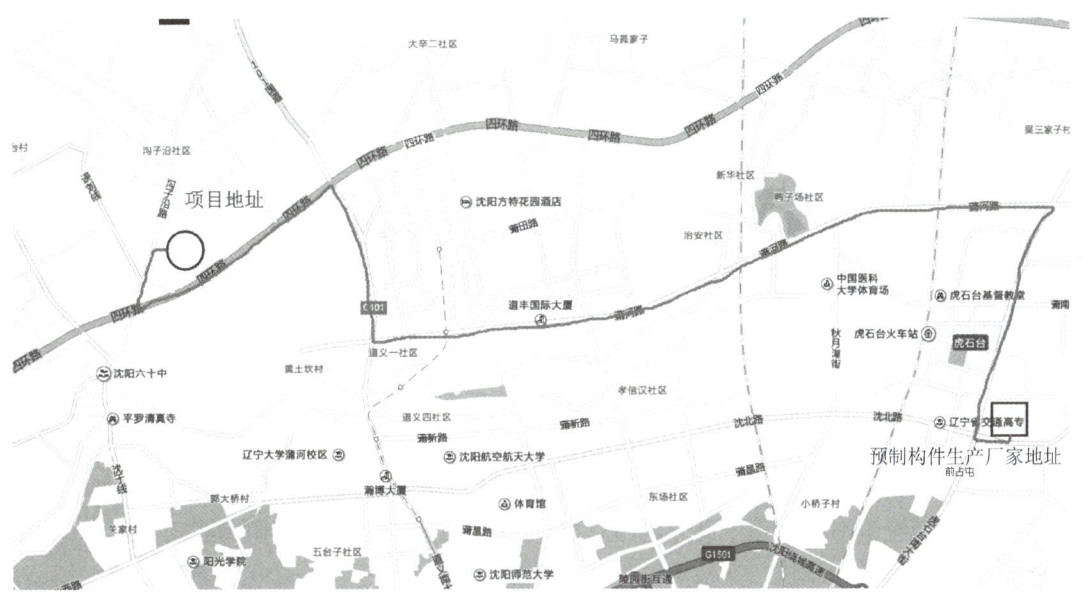

图 2-10 预制构件运输路线

2. 预制构件方量

预制构件方量见表 2-4。

表 2-4 预制构件方量

构件名称	单栋楼预制构件用量	单位	方量
预制外墙板（含保温）	20 块×16 层×14 栋=4480 块	m³	49518
预制内墙板	18 块×16 层×14 栋=4032 块	m³	10409.28

续表

构件名称	单栋楼预制构件用量	单位	方量
PCF转角板	6块×16层×14栋=1344块	m³	568.96
预制叠合板	22块×16层×14栋=4928块	m³	4628.4
预制空调板	10块×16层×14栋=2240块	m³	179.2
预制楼梯	2个×16层×14栋=448个	m³	327.04

2.4.2 重难点分析及对策措施

1. 重难点分析

本工程大部分采用装配结构,预制构件自重大,体积大,在运输过程中容易损坏,最大的预制墙板尺寸为5350mm×2820mm×200mm,质量为7.8t。为保证预制构件运输过程中不被损坏,维持原有合格质量状态,运输时采用相匹配的载重汽车和专用运输支架,且采取防止构件移动或倾倒的绑扎固定措施,对构件边角部或吊索接触处的混凝土,宜采用垫衬加以保护。楼梯、PCF转角板等构件运输过程中,需注意水平放置,保证各层垫木水平投影重合。车辆应缓慢启动,匀速行驶,转弯错车时要减速,并且应留意稳定构件措施的状态,必要时在确保安全的前提下尽快加固。

2. 对策措施

(1) 合理确定预制构件临时存放位置、数量以及对成品的保护措施是重点,关系到工期与成本。

(2) 本工程预制构件的运输车辆超长,最长达到19m,普通道路转弯困难,现场施工道路增大了转弯半径以提供更加宽松的转弯空间,确保运输顺畅。

2.4.3 现场平面布置

1. 现场道路规划

本工程构件运输车辆具有超长、超重、到场数量多的特点,而且为了避免二次倒运增加施工成本,构件到场后就在车辆上起吊至施工层。道路应沿着楼栋进行布置,且宽度应大于两个车身宽。在本工程中设计道路宽度为8m,做法为500mm厚山皮石压实后,铺设200mm厚C30混凝土路面。在楼房临边设置一条道路,在地下室临边也设置一条临时道路,考虑到预制构件运输车辆、商品混凝土运输车辆、其他材料运输车辆等车辆的运输问题,将两条道路连接贯通形成循环道路,方便施工,根据运输车辆长度,场内道路设置的最小转弯半径为28m。

2. 预制构件堆放场地

本工程为构件吊装施工,对构件的及时供应有很高的要求,若构件不能及时到场将使施工停滞,直接影响工期。在预制构件生产、运输过程中有太多不可预见因素,保持现场一定的预制构件存储量,能将因预制构件的质量问题、运输问题不能及时到场,对现场施工进度的影响降到最低。

堆放场地应位于塔式起重机有效覆盖范围，且位于离楼栋、道路较近的地方。

装配式施工对预制构件依赖性强，拼装过程必须保证其连续性，因此为满足现场的拼装施工进度需求，现场设置了七块预制构件堆放场地，场地大小为 6m×15m，下部采用 300mm 厚山皮石回填，面层用 C30 混凝土进行硬化，厚度为 150mm，控制平整度在±1cm 以内，防止因地面不平整导致存放墙板倒塌。每个堆放场地放置 3 个堆放架，可一次性存放 30 块内外墙板，其他较小的预制构件，如楼梯、转角板等可紧靠着堆放场地，堆放在平整好的地面上。

3. 施工现场平面布置

（1）本项目一标段构件吊装施工选用 OTZ 型 315tm 塔式起重机 3 台，根据场地楼栋条件，臂长选用 45m、50m 和 60m 三种，最大起重量为 16t，臂长 45m 时起重量为 8t。图 2-11 所示为装配式施工阶段场地平面布置图，塔式起重机平面布置、预制构件堆放位置、车辆运输线路、构件卸车位置等具体信息可从图中看出。

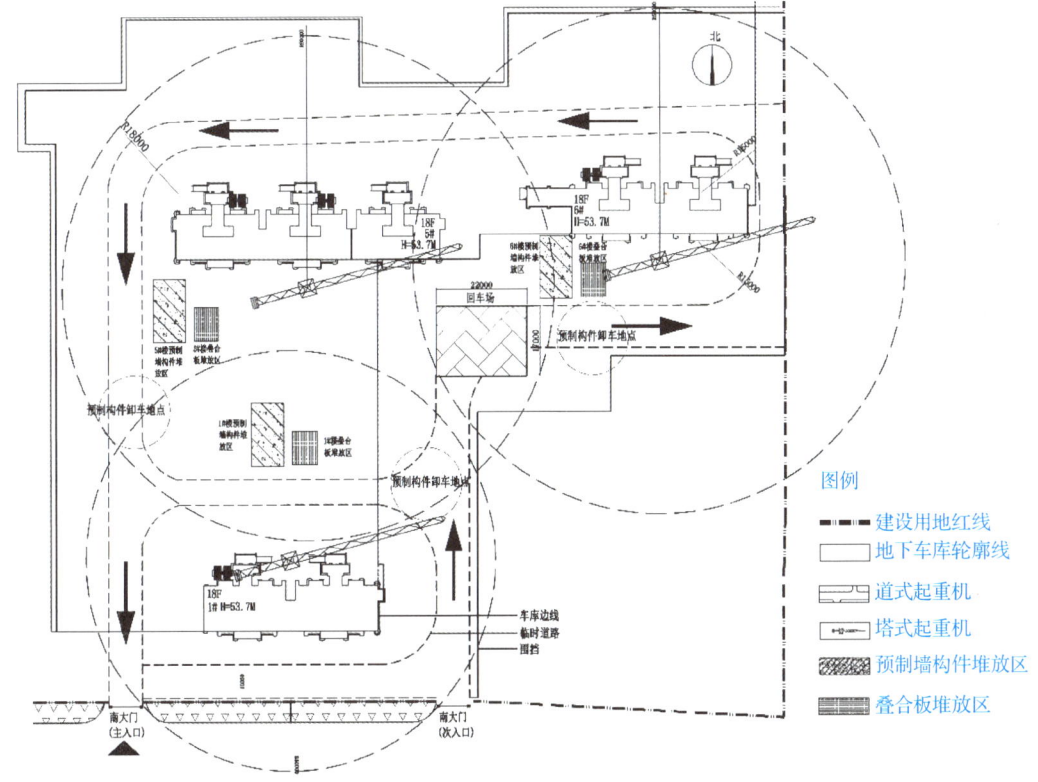

图 2-11 装配式施工阶段场地平面布置图

（2）预制构件运输环形路线：从南大门（次入口）进入施工现场，经 1#楼东侧、6#楼南侧转到 6#楼东侧，然后经 6#楼、5#楼北侧转到 5#楼西侧和 1#楼西侧，最终从施工现场南大门（主入口）驶出。各楼栋在施工现场环形道路上均设有卸车地点，可满足所有楼栋的现场卸车及后续施工作业。

2.4.4 预制构件的运输

(1) 预制构件运输时,应选择合适的运输车辆及运输架,运输架断面图、平面图及实物图如图2-12~图2-14所示。

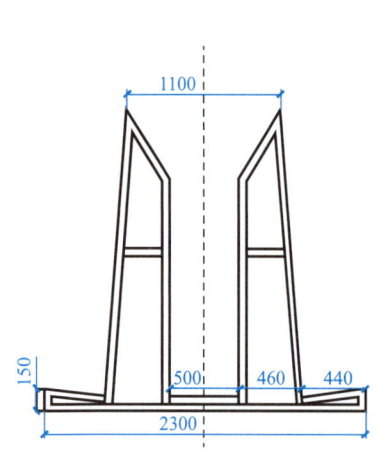

图 2-12 运输架断面图

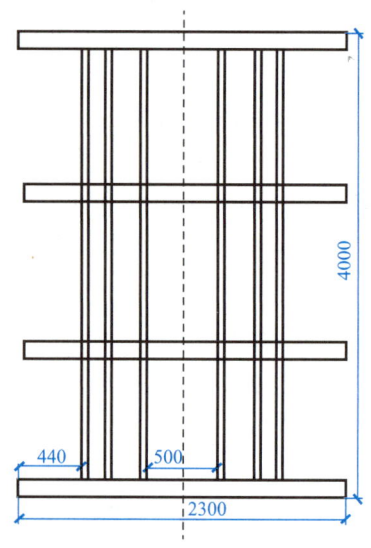

图 2-13 运输架平面图

图 2-14 运输架实物图

(2) 根据现场施工进度要求,在不影响施工进度的情况下,标准层运输量为:预制墙板7车,预制叠合板1车,其他小型预制构件2车,共计10车。本工程总共14栋主体楼,按5天一个拼装周期(3天拼装+2天其他工种施工)计算,每天预制构件运输车次达到28次,为保证现场施工进度需求,在每辆运输车能保证两次运输量的情况下,每天预制构件运输车需求量在14辆以上。车辆配置见表2-5。

表 2-5 车辆配置

车辆型号	载重	整车外观尺寸 (长×宽×高)	车辆数量	运输架数量	单次最大运输量/块
解放 CA4163P7K2	30000kg	16m×3m×3m	3	2	6
华骏 ZCZ9402	30000kg	19m×3m×3m	2	2	6
欧曼 BJ4208SLFJB-2	30015kg	19m×3m×3m	3	2	6
解放 CA4203P7K1T3	31000kg	16m×3m×3m	4	2	6
神行 YGB9402	31750kg	19m×3m×3m	2	2	6

注:预制叠合板、小型预制构件运输时,不需要专用运输架,把配置的专用运输架卸下即可。

（3）每辆运输车配置两个运输架，比起老式运输架，该运输架增加了中间凹槽位置，在保证车辆载重及安全的前提下，最大化地利用了运输空间，且提高了运输效率，每个车次提高了1/3的运输效率。

（4）预制构件出厂前准备工作。

在预制构件厂内，把场地分为不同的区域，如分为A区和B区，A区主要存放预制叠合板和预制楼梯等构件，B区主要存放预制墙板等构件，如图2-15所示。预制构件在厂内时通过龙门吊（图2-16）和汽车吊装车，装车前先对预制构件进行出厂检验，检查构件的外观质量有无缺陷，预留孔洞、预留钢筋位置是否符合设计要求，若发现缺陷需经过修补等简单工序，检验合格后再运输到现场。

图2-15 预制构件出厂前的存放

图2-16 预制构件装车龙门吊

预制构件装车工具配置见表2-6。

表2-6 预制构件装车工具配置

序号	设备、工具	数量	工作内容
1	龙门吊	4	白、夜班车间墙板外转、装车、发货
2	汽车吊	2	A区、B区各1台，A区装预制叠合板和预制楼梯，B区装预制墙板
3	喷号牌	2	A区、B区各1套
4	修补工具	4	4辆车同时装车，每车1套
5	叉车	1	装预制叠合板、预制楼梯、预制空调板和PCF转角板

续表

序号	设备、工具	数量	工作内容
6	吊具	5	除装预制叠合板吊车外，每台吊车1套
7	电动锯	1	切割木方

(5) 成品检验及安全运输。

① 配备专职质检员进行出厂前成品检验，保证每件出厂产品合格。

② 发货前对厂内及外雇驾驶员进行"一项一规"安全培训。

③ 执行车辆"三检"制度（即出车前、行车中、入库后，对车辆按方位、部件、要点认真进行安全检查）。

④ 运输车辆在厂区作业时要按照厂区内车辆管理规定行驶。

⑤ 车辆应车容整洁、车身周正，随车工具、安全防护装置及附件等应齐全有效。

(6) 运输路线及安全保障。

从预制厂到本工程施工现场的主要道路有三条，对道路长度、弯道情况、车流量等因素进行综合比较，选择图2-10所示道路作为本工程运输路线。在弯道相差不大的情况下，此条路线路程适中，路途车辆较稀少，适合作为本工程的运输路线。

本工程车辆运输中，采取如下安全保障措施。

① 正常行驶时，空车、重车限速40km/h，转弯和经过十字、丁字路口时限速10 km/h；雨雪及大雾天气空车、重车限速20km/h，转弯和经过十字、丁字路口时限速5km/h。

② 夜间无路灯路段、无交通信号的路口，减速慢行，注意瞭望，限速25km/h。

③ 途经危险路段（铁路路口、桥洞、交叉路口、弯道、陡坡、隧道、立交桥转弯处、市区及人流量大的地方）按该路段正常限速降低10~20km/h行驶。

④ 预制墙板运输过程中，车上应设有专用运输架，且用钢绳拉结预制构件，采取稳定构件的措施；预制叠合板、预制楼梯运输时，用垫木间隔，且垫木必须做到上下对齐，途中转弯及路面不平整路段留意稳定构件措施的状态（图2-17）。

(a)

(b)

图2-17 墙板运输钢绳固定措施

2.4.5 预制构件的存放和卸车

1. 预制构件的存放

1) 墙板存放

墙板采用立放专用存放架，墙板长度小于4m时墙板下部垫2块100mm×100mm×

250mm 垫木，两端距墙边 300mm 处各放一块垫木（图 2-18）；墙板长度大于 4m 或带门洞时墙板下部垫 3 块 100mm×100mm×250mm 垫木，两端距墙边 300mm 处、墙体重心处共放 3 块垫木（图 2-19）。两块墙板之间用 4 块 100mm×100mm×50mm 的垫木间隔，最外侧两块墙板用钢绳与架体拉结固定。图 2-20 所示为现场预制墙板存放。

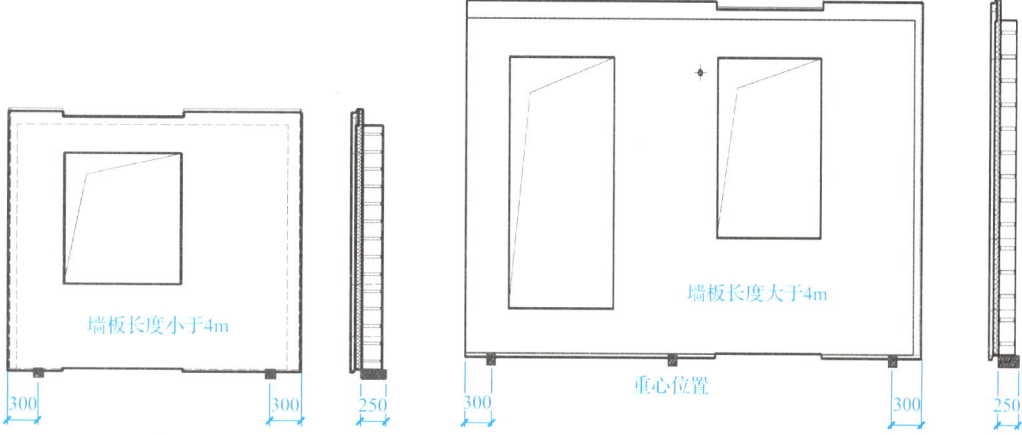

图 2-18　墙板长度小于 4m 时垫木位置　　　　图 2-19　墙板长度大于 4m 时垫木位置

图 2-20　现场预制墙板存放

2）叠合板的存放

叠合板存放于指定的存放区域，存放区域地面应保证水平。叠合板需分型号码放，水平放置，层间用 6 块 100mm×100mm×300mm 垫木隔开，四角垫木位于吊环位置或距两边 500mm 左右，中间 2 块垫木靠内侧摆放，垫木方向为垂直于桁架，保证各层垫木水平投影重合，存放层数不超过 6 层且高度不大于 1.5m。由于叠合板板厚控制较难，垫木上下两接触面需用 20mm 软质材料做找平和减震处理，避免局部垫木与板间存在缝隙，以保证均匀受力。图 2-21 所示为叠合板的存放。

图 2-21　叠合板的存放

3）楼梯的存放

（1）楼梯存放于指定的存放区域，存放区域地面应保证水平。楼梯应分型号码放。

（2）楼梯左右两端第二个、第三个踏步位置应垫 4 块 100mm×100mm×500mm 垫木，距离两侧边缘为 250mm，如图 2-22 所示。楼梯的存放应保证各层垫木水平投影重合，存放层数不超过 6 层，如图 2-23 所示。

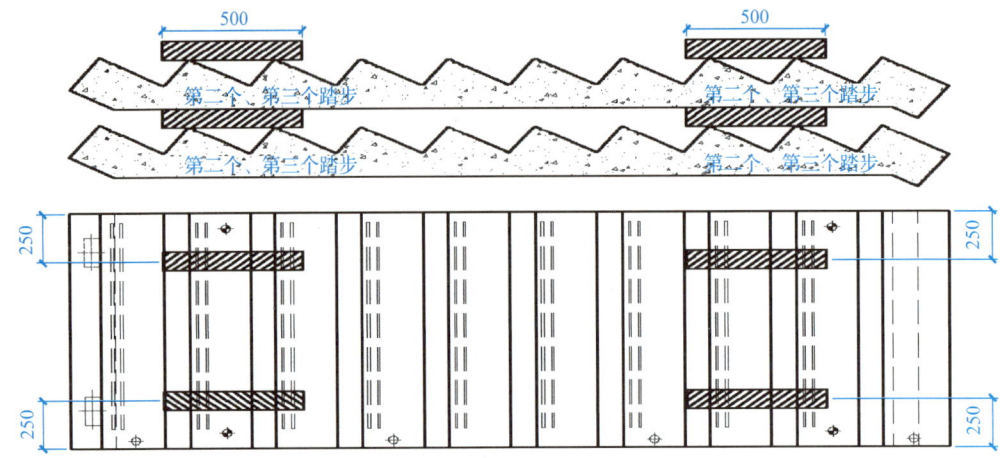

图 2-22　楼梯存放示意图

图 2-23　楼梯的存放

4）PCF 转角板的存放

L 形 PCF 转角板存放区域地面应保证水平。PCF 转角板应分型号码放，水平并排放置，第一层下部垫 2 块 40mm×70mm 通长垫木，并在上方用 2 块 100mm×100mm 长垫木隔开，垫木长度为跨度+100mm，垫木距两侧边缘 500mm 左右。PCF 转角板的存放应保证各层垫木水平投影重合，存放层数不超过 2 层，如图 2-24 所示。

5）空调板的存放

空调板存放区域地面应保证水平。空调板应分型号码放，水平放置，层间用 2 块 40mm×70mm×500mm 垫木隔开，垫木距两侧边缘 250mm 左右。空调板的存放应保证各层垫木水平投影重合，存放层数不超过 10 层，如图 2-25 所示。

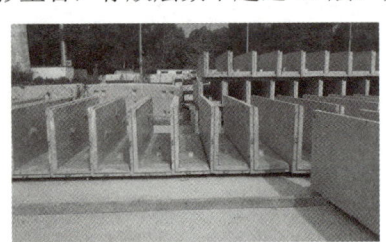

图 2-24　PCF 转角板的存放

图 2-25　空调板的存放

2. 预制构件卸车注意事项

（1）卸车前需检查墙板专用横梁吊具是否存在缺陷，是否有裂缝、腐蚀等问题，且需检查墙板预埋吊环是否存在起吊问题。

（2）现场卸车时应认真检查吊具与墙板预埋吊环是否扣牢，确认无误后方可缓慢起吊。

（3）起吊过程中保证墙板垂直起吊，并满足吊环设计时角度要求，防止预制构件起吊过程中受力不平衡引起构件变形或破坏。

任务 2.5　职业技能考评要点

2.5.1　理论知识

预制构件运输、进场验收与存放专业技术人员（本任务后文称为构件装配工）应具备法律法规与标准，识图，材料，工具设备，构件运输、存放技术，质量检查，安全文明施工，信息技术与行业动态的相关理论知识，具体参照表 2-7。

表 2-7　构件装配工应具备的理论知识

项次	分类	理论知识
1	法律法规与标准	建设行业相关法律法规
		与本工种相关的国家、行业和地方标准
2	识图	建筑识图基础知识
		构件装配施工图识图知识
		建筑、结构、安装施工图识图知识
		支撑布置图识图知识
3	材料	预制构件的力学性能
		支撑及限位装置的种类、规格等基础知识
		构件存放知识
		构件存放期间及装配后的保护知识
		相关工序的成品保护
4	工具设备	构件起吊常用器具的种类、规格、基本功能、适用范围及操作规程
		构件装配常用机具的种类、规格、基本功能、适用范围及操作规程
		各类支撑架的维护及保养知识
		起重机械基础知识
		安全防护工具的种类、规格、基本功能、使用范围及操作规程
5	构件运输、存放技术	构件运输路线规划
		构件进场验收知识
		构件起吊基础知识
		构件存放基本要求
		构件运输基本要求
		构件卸车注意事项
6	质量检查	构件进场的质量验收与评定

续表

项次	分类	理论知识
7	安全文明施工	安全生产常识、安全生产操作规程
		安全事故的处理程序
		突发事件的处理程序
		文明施工与环境保护基础知识
		职业健康基础知识
		建筑消防基础知识
8	信息技术与行业动态	装配式建筑信息技术的相关知识
		装配式混凝土建筑发展动态及趋势
		预制构件安装工程前、后工序相关知识

2.5.2 操作技能

构件装配工应具备构件进场、装配准备、施工组织、构件就位等的相关操作技能，具体应符合表 2-8 的规定。

表 2-8　构件装配工应具备的操作技能

项次	分类	操作技能
1	构件进场	能够进行构件进场验收
		能够进行构件存放
		能够进行构件挂钩及试吊
		能够进行构件存放方案优化
2	装配准备	能够根据图纸及构件标识正确识别构件的类型、尺寸和位置
		能够按构件装配顺序清点构件
		能够准备和检查构件装配所需的工机具、支撑架及辅料
		能够按构件装配要求清理工作面
		能够按施工要求对已完结构进行检查
		能够介入设计、生产阶段，并提出合理化建议
		能够进行构件装配工程施工作业交底
		能够对构件装配方案提出合理化建议
		能够编制一般构件安装方案
		能够审核构件安装方案并进行合理优化
3	施工组织	能够编制并优化前期方案
		能够组织一般构件安装作业
		能够组织危险性较大的构件安装作业
4	构件就位	能够进行预埋件与构件预留孔洞的对位
		能够协助构件吊落至指定位置
		能够复核并校正构件的安装偏差

续表

项次	分类	操作技能
5	临时支撑搭拆	能够选择适宜的临时支撑
		能够按施工要求搭设临时支撑
		能够复核及校正临时支撑的位置
		能够判断临时支撑拆除的时间
		能够完成临时支撑拆除作业
6	节点连接	能够对构件节点进行干式连接
		能够按湿式连接要求处理湿式连接工作面
7	施工检查	能够对预制构件装配工程的材料和机具进行清理、归类、存放
		能够对构件装配工程进行质量自检
		能够组织施工班组进行质量自检与交接检验
8	成品保护	能够对前道工序的成品进行保护
		能够对存放的构件进行包裹、覆盖
9	班组管理	能够提出安全生产建议，并处理安全隐患
		能够提出构件运输、存放的安全文明施工措施
		能够进行构件运输、存放的质量验收和质量评定
		能够处理运输、存放中的质量问题并提出预防措施
10	技术创新	能够推广应用构件运输、存放的新技术、新工艺、新材料和新设备
		能够结合信息技术进行构件运输、存放的施工工艺、管理手段创新
		能够对与本工种相关的工器具、施工工艺进行优化与革新

2.5.3 职业技能考评

构件装配工能力评价应包括理论知识评分和操作技能评分两部分内容，具体应符合表 2-9 的规定。

表 2-9 构件装配工各等级技能分值

项次	分类	技能分值				
		一级技能	二级技能	三级技能	四级技能	五级技能
理论知识	法律法规与标准	5	5	5	5	5
	识图	10	10	10	10	10
	材料	15	10	10	10	10
	工具设备	15	15	10	10	10
	构件运输、存放技术	30	35	40	40	40
	质量检查	10	10	10	10	10
	安全文明施工	10	10	10	10	10
	信息技术与行业动态	5	5	5	5	5
	小计	100	100	100	100	100

续表

项次	分类	技能分值				
		一级技能	二级技能	三级技能	四级技能	五级技能
操作技能	构件进场	15	10	10	10	10
	装配准备	25	20	15	15	15
	施工组织	0	0	5	5	10
	构件就位	15	15	10	10	10
	临时支撑搭拆	15	15	10	10	5
	节点连接	0	10	10	10	5
	施工检查	15	15	15	15	15
	成品保护	15	15	10	10	10
	班组管理	0	0	10	10	10
	技术创新	0	0	5	5	10
	小计	100	100	100	100	100

模 块 小 结

  本模块结合预制构件的厂内转运、构件运输、进场验收和现场存放相关知识，重点介绍了不同类型构件的运输方式、存放方法、进场质量验收内容和安全防护措施相关内容，并结合具体项目案例介绍了运输方案的策划、运输设备和工机具的选用等，讲解了构件装配工在预制构件的运输、存放和进场验收方面应具备的专业技能。

练习题

一、选择题

1. 预制构件堆放场地应位于吊装设备的（　　）内，尽量避免出现二次吊运。
   A．有效起重范围　　　　　　　　B．有效起重高度
   C．行走路线范围　　　　　　　　D．最大起重量
2. 对大型构件，不宜采用（　　）吊运。
   A．龙门吊　　　　　　　　　　　B．汽车式起重机
   C．叉车　　　　　　　　　　　　D．履带式起重机
3. 预制板类构件在场地叠放时，需吊环向（　　），标识向（　　）。
   A．外；上　　B．上；外　　C．上；内　　D．内；上
4. 预制构件的堆放场地，不同类型构件之间应留有不少于（　　）的人行通道。
   A．2m　　　B．1.5m　　　C．1.0m　　　D．0.7m
5. 墙体类竖向构件一般采用（　　）。
   A．立放方式运输　　　　　　　　B．平放方式运输
   C．斜放方式运输　　　　　　　　D．以上均可

二、填空题

1. 制订预制构件运输方案时，需选定_____、_____、运输车辆和运输路线。
2. 预制构件采用两点起吊时，吊点位置应_____构件的重心；变截面的构件起吊时，应做到平起平放，否则截面面积_____的一端应先起升。
3. 预制梁、柱构件叠放不宜超过_____层，板类构件叠放不宜超过_____层，预制楼梯不宜超过_____层。
4. 预制叠合板进行运输装车时，吊索与构件水平夹角不宜小于_____°，不应小于_____°。
5. 装配式结构预制构件进场时，不仅要检查预制构件合格证、_____，还需对构件的标记、外观、外形尺寸、_____进行检查，以及进行_____检验。
6. 构件装配工能力评价应包括_____评分和_____评分两部分内容。

三、思考题

1. 预制构件运输和存放过程中，都需要准备哪些工机具？
2. 请简述各种构件运输和存放过程中的要求。
3. 作为专业技能人才，在构件存放和运输过程中应具备哪些专业技能和职业素养？
4. 针对目前构件运输或存放的特点，你有什么好的想法和思路？请简要阐明。

在线答题

活页卡片

1. 预制构件进场验收卡

预制构件进场验收卡包括预制构件外观质量缺陷验收卡（表 2-10）和预制墙体构件尺寸允许偏差验收卡（表 2-11）。

表 2-10 预制构件外观质量缺陷验收卡　　　验收人：　　校核人：

名称	现象	严重缺陷	一般缺陷	进场构件验收结果
露筋	构件内钢筋未被混凝土包裹而外露	纵向受力钢筋有露筋	其他钢筋有少量露筋	
蜂窝	混凝土表面缺少水泥砂浆而形成石子外露	构件主要受力部位有蜂窝	其他部位有少量蜂窝	
孔洞	混凝土中孔穴深度和长度均超过保护层厚度	构件主要受力部位有孔洞	其他部位有少量孔洞	
夹渣	混凝土中夹有杂物且深度超过保护层厚度	构件主要受力部位有夹渣	其他部位有少量夹渣	
疏松	混凝土中局部不密实	构件主要受力部位有疏松	其他部位有少量疏松	
裂缝	缝隙从混凝土表面延伸至混凝土内部	构件主要受力部位有影响结构性能或使用功能的裂缝	其他部位有少量不影响结构性能或使用功能的裂缝	
连接部位缺陷	构件连接处混凝土缺陷及连接钢筋、连接件松动，插筋严重锈蚀、弯曲，灌浆套筒堵塞、偏位，灌浆孔洞堵塞、偏位、破损等缺陷	连接部位有影响结构传力性能的缺陷	连接部位有基本不影响结构传力性能的缺陷	
外形缺陷	缺棱掉角、棱角不直、翘曲不平、飞出凸肋等，装饰面砖黏结不牢、表面不平、砖缝不顺直等	清水或具有装饰的混凝土构件表面存在影响使用功能或装饰效果的外形缺陷	其他混凝土构件有不影响使用功能的外形缺陷	
外表缺陷	构件表面麻面、掉皮、起砂、沾污等	具有重要装饰效果的清水混凝土构件有外表缺陷	其他混凝土构件有不影响使用功能的外表缺陷	

表 2-11 预制墙体构件尺寸允许偏差验收卡   验收人：   校核人：

项次	检查项目			允许偏差/mm	检验方法	进场验收结果
1	规格尺寸		高度	±4	用尺量两端及中间部，取其中偏差绝对值较大值	
2			宽度	±4	用尺量两端及中间部，取其中偏差绝对值较大值	
3			厚度	±3	用尺量板四角和四边中部位置共 8 处，取其中偏差绝对值较大值	
4	对角线差			5	在构件表面，用尺量两条对角线的长度，取其绝对值的差值	
5	外形	表面平整度	内表面	4	将 2m 靠尺安放在构件表面上，用楔形塞尺量测靠尺与表面之间的最大缝隙	
			外表面	3		
6		侧向弯曲		$L/1000$ 且 ≤20mm	拉线，用钢尺量最大侧向弯曲处	
7		扭翘		$L/1000$	四对角拉两条线，量测两线交点之间的距离，其值的 2 倍为扭翘值	
8	预埋部件	预埋钢板	中心线位置偏移	5	用尺量纵横两个方向的中心线位置，取其中较大值	
			平面高差	-5, 0	用尺紧靠在预埋件上，用楔形塞尺量预埋件平面与混凝土面的最大缝隙	
9		预埋螺栓	中心线位置偏移	2	用尺量纵横两个方向的中心线位置，取其中较大值	
			外露长度	-5, +10	用尺量	
10		预埋套筒、螺母	中心线位置偏移	2	用尺量纵横两个方向的中心线位置，取其中较大值	
			平面高差	-5, 0	用尺紧靠在预埋件上，用楔形塞尺量预埋件平面与混凝土面的最大缝隙	
11	预留孔	中心线位置偏移		5	用尺量纵横两个方向的中心线位置，取其中较大值	
		孔尺寸		±5	用尺量纵横两个方向尺寸，取其最大值	

续表

项次	检查项目		允许偏差/mm	检验方法	进场验收结果
12	预留洞	中心线位置偏移	5	用尺量纵横两个方向的中心线位置，取其中较大值	
		洞口尺寸、深度	±5	用尺量纵横两个方向尺寸，取其中最大值	
13	预留插筋	中心线位置偏移	3	用尺量纵横两个方向的中心线位置，取其中较大值	
		外露长度	±5	用尺量	
14	吊环、木砖	中心线位置偏移	10	用尺量纵横两个方向的中心线位置，取其中较大值	
		与构件表面混凝土高差	-10，0	用尺量	
15	键槽	中心线位置偏移	5	用尺量纵横两个方向的中心线位置，取其中较大值	
		长度、宽度	±5	用尺量	
		深度	±5	用尺量	
16	灌浆套筒及连接钢筋	灌浆套筒中心线位置	2	用尺量纵横两个方向的中心线位置，取其中较大值	
		连接钢筋中心线位置	2	用尺量纵横两个方向的中心线位置，取其中较大值	
		连接钢筋外露长度	0，+10	用尺量	

2. 预制构件存放要点明白卡

预制构件堆放方式主要有平放和立（竖）放两种，具体选择时应根据构件的刚度及受力情况确定，通常情况下，梁、柱等细长构件宜水平堆放，且不少于两条垫木支撑；墙板宜采用托架立放，上部两点支撑；楼板、楼梯、阳台板等构件宜水平叠放，叠放层数应根据构件与垫木或垫块的承载力及堆垛的稳定性确定，必要时应设置防止构件倾覆的支架，一般情况下，叠放层数不宜超过5层。

1）平放时的注意事项

（1）对于宽度不大于500mm的构件，宜采用通长垫木，宽度大于500mm的构件，可采用不通长垫木，放上构件后可在上面放置同样的垫木，层数一般不宜超过5层，如受场地条件限制增加堆放层数，须经承载力验算。

（2）垫木上下位置之间如果存在错位，构件除了承受垂直荷载，还要承受弯曲应力和剪切力，所以垫木必须放置在同一条线上。

（3）构件平放时应使吊环向上，标识向外，便于查找及吊运。

2）立放时的注意事项

（1）立放可分为插放和靠放两种方式，插放时场地必须清理干净，插放架必须牢固，挂钩应扶稳构件，垂直落地；靠放时应有牢固的靠放架，必须对称靠放并吊运，其倾斜度应保持大于 80°，构件上部用垫块隔开。

（2）构件的断面高宽比大于 2.5 时，堆放时下部应加支撑或有坚固的堆放架，上部应拉牢固定，避免倾倒。

（3）要将地面压实并铺上混凝土等，铺设路面要整修为粗糙面，防止架体滑动。

（4）柱和梁等立体构件要根据各自的形状和配筋选择合适的堆放方法。

3．实操任务卡

（1）根据工程概况，制定预制构件的运输方案。内容包括路线勘察、运输车辆选择、装车方式、运输架体选型、固定方法、车速控制及超限运输预警等安全注意事项。

（2）根据工程概况，制定相应构件的现场存放方案。内容包括场地要求、存放方式、最大允许堆放层数、支垫要求、安全间距、警示标识及吊装通道设置等安全措施。

（3）模拟质检员角色，完成预制构件的进场验收，并做好验收记录。

实操任务 1：制定预制构件的运输方案和现场存放方案。某住宅工程项目 13#楼，总建筑面积为 10271.55m^2，地下 2 层，地上 27 层，建筑总高度 78.53m。采用装配整体式剪力墙结构，所用混凝土预制构件包括预制剪力墙、预制保温一体化外墙、预制飘窗、预制叠合楼板、预制楼梯等；单层构件包含外墙 21 块、内墙 31 块、隔墙 32 块、PCF 板 13 块、造型板 22 块、叠合板 32 块、剪刀楼梯 2 部。预制构件厂距离项目所在地路程约 65km。

实操任务 2：完成预制构件的进场验收，并做好验收记录。某住宅工程 5#楼，采用装配整体式混凝土剪力墙结构，标准层（5~18 层）采用预制构件，主要构件尺寸如下：预制叠合楼板最大尺寸为 3600mm×4200mm，预制层厚度 60mm（后浇层 70mm），单件质量约 2.1t；预制内墙板高 2800mm×宽 2700mm，厚度 200mm，单件质量约 3.0t；预制楼梯（一段）踏步步数 12 步，投影长度 2800mm，宽度 1200mm，单件质量约 2.5t。

模块 3　预制柱施工技术

思维导图

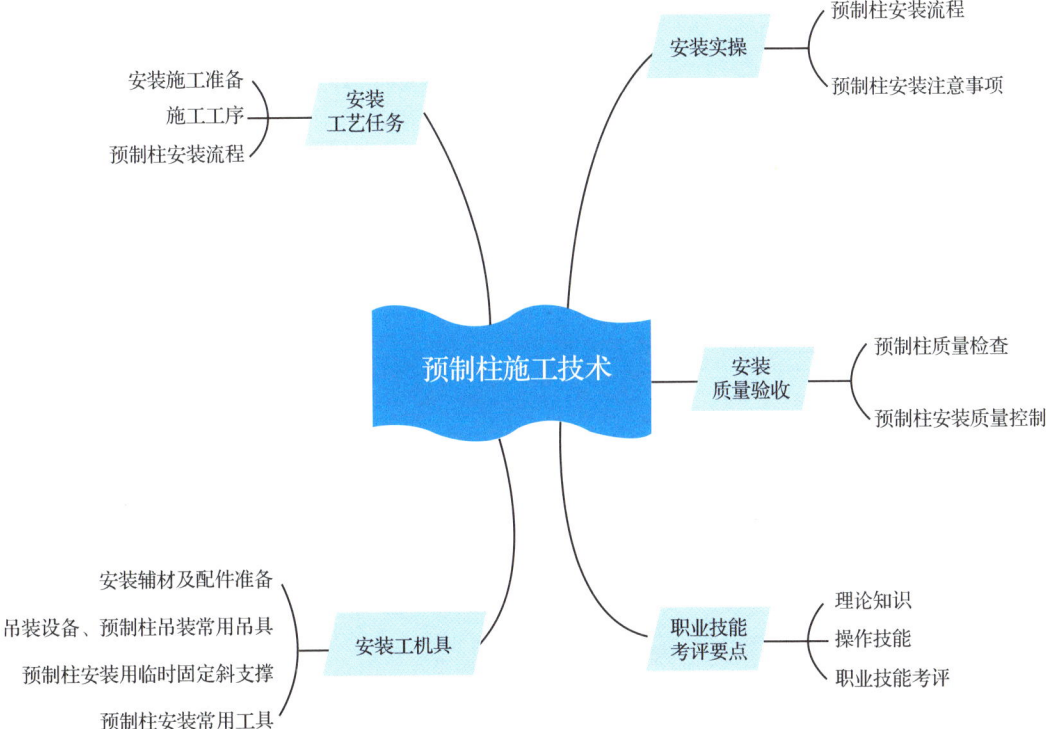

引言

本模块的预制柱指预制混凝土柱,预制混凝土柱是指混凝土结构中采用工厂化预制,运到施工现场进行安装,通过可靠的连接方式和现浇节点连接成整体的柱构件。预制混凝土柱由专业设计人员绘制加工图纸,在专业预制工厂进行生产,再运至施工现场进行安装。装配式项目普遍采用的预制钢筋混凝土框架柱,通常是在预埋于柱底的半灌浆(或全灌浆)套筒中注入灌浆料拌合物,经硬化形成整体并实现传力,其可实现上下层主筋的对接连接。

任务 3.1　预制柱安装工艺任务

本模块重点对采用套筒灌浆技术的预制柱安装工艺流程进行介绍,其他类型预制柱可以作为课外拓展知识进行学习。

佩克(Peikko)中国首个全装配式螺栓连接项目

连接系统装配式预制柱与基础的节点连接

> **知识拓展**
>
> 预制柱钢筋除了采用套筒灌浆技术进行连接,还可以采用哪些技术进行连接?谈一谈不同钢筋连接方法的优缺点。

3.1.1　安装施工准备

预制柱的安装施工准备工作主要包括编制专项施工方案、熟悉设计图纸、进行安装前的技术交底、准备吊装工机具等。

1. 专项施工方案

专项施工方案一般包括以下内容。

(1)整体进度计划,包括结构总体施工进度计划、构件生产计划、构件安装进度计划、原材料采购计划、设备进场计划等。

(2)预制构件运输,包括车辆数量、运输路线、现场装卸方法。

(3)施工场地布置,包括场内运输通道、吊装设备、吊装方案、构件堆放场地。

(4)构件进场验收及安装,包括构件进场验收要求、测量放线、安装工艺及要求、成品保护及修补措施。

(5)施工安全,包括吊装安全措施、安全事故防范措施和处理方案。

(6)质量管理,包括构件安装的专项施工质量管理与验收。

(7)安全文明绿色施工与环境保护措施。

2. 技术交底

技术交底(图 3-1)是施工现场管理极为重要的一项工作,是施工策划的延续和完善,也是工程质量和安全生产预控的关键之一。其目的是使参与建筑工程施工的技术人员与作业人员了解所承担的工程项目的特点、设计意图、技术要求、施工工艺及应注意的问题,了解工程的特定施工条件、施工组织、技术要求和有针对性的关键技术措施，系统掌握工程施工过程全貌和施工的关键部位。通过技术交底，使参与工程施工操作的工人了解所要完成的分部分项工程的具体工作内容、操作方式、施工工艺、质量标准和安全注意事项等，做到任务明确，有序施工，减少各种质量通病，提高施工质量。

预制柱安装前的技术交底主要包括以下内容。

（1）预制柱安装前，项目技术人员应对作业人员进行现场交底，其内容为吊装作业的技术要点和安全注意事项。

图 3-1　预制柱施工技术交底

（2）预制柱安装前应按吊装流程核对构件编号，并进行构件安装前的质量验收。

（3）检查吊具，做到班前专人检查，需记录当日的工作情况，高空作业用工具必须采取防坠落措施，严防安全事故的发生。

（4）作业前必须进行安全交底，并对作业区进行隔离，建立可靠的通信指挥网，保证吊装期间通信联络畅通无阻。

（5）对构件安装要求、质量验收要求等进行技术交底，确保构件安装质量。

3.1.2　施工工序

预制柱的施工工序为：预制柱进场验收→测量放线→安装吊具→预制柱试吊→预制柱吊装→柱安装就位→水平调整、竖向校正→斜支撑固定→摘钩→质量验收。

3.1.3　预制柱安装流程

预制柱安装流程从测量放线开始，到质量验收结束，其中部分操作流程如图3-2～图3-7所示。

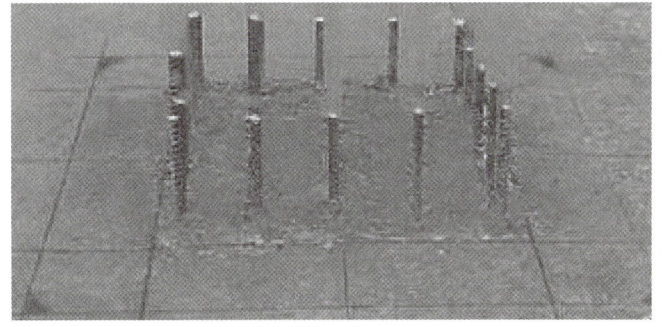

图 3-2　测量放线

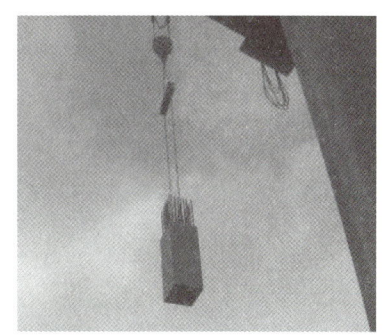

图 3-3　预制柱吊装

图 3-4　标高调节垫片

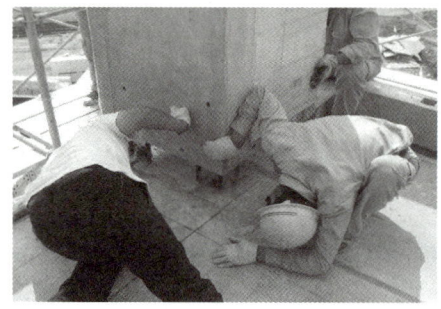

图 3-5　柱安装　　　　　　　图 3-6　预制柱垂直度校正

预制柱的安装动画

预制柱的安装视频

图 3-7　临时斜支撑安装

任务 3.2　预制柱安装工机具

3.2.1　安装辅材及配件准备

预制柱安装测量及放线所用仪器如图 3-8 所示。

图 3-8　预制柱安装测量及放线所用仪器

> **想一想**
>
> 谈一谈上述仪器的作用和使用方法，说出有哪些仪器可以替代上述仪器。

新型智能测量技术

3.2.2　吊装设备

预制柱一般体型较大，仅凭人工很难对其吊运安装，通常情况下需要采用大型机械吊装设备完成构件的吊运安装工作。根据建筑场地和构件高度，通常可采用的吊装设备有汽车起重机和塔式起重机（图 3-9）。

（a）汽车起重机

（b）塔式起重机

图 3-9 预制柱吊装设备

"空中自动化造楼机"

图 3-10 塔式起重机吊装作业

在实际施工过程中，应根据工程特点合理地选用上述两种吊装设备，使其优缺点互补，更好地完成各类构件的装卸运输和吊运安装工作，取得最佳的经济效益。在装配式混凝土建筑施工中，对于吊装设备的选择，通常会根据设备造价、合同工期、施工现场环境、建筑高度、构件吊运质量等因素综合考虑确定。

目前预制柱自重基本控制在 5t 以下，塔式起重机型号一般选择 TC6015～TC7035，其基本可以满足目前大部分装配式混凝土建筑施工，该类塔式起重机比现浇混凝土建筑施工所用塔式起重机起重能力更强。图 3-10 所示为塔式起重机吊装作业。

3.2.3 预制柱吊装常用吊具

预制柱吊装常用吊具如图 3-11 所示，主要有吊索、吊环、吊钩、鸭嘴扣或万向环、吊钉或预埋内丝吊点。

（a）吊索

（b）吊环

（c）吊钩

（d）鸭嘴扣

（e）吊钉

（f）吊具固定

图 3-11 预制柱吊装常用吊具

3.2.4 预制柱安装用临时固定斜支撑

预制柱安装用临时固定斜支撑主要包括丝杆、螺套、支撑杆、手把和支座等部件（图 3-12），其使用前应进行相应的受力计算。

 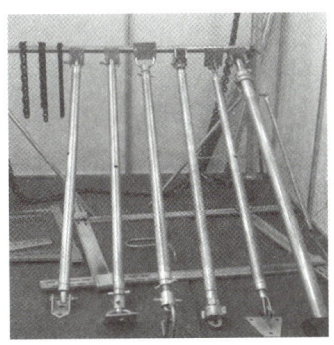

图 3-12 预制柱安装用临时固定斜支撑

设置预制柱安装用临时固定斜支撑是预制柱安装过程中承受施工荷载，保证构件定位的有效措施之一。为确保临时固定斜支撑安全，临时固定斜支撑的位置、数量以及角度等参数，都应在预制构件的深化设计过程中经过设计计算，且在施工前应进行安全验算，在使用过程中应定期或不定期进行检查，确保其处于安全状态。

3.2.5 预制柱安装常用工具

预制柱安装常用工具如图 3-13 所示，主要有电动扳手、活动扳手、镜子等。

 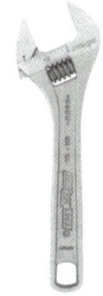 

（a）电动扳手　　　　（b）活动扳手　　　　（c）镜子

图 3-13 预制柱安装常用工具

特别提示

预制柱吊装工机具的选择、管理，会影响构件的吊装质量和施工进度，同时也制约着项目施工成本。

任务 3.3　预制柱安装实操

3.3.1　预制柱安装流程

> **特别提示**
>
> 1. 在吊装前，应制订详细的吊装方案，确保吊装过程安全、高效。
> 2. 吊装时，采用合适的吊装设备和吊装方法，避免对构件造成损伤。
> 3. 连接时，应确保连接部位清洁、无杂物，采用合适的连接件和连接方式，确保连接牢固、可靠。

预制柱安装流程图如图 3-14 所示。

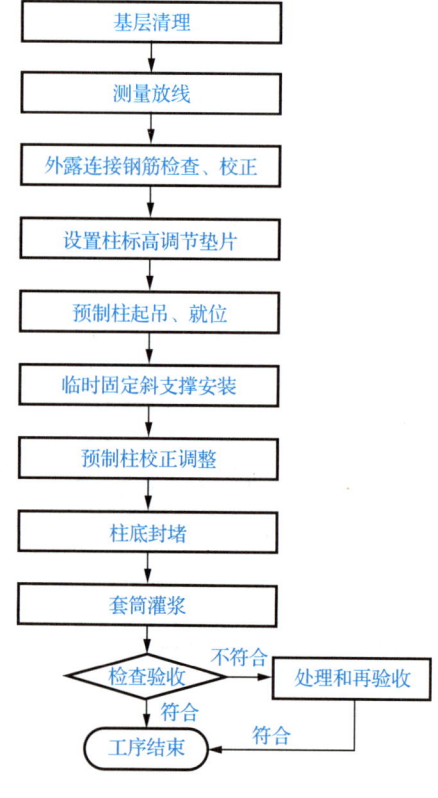

图 3-14　预制柱安装流程图

1. 基层清理

安装预制柱的结合面应清理干净，基面应干燥。结合面未设置粗糙面的，需将现浇混凝土面凿毛处理。

2. 测量放线

楼面混凝土达到一定强度后，清理结合面，由专业测量员放出测量定位控制轴线、预制柱定位边线及 200mm 控制线，并做好标识，如图 3-15 所示。

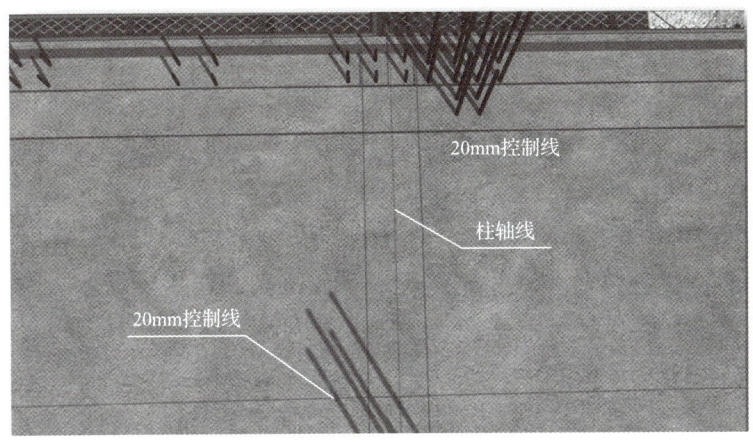

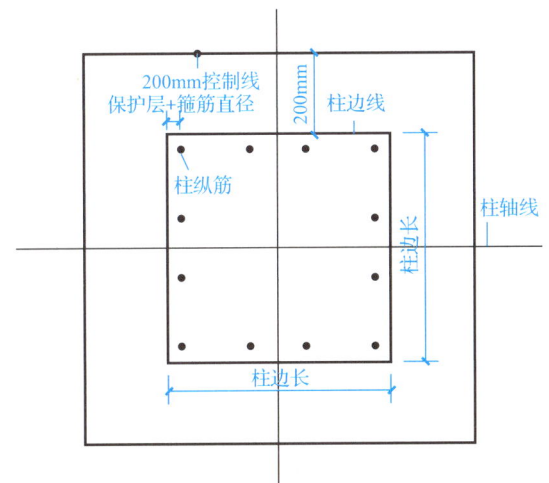

图 3-15　预制柱测量放线

3. 外露连接钢筋检查、校正

预制柱吊装之前，应对钢筋进行调整并对接触面进行清理，使构件顺利安装并准确就位。

（1）构件安装前，应检查预制柱上钢筋的规格、位置、数量和外露长度等内容。

（2）使用专用钢筋定位卡具对板面预留竖向钢筋进行复核，检查预留竖向钢筋位置、垂直度、预留长度是否正确，对不符合要求的钢筋用钢管、套筒、套管或扳手进行校直，确保上层预制柱内的套筒与下层的预留钢筋能够顺利对接。外露连接钢筋的位置、尺寸允许偏差及检验方法应符合表 3-1 的规定。

表 3-1　外露连接钢筋的位置、尺寸允许偏差及检验方法

项目	允许偏差/mm	检验方法
中心位置	2	用尺量测纵横两个方向的中心线位置，取其中较大值
外露长度、顶点标高	0，+10	用尺量测

4．设置柱标高调节垫片

预制柱安装前，为便于调整接缝厚度和底部标高，应在预制构件及其支承构件间坐浆或设置支承垫片进行标高调节及找平，垫片厚度通常不大于 20mm。找平宜采用钢质垫片、预埋螺栓；可通过垫片调整预制构件的底部标高，通过在构件底部四角加塞垫片以调整构件安装的垂直度。柱标高调节垫片如图 3-16 所示。

图 3-16　柱标高调节垫片

5．预制柱起吊、就位

（1）预制柱吊装施工前，相关专业技术人员应对装配工人进行技术交底，技术交底的内容包括吊装施工工艺流程、质量控制要点、安全施工要求等。构件在正式起吊前需要进行试吊，试吊正常后开始进行吊装。

（2）预制柱结构对称、重心与几何中心重叠，与墙、板这些薄片型构件相比，预制柱在起吊时相对简单，除按照起吊方案执行外，还应注意对上端预留钢筋的保护。

（3）预制柱吊装时，预制柱吊到距离作业层上方 500mm 左右的位置应暂停吊运，检查预制柱的方向、钢筋方向是否与图纸一致，确认一致后将预制柱水平移动到安装位置。就位后，将预制柱缓慢下放至下层钢筋附近停止，经检查，钢筋在套筒正下方后，方可继续下放。下降到距离接触面 50mm 左右时停止，确认接触面上的控制线无误后，继续下放预制柱到接触垫片（螺栓）。当偏差较大时，应重新将预制柱吊起 50mm 左右进行调整。

（4）安装时应由专人负责柱定位、对线，并用靠尺校正垂直度。安装首层柱时，应特别注意安装精度，使之成为后续各层的基准。

（5）预制柱吊装校正时，可采用"起吊→就位→初步校正→精细调整"的作业方式。预制柱安装就位如图 3-17 所示。

图 3-17 预制柱安装就位

6. 临时固定斜支撑安装

先行吊装的预制柱，安装前应设置临时固定斜支撑。临时固定斜支撑安装时应符合下列规定。

（1）每个预制柱应依据安装施工方案设置稳定可靠的临时固定斜支撑。

（2）每个预制柱的临时固定斜支撑不宜少于 2 道，其与楼面的水平夹角宜控制在 45°～60°。

（3）预制柱的上部斜支撑，其支撑点距离底部不宜小于高度的 2/3，且不应小于高度的 1/2。

（4）构件安装就位后，可通过临时固定斜支撑对构件的位置和垂直度进行微调。

图 3-18 所示为预制柱临时固定斜支撑安装。

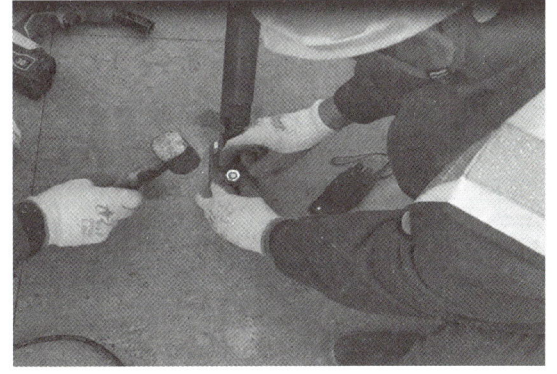

图 3-18 预制柱临时固定斜支撑安装

7. 预制柱校正调整

在预制柱安装就位后，须对预制柱的安装位置和垂直度进行检验和调整，在各项指标满足要求后吊具方可脱钩。

根据柱身和工作面已测放的安装定位标志调整预制柱安装平面位置。预制柱的标高，可采用在柱四角放置金属垫片的方法进行校正，结合预制柱长度进行调整。

（1）调整预制柱的标高时，可通过在预制柱上弹出 1000mm 线及水准仪来进行。每个预制柱需要测 2 个点，正侧面各 1 个，2 个点的误差均应控制在±3mm 以内。

（2）预制柱位置调整在标高调整完毕后进行，位置偏差有整体偏差和旋转偏差之分。如果是整体偏差，可以使用千斤顶或可调支撑微调；如果是旋转偏差，可以通过斜支撑进

图 3-19 预制柱校正调整

行调整。

(3) 调整预制柱垂直度时,可将 2m 靠尺贴靠在柱侧面直接读数,或用线坠悬垂于柱侧,测量柱身与线坠的偏离距离,检验测量结果是否满足要求,超过允许值时通过可调临时支撑进行微调。

(4) 若当日校正的预制柱未灌浆固定,灌浆作业前需复校并经监理验收方可灌浆。

图 3-19 所示为预制柱校正调整。

这里不再介绍柱底封堵、套筒灌浆和检查验收这三道流程,这三道流程的相关内容请自行学习。

3.3.2 预制柱安装注意事项

1. 预制柱安装策划注意事项

(1) 选用塔式起重机需要考虑塔式起重机性能是否满足设计构件质量要求,根据设计构件质量,提前准备好各种构件需要的吊具。

(2) 水平构件需根据构件平面图提前编制吊装顺序;竖向构件需结合现浇位置及钢筋绑扎要求,按施工流程确定吊装顺序。

2. 预制柱安装安全作业注意事项

(1) 安装作业开始之前,应对安装作业区进行围护并做出明显的标识,拉警戒线,根据危险源级别安排专人旁站监护,严禁与安装作业无关的人员进入。

(2) 施工作业使用的专用吊具、定型工具式支撑、支架等,应进行安全验算,使用中进行定期或不定期检查,确保其处于安全状态。

(3) 预制柱起吊后,应先将预制柱提升 300mm 左右,停稳预制柱,检查钢丝绳、吊具和预制柱状态,确认吊具安全且预制柱平稳后,方可缓慢提升预制柱。

(4) 起重机吊装区域内,非作业人员严禁进入;吊运预制柱时,预制柱下方严禁站人,应待预制柱降落至距工作面 1m 以内方准作业人员靠近,就位固定后方可脱钩。

(5) 在高空应通过缆风绳改变预制柱方向,严禁在高空直接用手扶预制柱。

(6) 遇到雨、雾、雪天气,或者风力大于 5 级时,不得进行吊装作业。

(7) 现场应配备充足的固定配件安装操作工具,预制柱就位后应及时进行固定。

装配式建筑预制柱吊装教学

起重机械安全操作规程

任务 3.4　预制柱安装质量验收

3.4.1　预制柱质量检查

（1）吊装前应对预制柱进行质量检查，检查内容如下。
① 预制柱质量证明文件和出厂标识、质检标识等。
② 预制柱的外观质量、尺寸偏差、钢筋配置、预留预埋情况。
（2）预制柱外观质量应根据缺陷类型和缺陷程度进行分类，并应符合表 3-2 的规定（表 3-2 中预制构件指的是预制柱）。

表 3-2　预制构件外观质量缺陷分类

名称	现象	严重缺陷	一般缺陷
露筋	构件内钢筋未被混凝土包裹而外露	主筋有露筋	其他钢筋有少量露筋
蜂窝	混凝土表面缺少水泥砂浆而形成石子外露	主筋部位和搁置点位置有蜂窝	其他部位有少量蜂窝
孔洞	混凝土中孔穴深度和长度均超过保护层厚度	构件主要受力部位有孔洞	其他部位有少量孔洞
夹渣	混凝土中夹有杂物且深度超过保护层厚度	构件主要受力部位有夹渣	其他部位有少量夹渣
疏松	混凝土中局部不密实	构件主要受力部位有疏松	其他部位有少量疏松
裂缝	缝隙从混凝土表面延伸至混凝土内部	构件主要受力部位有影响结构性能或使用功能的裂缝	其他部位有少量不影响结构性能或使用功能的裂缝
连接部位缺陷	构件连接处混凝土缺陷及连接钢筋、连接件松动，灌浆套筒未进行保护	连接部位有影响结构传力性能的缺陷	连接部位有基本不影响结构传力性能的缺陷
外形缺陷	内表面缺棱掉角、棱角不直、翘曲不平等，外表面面砖黏结不牢、位置偏差，面砖嵌缝没有达到横平竖直，转角面砖棱角不直、面砖表面翘曲不平等	清水混凝土构件有影响使用功能或装饰效果的外形缺陷	其他混凝土构件有影响使用功能的外形缺陷
外表缺陷	构件表面麻面、掉皮、起砂、沾污等	具有重要装饰效果的清水混凝土构件有外表缺陷	其他混凝土构件有不影响使用功能的外表缺陷

（3）预制柱的外观质量不应有严重缺陷，产生严重缺陷的预制柱不得使用，产生一般缺陷时，应处理后方可吊装安装。
（4）预制柱的尺寸偏差应根据相关规范限值进行检查，超出限值的预制柱不得使用。
（5）预制柱预留钢筋的规格和数量应符合设计要求，预埋件和预留孔洞的尺寸偏差应满足规范要求。

3.4.2 预制柱安装质量控制

（1）预制柱安装顺序及连接方式应保证施工过程中结构构件具有足够的承载力和刚度，并应保证结构整体的稳固性。

（2）预制柱安装用临时支撑和拉结应具有足够的承载力和刚度。

（3）预制柱安装前应将安装表面清理干净，不得有垃圾。

（4）落位时应缓慢进行，确保钢筋准确地插入预留孔中。钢筋位置不对时应进行调整，严禁切断。

（5）安装时应根据安装方向、预留预埋位置正确安装，确保安装后预留预埋线盒、线管等位置准确。

（6）吊装时控制好标高、水平位置，安装完成后对垂直度进行检查调整。

（7）安装完成的预制柱应有成品防护措施，防止后续施工造成破坏或者污染。

预制柱吊装就位后，应对构件中心线、轴线位置、构件标高、构件垂直度、构件倾斜度、相邻构件平整度、构件搁置长度进行检查，还要对支座、支垫中心位置和相邻柱接缝宽度进行检查，具体允许偏差和检验方法见表3-3。

表3-3 预制柱安装的允许偏差和检验方法

项目		允许偏差/mm	检验方法
构件中心线对轴线位置	竖向构件（柱、墙板、桁架）	8	经纬仪及尺量
构件标高	柱、墙板底面或顶面	±5	水准仪或拉线、尺量
构件垂直度	柱、墙板 ≤6m	5	经纬仪或吊线、尺量
	柱、墙板 >6m	10	
相邻构件平整度	柱墙侧面 外露	5	2m靠尺和塞尺量测
	柱墙侧面 不外露	8	
支座、支垫中心位置	板、梁、柱、墙板、桁架	10	尺量检查

任务 3.5　职业技能考评要点

3.5.1　理论知识

预制柱安装专业技术人员应具备法律法规与标准、识图、材料、工具设备、预制柱构件装配技术、施工组织管理、质量检查、安全文明施工、信息技术与行业动态的相关理论知识，具体参照表 3-4。

表 3-4　预制柱安装专业技术人员应具备的理论知识

项次	分类	理论知识
1	法律法规与标准	建设行业相关法律法规
		与本工种相关的国家、行业和地方标准
2	识图	建筑识图基础知识
		预制柱构件装配施工图识图知识
		建筑、结构、安装施工图识图知识
		支撑布置图识图知识
3	材料	预制柱的力学性能
		支撑及限位装置的种类、规格等基础知识
		预制柱构件存放知识
		预制柱构件存放期间及装配后的保护知识
		相关工序的成品保护
4	工具设备	预制柱构件起吊常用器具的种类、规格、基本功能、适用范围及操作规程
		预制柱构件装配常用机具的种类、规格、基本功能、适用范围及操作规程
		各类支撑架的维护及保养知识
		起重机械基础知识
		安全防护工具的种类、规格、基本功能、使用范围及操作规程
5	预制柱构件装配技术	测量放线基础知识及操作要求
		预制柱构件进场验收知识
		预制柱构件起吊基础知识
		预制柱构件装配前的准备工作
		预制柱构件装配的自然环境要求
		预制柱构件装配的工作面要求

续表

项次	分类	理论知识
		预制柱构件装配的基本程序
		预制柱限位装置安装及拆除知识
		预制柱构件就位的程序及复核方法
		预制柱构件干式及湿式连接的操作方法
		支撑装置搭设及拆除知识
		支撑与限位装置复核方法
		支撑与限位装置受力变形及倾覆知识
6	施工组织管理	预制柱构件装配方案
		进度管理基础知识
		技术管理基础知识
		质量管理基础知识
		工程成本基础知识
7	质量检查	预制柱构件装配工程自检与交接检验的方法
		预制柱构件装配工程的质量验收与评定
8	安全文明施工	安全生产常识、安全生产操作规程
		安全事故的处理程序
		突发事件的处理程序
		文明施工与环境保护基础知识
		职业健康基础知识
		建筑消防基础知识
9	信息技术与行业动态	装配式建筑信息技术的相关知识
		装配式混凝土建筑发展动态及趋势
		预制构件安装工程前后工序相关知识

3.5.2 操作技能

预制柱安装专业技术人员应具备构件进场、装配准备、施工组织、构件就位、临时支撑搭拆、节点连接、施工检查、成品保护、班组管理、技术创新的相关操作技能，具体应符合表 3-5 的规定。

表 3-5　预制柱安装专业技术人员应具备的操作技能

项次	分类	操作技能
1	构件进场	能够进行预制柱构件进场验收
		能够进行预制柱构件存放
		能够进行预制柱构件挂钩及试吊
		能够进行预制柱构件存放方案优化

续表

项次	分类	操作技能
2	装配准备	能够根据图纸及预制柱构件标识正确识别构件的类型、尺寸和位置
		能够按预制柱构件装配顺序清点构件
		能够准备和检查预制柱构件装配所需的工机具、支撑架及辅料
		能够按预制柱构件装配要求清理工作面
		能够按施工要求对已完结构进行检查
		能够参与设计、生产阶段,并提出合理化建议
		能够进行预制柱构件装配工程施工作业交底
		能够对预制柱构件装配方案提出合理化建议
		能够编制预制柱构件安装方案
		能够审核预制柱构件安装方案并进行合理优化
3	施工组织	能够编制并优化前期方案
		能够组织构件安装作业
4	构件就位	能够进行预埋件与构件预留孔洞的对位
		能够协助预制柱构件吊落至指定位置
		能够复核并校正预制柱构件的安装偏差
5	临时支撑搭拆	能够选择适宜的临时支撑
		能够按施工要求搭设临时支撑
		能够复核及校正临时支撑的位置
		能够判断临时支撑拆除的时间
		能够完成临时支撑拆除作业
6	节点连接	能够对预制柱构件节点进行干式连接
		能够按湿式连接要求处理湿式连接工作面
7	施工检查	能够对预制柱构件装配工程的材料和机具进行清理、归类、存放
		能够对预制柱构件装配工程进行质量自检
		能够组织施工班组进行质量自检与交接检验
8	成品保护	能够对前道工序的成品进行保护
		能够对存放的预制柱构件进行包裹、覆盖
		能够对装配后预制柱构件进行成品保护
9	班组管理	能够提出安全生产建议,并处理安全隐患
		能够提出构件装配工程安全文明施工措施
		能够进行预制柱构件装配工程的质量验收和质量评定
		能够处理施工中的质量问题并提出预防措施
10	技术创新	能够推广应用构件装配工程新技术、新工艺、新材料和新设备
		能够结合信息技术进行预制柱构件装配工程施工工艺、管理手段创新
		能够对与本工种相关的工器具、施工工艺进行优化与革新

3.5.3 职业技能考评

预制柱安装专业技术人员能力评价应包括理论知识评分和操作技能评分两部分内容，具体应符合表 3-6 的规定。

表 3-6 预制柱安装专业技术人员各等级技能分值

项次	分类	技能分值				
		一级技能	二级技能	三级技能	四级技能	五级技能
理论知识	法律法规与标准	5	5	5	5	5
	识图	10	10	10	10	10
	材料	15	10	10	10	10
	工具设备	15	15	10	10	10
	预制柱构件装配技术	30	30	30	30	25
	施工组织管理	0	5	10	10	15
	质量检查	10	10	10	10	10
	安全文明施工	10	10	10	10	10
	信息技术与行业动态	5	5	5	5	5
	小计	100	100	100	100	100
操作技能	构件进场	15	10	10	10	10
	装配准备	25	20	15	15	15
	施工组织	0	0	5	5	10
	构件就位	15	15	10	10	10
	临时支撑搭拆	15	15	10	10	5
	节点连接	0	10	10	10	5
	施工检查	15	15	15	15	15
	成品保护	15	15	10	10	10
	班组管理	0	0	10	10	10
	技术创新	0	0	5	5	10
	小计	100	100	100	100	100

模块小结

本模块结合预制柱安装工艺，重点介绍了预制柱安装流程、安装工机具、安装过程、安装质量验收等内容。本模块的学习，将使学生掌握预制柱安装知识，具备相应的操作技能，同时培养学生的团队协作能力、质量意识、安全意识和精益求精的工匠精神。

练 习 题

一、选择题

1. 楼面混凝土强度达到设计要求后，清理结合面，由专业测量员放出测量定位控制轴线、预制柱定位边线及（　　）mm 控制线，并做好标识。
   A．150　　　　B．200　　　　C．250　　　　D．300
2. 采用装配式结构独立钢支撑系统的支撑高度不宜大于（　　）m。
   A．3　　　　　B．4　　　　　C．5　　　　　D．6
3. 预制装配式主体结构部分的工艺流程不包括（　　）。
   A．运输　　　　　　　　　　B．吊装
   C．构件支撑固定　　　　　　D．构件承载力验算
4. 预制柱构件中心线对轴线位置允许偏差是（　　）mm。
   A．5　　　　　B．-5　　　　C．8　　　　　D．-8
5. 柱顶面标高允许偏差是（　　）mm。
   A．±3　　　　B．±5　　　　C．±8　　　　D．±10

二、填空题

1. 装配式建筑构件安装专项施工方案一般包括＿＿＿＿＿＿＿＿＿＿＿＿。
2. 构件进场验收及安装，包括＿＿＿＿＿＿＿＿＿＿＿＿＿＿＿＿＿＿。
3. 预制构件外形缺陷包含＿＿＿＿＿＿＿＿＿＿＿＿＿＿＿＿＿＿＿＿。
4. 预制构件外表缺陷包含＿＿＿＿＿＿＿＿＿＿＿＿＿＿＿＿＿＿＿＿。
5. 预制构件吊装校正，可采用"＿＿＿＿＿＿＿＿＿＿＿＿＿"的作业方式。
6. 装配整体式混凝土结构施工中，对于吊运设备的选择，通常会根据＿＿＿＿＿＿等因素综合考虑确定。

三、思考题

1. 预制柱安装的机械设备选择需要考虑哪些因素？
2. 请简述预制柱安装工艺流程？
3. 预制柱安装后，有哪些方式可以对其标高和位置进行调整？
4. 关于预制柱安装工艺，有什么好的优化方式？可针对其中一项工序进行优化。

在线答题

活页卡片

1. 预制构件进场验收卡

其包括预制构件外观质量缺陷验收卡(表 3-7)和预制柱尺寸允许偏差验收卡(表 3-8)。

表 3-7 预制构件外观质量缺陷验收卡　　　验收人：　　校核人：

名称	现象	严重缺陷	一般缺陷	进场构件验收结果
露筋	构件内钢筋未被混凝土包裹而外露	纵向受力钢筋有露筋	其他钢筋有少量露筋	
蜂窝	混凝土表面缺少水泥砂浆而形成石子外露	构件主要受力部位有蜂窝	其他部位有少量蜂窝	
孔洞	混凝土中孔穴深度和长度均超过保护层厚度	构件主要受力部位有孔洞	其他部位有少量孔洞	
夹渣	混凝土中夹有杂物且深度超过保护层厚度	构件主要受力部位有夹渣	其他部位有少量夹渣	
疏松	混凝土中局部不密实	构件主要受力部位有疏松	其他部位有少量疏松	
裂缝	缝隙从混凝土表面延伸至混凝土内部	构件主要受力部位有影响结构性能或使用功能的裂缝	其他部位有少量不影响结构性能或使用功能的裂缝	
连接部位缺陷	构件连接处混凝土缺陷及连接钢筋、连接件松动，插筋严重锈蚀、弯曲，灌浆套筒堵塞、偏位，灌浆孔洞堵塞、偏位、破损等	连接部位有影响结构传力性能的缺陷	连接部位有基本不影响结构传力性能的缺陷	
外形缺陷	缺棱掉角、棱角不直、翘曲不平、飞出凸肋等，装饰面砖黏结不牢、表面不平、砖缝不顺直等	清水或具有装饰的混凝土构件表面存在影响使用功能或装饰效果的外形缺陷	其他混凝土构件有不影响使用功能的外形缺陷	
外表缺陷	构件表面麻面、掉皮、起砂、沾污等	具有重要装饰效果的清水混凝土构件有外表缺陷	其他混凝土构件有不影响使用功能的外表缺陷	

表 3-8 预制柱尺寸允许偏差验收卡　　　　验收人：　　校核人：

项次	检查项目			允许偏差/mm	检验方法	检验结果
1	规格尺寸	长度	<12m	±5	用尺量测两端及中间部，取其中偏差绝对值较大值	
			≥12m 且<18m	±10		
			≥18m	±20		
2	规格尺寸	宽度		±5	用尺量测两端及中间部，取其中偏差绝对值较大值	
3		高度		±5	用尺量测板四角和四边中部位置共8处，取其中偏差绝对值较大值	
4	表面平整度			4	用2m靠尺安放在构件表面上，用楔形塞尺量测靠尺与表面之间的最大缝隙	
5	侧向弯曲	梁柱		$L/750$ 且≤20mm	拉线，钢尺量测最大弯曲处	
		桁架		$L/1000$ 且≤20mm		
6	预埋部件	预埋钢板	中心线位置偏移	5	用尺量测纵横两个方向的中心线位置，取其中较大值	
			平面高差	−5, 0	用尺紧靠在预埋件上，用楔形塞尺量测预埋件平面与混凝土面的最大缝隙	
7		预埋螺栓	中心线位置偏移	2	用尺量测纵横两个方向的中心线位置，取其中较大值	
			外露长度	−5, +10	用尺量测	
8	预留孔	中心线位置偏移		5	用尺量测纵横两个方向的中心线位置，取其中较大值	
		孔尺寸		±5	用尺量测纵横两个方向尺寸，取其最大值	
9	预留洞	中心线位置偏移		5	用尺量测纵横两个方向的中心线位置，取其中较大值	
		洞口尺寸、深度		±5	用尺量测纵横两个方向尺寸，取其最大值	
10	预留插筋	中心线位置偏移		3	用尺量测纵横两个方向的中心线位置，取其中较大值	
		外露长度		±5	用尺量测	

续表

项次	检查项目		允许偏差/mm	检验方法	检验结果
11	吊环	中心线位置偏移	10	用尺量测纵横两个方向的中心线位置,取其中较大值	
		留出高度	-10, 0	用尺量测	
12	键槽	中心线位置偏移	5	用尺量测纵横两个方向的中心线位置,取其中较大值	
		长度、宽度	±5	用尺量测	
		深度	±5	用尺量测	
13	灌浆套筒及连接钢筋	灌浆套筒中心线位置	2	用尺量测纵横两个方向的中心线位置,取其中较大值	
		连接钢筋中心线位置	2	用尺量测纵横两个方向的中心线位置,取其中较大值	
		连接钢筋外露长度	0, +10	用尺量测	

2. 预制柱构件安装工艺流程卡（图3-20）

图3-20 预制柱安装工艺流程卡

3. 预制柱安装要点明白卡

预制柱安装注意要点如下。

（1）选用塔式起重机需要考虑塔式起重机性能是否满足设计构件质量要求，根据设计构件质量，提前准备好各种构件需要的吊具。

（2）安装作业开始之前，应对安装作业区进行围护并做出明显的标识，拉警戒线，根据危险源级别安排旁站，严禁与安装作业无关的人员进入。

（3）施工作业使用的专用吊具、定型工具式支撑、支架等，应进行安全验算，使用中进行定期或不定期检查，确保其处于安全状态。

（4）预制柱起吊后，应先将预制柱提升300mm左右，停稳预制柱，检查钢丝绳、吊具和预制柱状态，确认吊具安全且预制柱平稳后，方可缓慢提升预制柱。

（5）起重机吊装区域内，非作业人员严禁进入；吊运预制柱时，预制柱下方严禁站人，应待预制柱降落至距工作面1m以内方准作业人员靠近，就位固定后方可脱钩。

（6）高空应通过缆风绳改变预制柱方向，严禁高空直接用手扶预制柱。

（7）遇到雨、雾、雪天气，或者风力大于5级时，不得进行吊装作业。

（8）现场应配备充足的固定配件安装操作工具，预制柱就位后应及时进行固定。

4．预制构件安装质量验收卡（表3-9）

表3-9　预制构件安装质量验收卡　　　验收人：　　校核人：

项目		允许偏差/mm	检验方法	检查结果
构件中心线对轴线位置	竖向构件（柱、墙板、桁架）	8	经纬仪及尺量	
构件标高	柱、墙板底面或顶面	±5	水准仪或拉线、尺量	
构件垂直度	柱、墙板 ≤6m	5	经纬仪或吊线、尺量	
	柱、墙板 >6m	10		
相邻构件平整度	柱墙侧面 外露	5	2m靠尺和塞尺量测	
	柱墙侧面 不外露	8		
支座、支垫中心位置	板、梁、柱、墙板、桁架	10	尺量检查	

5．实操任务卡

（1）按照给定的预制柱位置，进行预制柱的安装实操训练。
（2）完成预制柱吊装作业前的构件质量验收，并做好验收记录。
（3）按照预制柱安装作业要求和流程完成预制柱安装作业。
（4）完成预制柱安装质量验收，并做好验收记录。

> **注意**
>
> 本任务书所列实操任务，旨在让学生依据模块所介绍的施工技术，开展预制构件安装实操训练。所提供的构件图纸，旨在让学生在实操训练过程中，按照图纸标注的构件位置、尺寸等要求开展操作，并同步开展构件安装质量检查。若不具备实操训练条件，也可采用模拟软件开展安装实操训练。

实操任务1：结合模块1中所介绍的装配整体式框架结构案例进行实践操作练习。图3-21所示为预制柱平面布置图，图3-22所示为预制柱深化设计图。

实操任务2：本实操任务为某幼儿园项目预制柱安装，主楼地上三层，层高均为4.000m，建筑高度为14.150m。主体结构为装配整体式框架结构，抗震设防烈度为7度(0.1g)，设计地震分组为第二组，场地类别为Ⅱ类，抗震等级及抗震构造措施均为二级。二、三层采用预制柱，柱子钢筋采用套筒灌浆连接。柱子截面尺寸为500mm×600mm，采用全灌浆套筒。图3-23所示为预制柱平面布置图，图3-24所示为预制柱详图。

预制柱吊装任务书+指导书

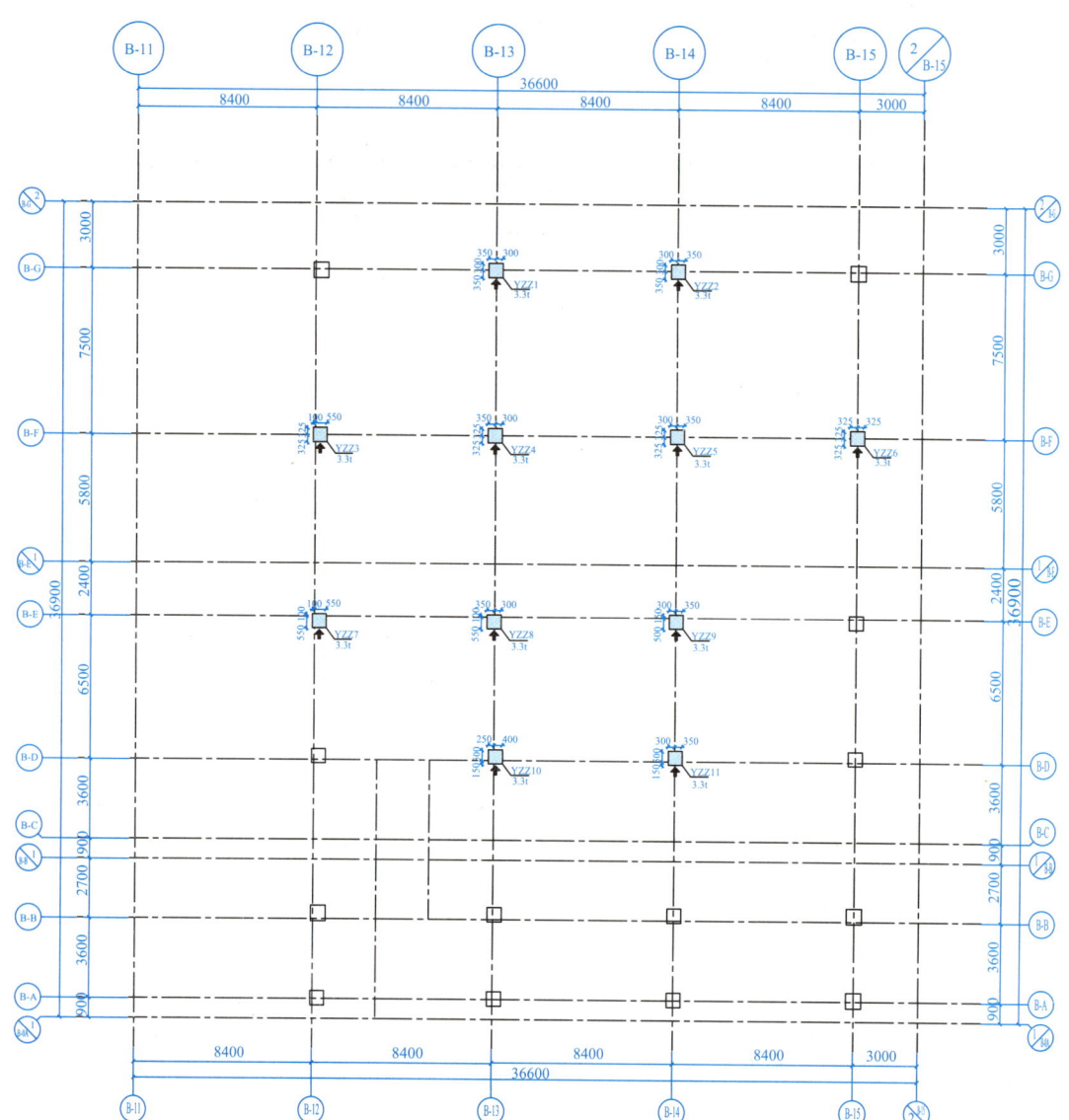

图 3-21 预制柱平面布置图

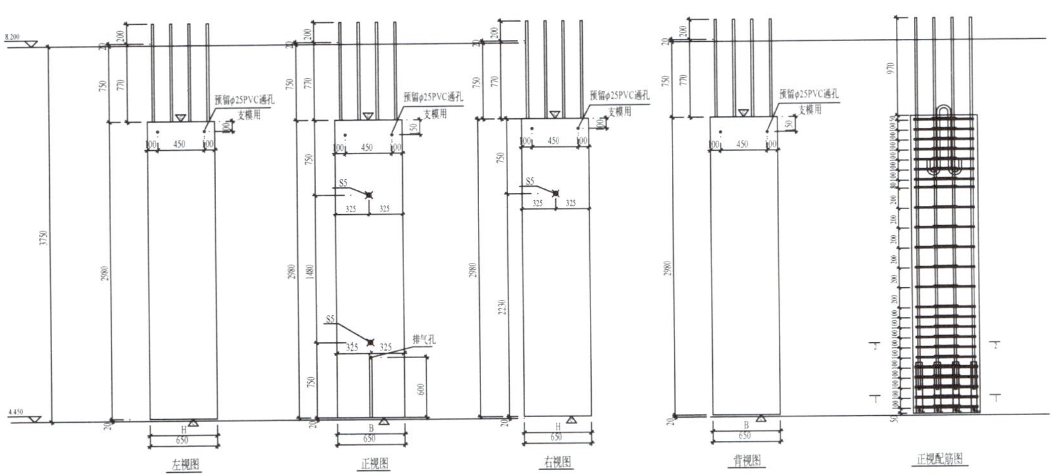

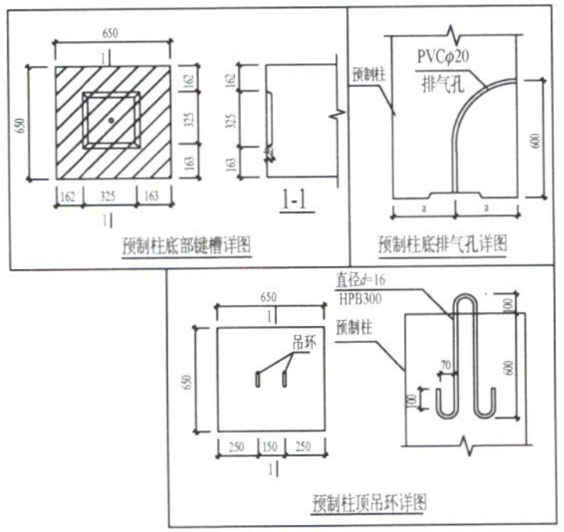

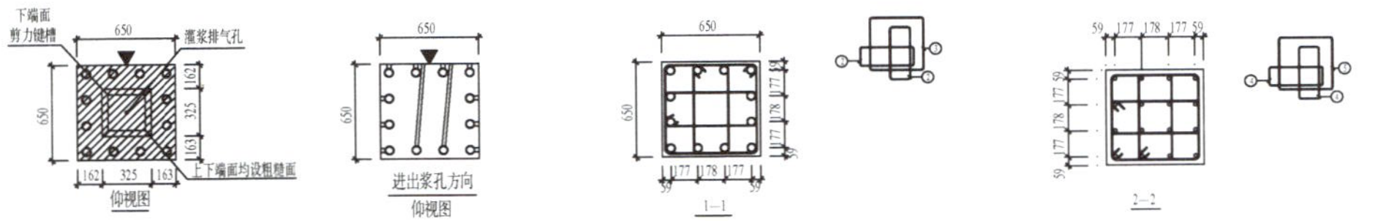

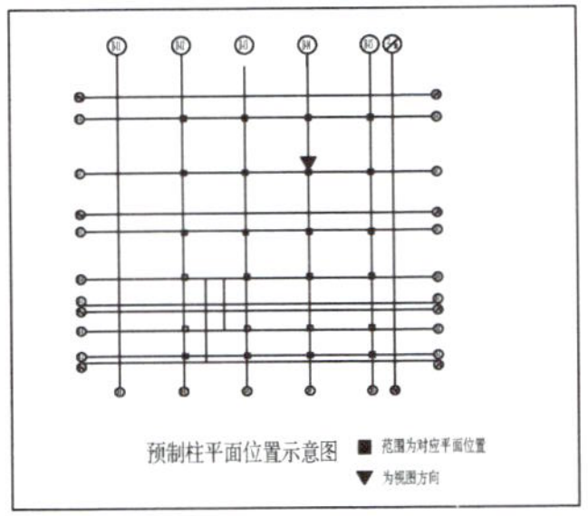

注：1. 预制柱混凝土强度达到设计值的75%时方可脱模。
2. 预制柱出厂时应注明编号及适用楼层，同时应注明"正"。
3. 箍筋弯钩尺寸按图集22G101—1中执行。
4. 端锚规格及钢筋预留螺纹须满足《钢筋锚固板应用技术规程》（JGJ 256—2011）中的要求。
5. S5预埋件预埋前应进行吊装、脱模验算复核,选用规格由构件厂计算确定。
6. 图中注明本层与下层钢筋对接的直径，套筒具体类型尺寸由厂家定。
7. 大样图中轴线与柱的定位关系未给出，只是示意，柱具体定位详见结构柱施工图。
8. 预制柱在工厂制作时，应仔细核对上层钢筋，下层钢筋与套筒的对应关系。
9. ∘表示下层预制柱直接出筋，•表示插筋，◆表示纵筋梁顶锚固。
10. 套筒上端第一道箍筋距离套筒顶部不应大于50mm，位置根据套筒类型相应调整。
11. 柱顶和柱底的粗糙面凹凸深度不小于6mm。

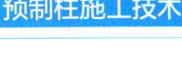

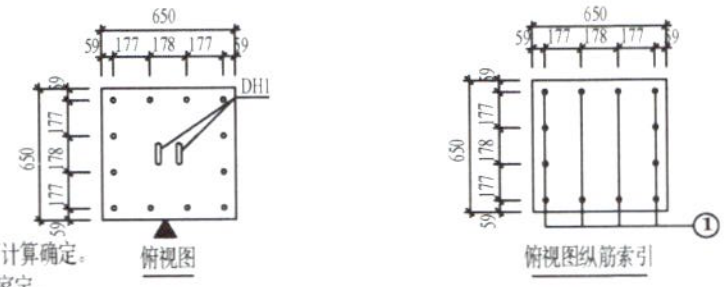

单体构件钢筋料表

钢筋类型	编号	直径d	数量	钢筋图例	备注
纵筋	①	φ25	12	B 2980-L 970	B为钢筋下端伸入套筒锚固长度，L为套筒长度，B、L根据钢筋、套筒规格选定。
箍筋	②	φ8	10	610 240	箍筋（套筒区域）
箍筋	③	φ8	5	610 610	箍筋（套筒区域）
箍筋	④	φ8	38	570 220	箍筋（非套筒区域）
箍筋	⑤	φ8	19	570 570	箍筋（非套筒区域）

体积/m³	质量/t	混凝土强度等级
1.26	3.27	C35

使用金属件一览表

编号	功能	图例	数量	规格
DH1	吊装用		2	直径16吊环，HPB300,尺寸详见金属件详图
S5	脱模兼做斜撑用INS		3	M20(O) L=250
GTZQ-28	灌浆套筒		0	外径D×长度H Ø66×570
GTZQ-25	灌浆套筒		12	外径D×长度H Ø52×370
GTZQ-22	灌浆套筒		0	外径D×长度H Ø52×370

3F~5FYZZ5

图 3-22 预制柱深化设计图

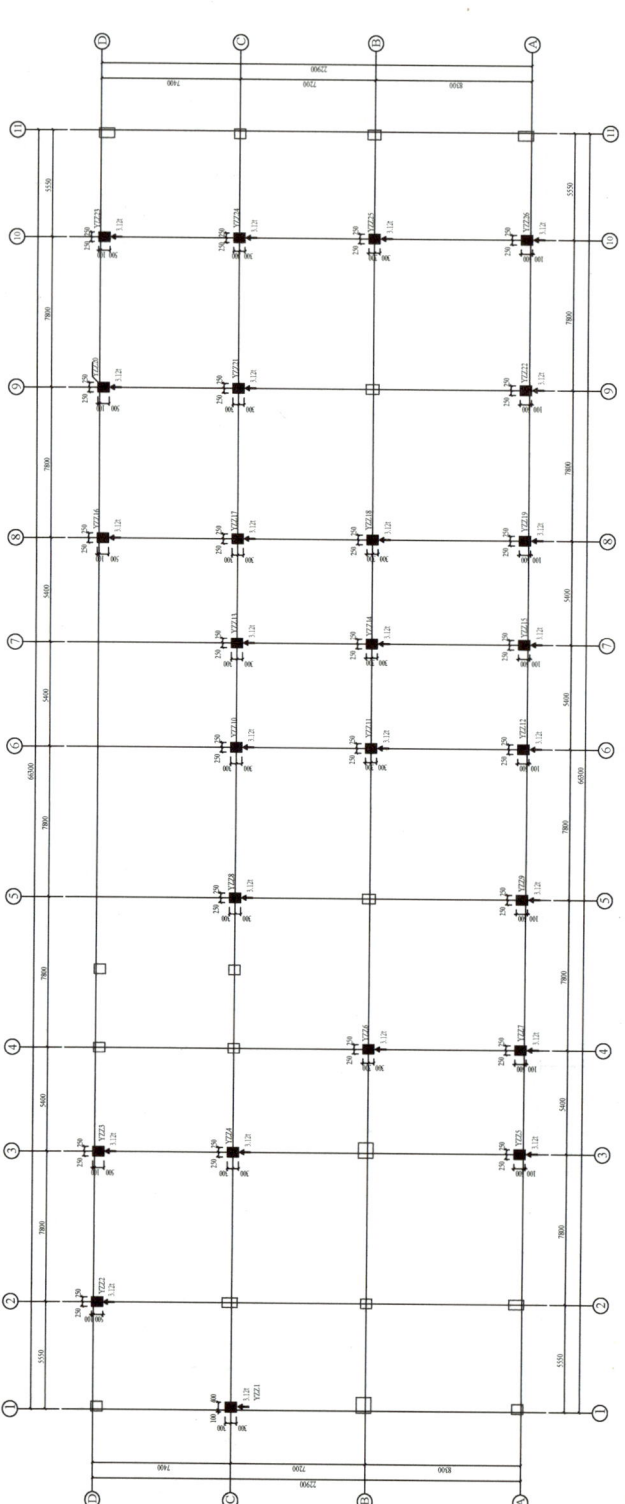

图 3-23 预制柱平面布置图

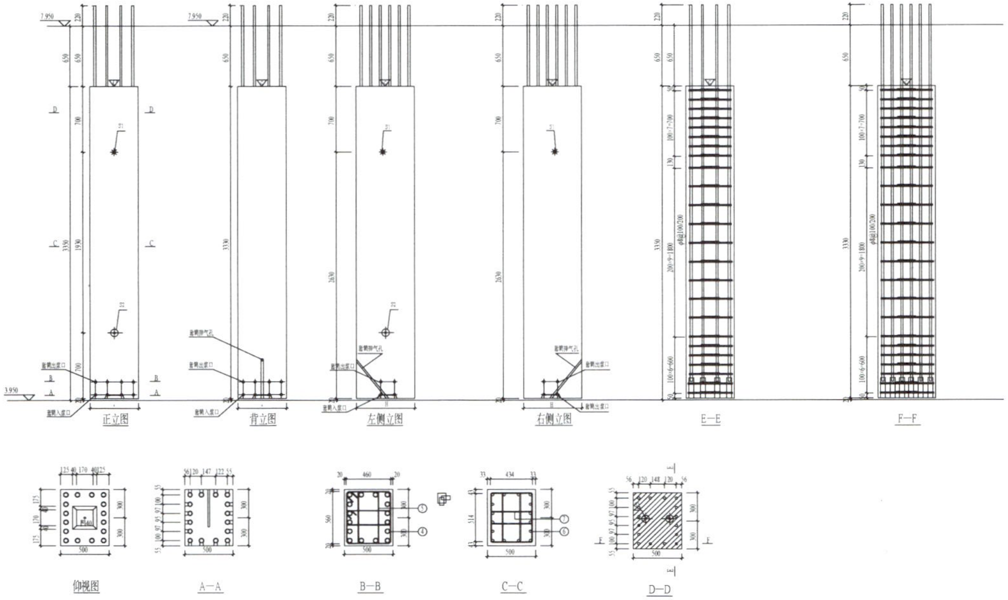

模块 3 预制柱施工技术

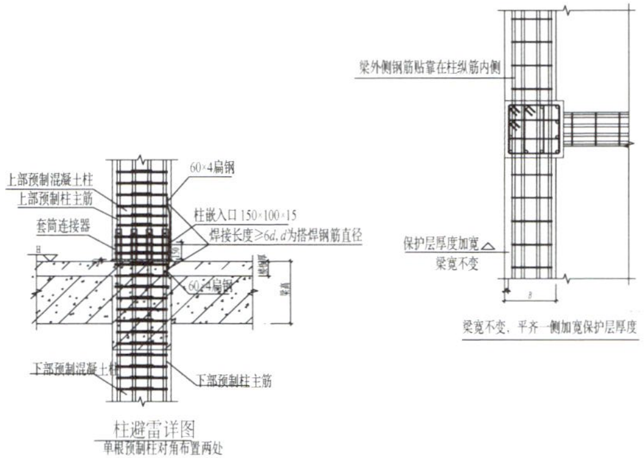

图 3-24 预制柱详图

模块 4　预制混凝土剪力墙施工技术

思维导图

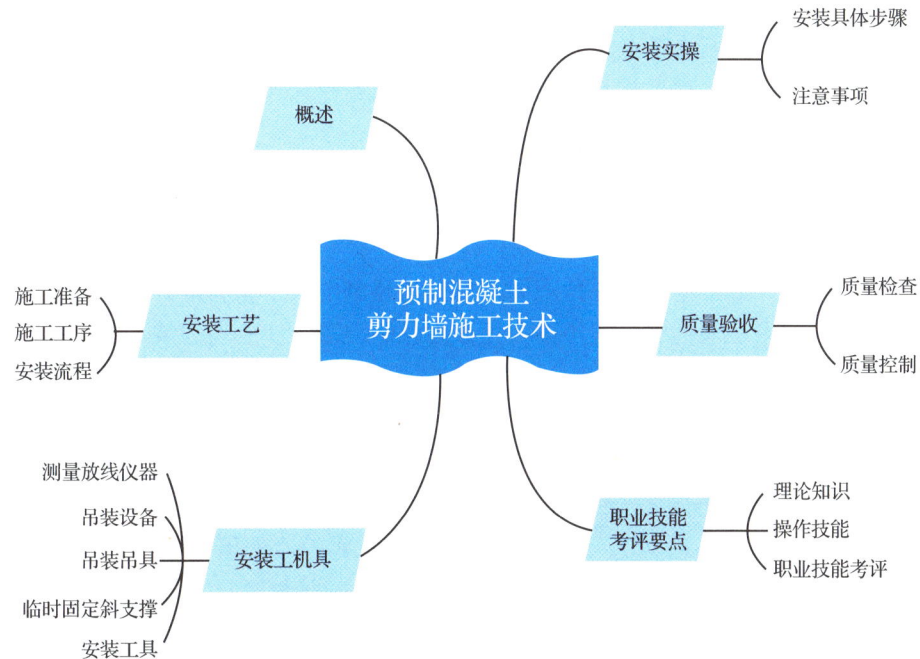

引言

预制混凝土剪力墙是指混凝土结构中的剪力墙构件采用工厂化预制,并由专业运输车运至施工现场进行安装,在现场通过可靠的连接方式形成结构整体的预制混凝土构件。

目前,我国高层预制装配式混凝土建筑中以预制剪力墙结构为主,绝大多数的装配式混凝土剪力墙结构以钢筋套筒灌浆连接作为主要的受力连接方式。预制墙体在竖直方向通过顶部的预留插筋与底部的预留套筒顺次进行连接;在水平方向则通过与相邻的预制墙体侧部伸出的钢筋绑扎形成暗柱,再通过现浇混凝土形成结构整体。预制混凝土剪力墙板在工厂生产,具有平整度高、尺寸偏差小、质量好、绿色环保等优点,但因采用钢筋套筒灌浆连接技术,需要多根钢筋同时与相应套筒对应,因此施工过程中对构件的安装精度要求极高,安装误差要求控制在毫米级。预制混凝土剪力墙的安装是装配式混凝土建筑施工的重点,也是难点,需要作业人员具有较高的质量意识和精益求精的工匠精神。

任务 4.1　预制混凝土剪力墙概述

预制混凝土剪力墙根据使用部位不同,可分为预制混凝土剪力墙外墙板、预制混凝土剪力墙内墙板;根据墙体构造形式不同,可分为预制混凝土实心剪力墙、预制混凝土叠合剪力墙(双皮墙)等。

4.1.1　预制混凝土剪力墙外墙板

图 4-1　预制装饰一体化剪力墙外墙板

预制混凝土剪力墙外墙板由专业设计人员绘制墙体加工图纸,在专业预制工厂进行生产,再运至施工现场进行安装,一般采用保温一体化结构,也可以与装饰层一体化预制(图 4-1)。预制混凝土剪力墙外墙板通过在内叶板侧面预留水平钢筋与现浇节点连接,通过在墙体底部预留钢筋(用灌浆套筒、约束浆锚或现浇节点等技术)与下层预制剪力墙相连。预制混凝土剪力墙外墙板主要应用于装配整体式混凝土剪力墙结构、装配整体式框支剪力墙结构等。

预制保温一体化剪力墙外墙板(图 4-2)为目前最常用的预制混凝土剪力墙外墙板,通常由内叶板、保温层和外叶板组成。内叶板为预制混凝土剪力墙,外叶板为钢筋混凝土保护层,中间夹有保温层。内外叶板和保温层采用连接件(图 4-3)进行可靠连接。

模块 4　预制混凝土剪力墙施工技术

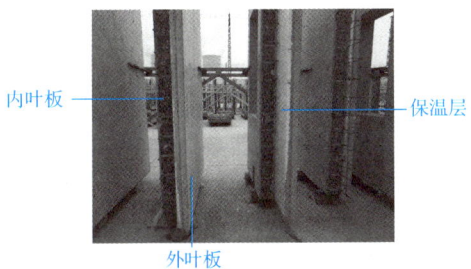

图 4-2　预制保温一体化剪力墙外墙板

（a）不锈钢连接件　（b）桁架钢筋连接件　（c）FRP连接件

图 4-3　预制保温一体化剪力墙外墙板用连接件

预制保温一体化剪力墙外墙板用连接件应用介绍

4.1.2　预制混凝土剪力墙内墙板

预制混凝土剪力墙内墙板（图 4-4）是用于内墙的预制剪力墙，与预制混凝土剪力墙外墙板一样由专业设计人员绘制墙体加工图纸，在专业预制工厂进行生产，再运至施工现场进行安装。所不同的是预制混凝土剪力墙内墙板仅仅是混凝土墙体，不含保温层和装饰层。其连接方式与预制混凝土剪力墙外墙板一样。

图 4-4　预制混凝土剪力墙内墙板

4.1.3　预制混凝土叠合剪力墙

预制混凝土叠合剪力墙（图 4-5）由格构钢筋拉结两侧预制墙片，然后在空腔内现浇混凝土形成整体。其格构钢筋由上下弦钢筋（两根，呈水平布置）和弯折成型的斜向腹筋组成，三者形成等腰三角形截面。后浇混凝土和预制墙片整体受力，共同承担外部荷载。

图 4-5　预制混凝土叠合剪力墙

任务 4.2　预制混凝土剪力墙安装工艺

预制混凝土剪力墙内墙板与预制混凝土剪力墙外墙板安装工艺是一致的，但是不同连接工艺的剪力墙安装工艺略有不同，本模块重点对采用套筒灌浆技术连接的预制混凝土剪力墙安装工艺进行介绍。

4.2.1　施工准备

预制混凝土剪力墙的安装施工准备工作主要包括编制专项施工方案、进行安装前的技术交底、准备吊装工机具、准备安装用材料及辅材等。下面介绍专项施工方案和技术交底。

1．专项施工方案

预制混凝土剪力墙安装专项施工方案一般包括以下内容。

（1）整体进度计划，包括结构总体施工进度计划、构件生产计划、构件安装进度计划、原材料采购计划、设备进场计划等。

（2）预制构件运输方案，包括车辆数量、运输路线、现场装卸方法。

（3）施工场地布置，包括场内运输通道、吊装设备、吊装方案、构件堆放场地。

（4）构件进场验收及安装，包括构件进场验收要求、测量放线、安装工艺及要求、成品保护及修补措施。

（5）施工安全，包括吊装安全措施、安全事故防范措施和处理方案。

（6）质量管理，包括构件安装的专项施工质量管理与验收。

（7）安全文明绿色施工与环境保护措施。

2．技术交底

技术交底的作用和分类

技术交底是施工现场管理极为重要的一项工作，是施工策划的延续和完善，也是工程质量和安全生产预控的关键之一。

预制混凝土剪力墙安装前的技术交底主要包括以下内容。

（1）预制混凝土剪力墙安装前，项目技术人员应对作业人员进行现场交底，其内容为吊装作业的技术要点和安全注意事项。

（2）墙体构件安装前应按吊装流程核对构件编号（图 4-6），并进行构件安装前的质量验收。

（3）检查吊具，应在班前由专人检查并记录检查情况，高空作业用工具必须增加防坠落措施，严防安

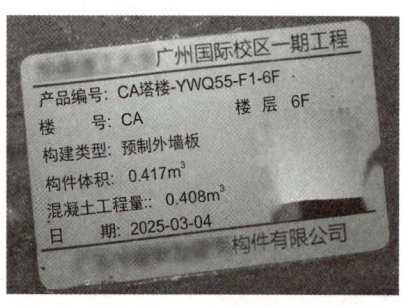

图 4-6　构件编号

全事故的发生。

（4）作业前必须进行安全交底，并对作业区进行隔离，建立可靠的通信指挥网，保证吊装期间通信联络畅通。

（5）对构件安装要求、质量验收要求等进行技术交底，确保构件安装质量。

4.2.2 施工工序

预制混凝土剪力墙的施工工序为：预制混凝土剪力墙进场验收→测量放线→安装吊具→预制混凝土剪力墙试吊→预制混凝土剪力墙吊装→预制混凝土剪力墙安装就位→水平调整、竖向校正→斜支撑固定→摘钩→质量验收。

4.2.3 预制混凝土剪力墙安装流程

预制混凝土剪力墙安装流程如图 4-7～图 4-12 所示。

图 4-7　测量放线

图 4-8　预制混凝土剪力墙吊装

图 4-9　预制混凝土剪力墙安装就位

图 4-10　预制混凝土剪力墙安装校核调整

SPCS空腔墙施工工艺

中建观湖国际

图 4-11 预制混凝土剪力墙固定

图 4-12 预制混凝土剪力墙安装质量验收

任务 4.3 预制混凝土剪力墙安装工机具

工地塔式起重机"无人驾驶"

装配式混凝土建筑在施工过程中要用到大量的吊装设备，机械化程度高，安装速度快，这是国家经济发展、技术进步的成果。选择合适的机具设备对预制混凝土剪力墙施工至关重要。在机具设备选用时，应考虑施工效率、成本、安全性等因素，选用性能稳定、操作简便的机具设备，同时，对机具设备进行定期维护和保养，确保机具设备处于良好状态。

想一想

随着智能建造技术的提升，未来预制混凝土剪力墙安装工机具将会发生什么样的变化？

党的二十大报告提出"加快发展数字经济，促进数字经济和实体经济深度融合"，预制混凝土剪力墙安装工机具如何实现数字化转型？

4.3.1 测量放线仪器

预制混凝土剪力墙安装测量放线仪器，主要包括全站仪、激光水准仪、钢卷尺等，具体见前文图 3-8。

4.3.2 吊装设备

预制混凝土剪力墙内外墙板，一般体型较大，人工难以进行吊运安装，通常需采用大型机械吊装设备。吊装设备根据建筑场地和构件高度通常可采用汽车起重机和塔式起重机，如图 4-13 所示。

在实际施工过程中，应根据工程特点合理地选用两种吊装设备，使其优缺点互补，以便更好地完成各类构件的装卸、运输、吊运、安装工作，取得最佳的经济效益。在装配整体式混凝土结构施工中，对于吊装设备的选择，通常会根据设备造价、合同工期、施工现场环境、建筑高度、构件吊运质量等因素综合考虑确定。

目前预制混凝土剪力墙内外墙板自重基本控制在 5t 以下，塔式起重机型号一般选择 TC6015～TC7035，其基本可以满足目前大部分装配式混凝土建筑施工，该塔式起重机比现浇混凝土建筑施工所用塔式起重机起重能力更强。图 4-14 所示为采用塔式起重机进行预制混凝土剪力墙墙板吊装作业。

（a）汽车起重机

（b）塔式起重机

图 4-13　预制混凝土剪力墙内外墙板吊装设备　　图 4-14　采用塔式起重机进行预制混凝土剪力墙墙板吊装作业

4.3.3　吊装吊具

吊装梁，是预制混凝土剪力墙墙板（简称预制墙板）专用吊具，一般采用型钢制作，并设置模数化的吊装孔，满足不同宽度墙体的吊装需求，如图 4-15、图 4-16 所示。

吊装吊具，一般有鸭嘴扣、万向环等，相对应的吊件有吊钉、预埋内丝套筒等，具体见前文图 3-11。

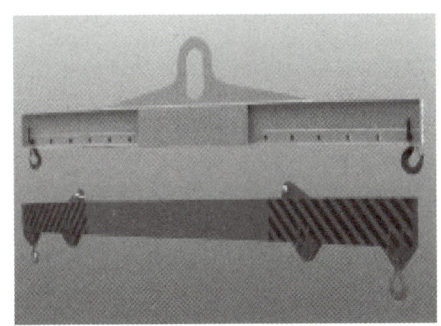
图 4-15　吊装梁

图 4-16　吊装预制墙板

4.3.4 预制墙板安装用临时固定斜支撑

预制墙板安装用临时固定斜支撑主要包括丝杆、支撑杆、手把和支座等部件,如图 4-17 所示,其使用前应进行相应的受力计算。

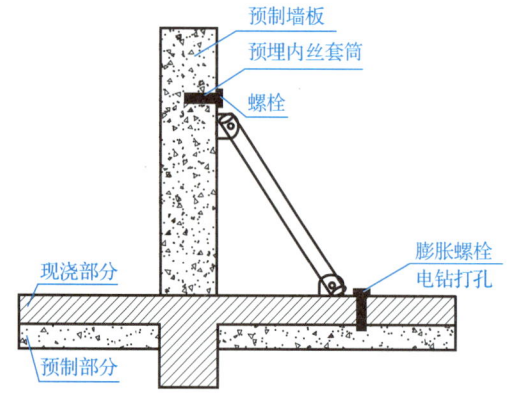
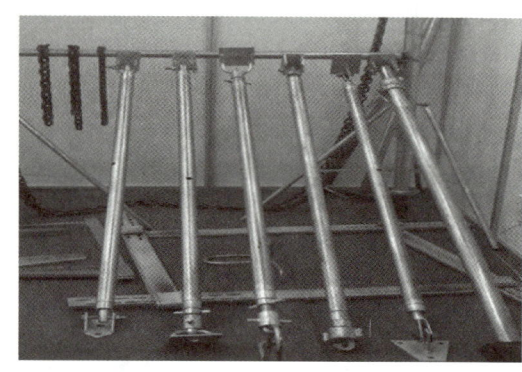

图 4-17 预制墙板安装用临时固定斜支撑

预制墙板安装用临时固定斜支撑是预制墙板安装过程中承受施工荷载,保证构件定位的有效措施之一。为确保临时固定斜支撑安全,临时固定斜支撑的位置、数量以及角度等参数,都应在预制构件的深化设计过程中经过设计计算,且在施工前应进行安全验算,在使用过程中应定期或不定期进行检查,确保其处于安全状态。计算、验算或检查临时固定斜支撑时,应确保其符合以下规定。

(1) 临时固定斜支撑的位置、数量、角度应按照设计要求设置,且每块预制墙板的临时固定斜支撑不宜少于 2 道。

(2) 预制墙板的上部斜支撑,其支撑点距离底部不宜小于高度的 2/3,且不应小于高度的 1/2。

(3) 墙板安装就位后,可通过临时固定斜支撑对墙板的位置和垂直度进行微调。

图 4-18 所示为放置临时固定斜支撑。

图 4-18 放置临时固定斜支撑

4.3.5　安装工具

预制墙板安装工具主要有电动扳手、活动扳手、小镜子等，如图 4-19 所示。小镜子主要用于墙板安装时观察底部钢筋与预埋套筒情况。

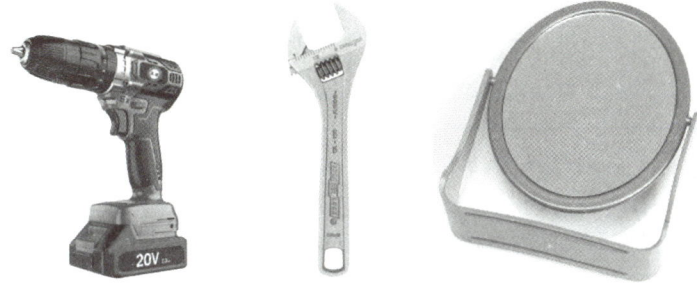

图 4-19　预制墙板安装工具

> **特别提示**
>
> 预制混凝土剪力墙安装工机具的选择、管理，会影响构件的吊装质量和施工进度，同时也制约着项目施工成本。

任务 4.4　预制混凝土剪力墙安装实操

4.4.1　预制混凝土剪力墙安装具体步骤

> **特别提示**
>
> 1. 在吊装前，应制订详细的吊装方案，确保吊装过程安全、高效。
> 2. 吊装时，采用合适的吊装设备和吊装方法，避免对构件造成损伤。
> 3. 连接时，应确保连接部位清洁、无杂物，采用合适的连接件和连接方式，确保连接牢固、可靠。

图 4-20 所示为预制混凝土剪力墙安装流程图。

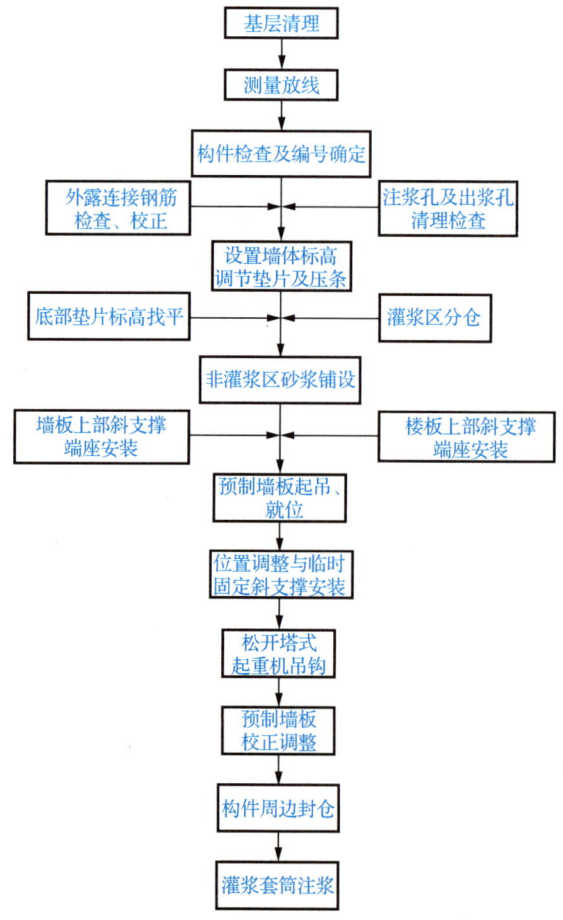

图 4-20　预制混凝土剪力墙安装流程图

下文讲解预制混凝土剪力墙安装的部分关键步骤。

1．基层清理

安装预制墙板的结合面应清理干净，基面应干燥。结合面未设置粗糙面的，需将现浇混凝土面凿毛处理。

2．测量放线

在作业层混凝土上表面，弹设控制线以便安装墙体就位，控制线包括：墙体及洞口边线；墙体500mm（200mm）平面位置控制线；作业层500mm标高控制线（在混凝土楼板墙柱筋上）。预制墙板以轴线和轮廓线为控制线，预制外墙板因涉及外立面精度，需以轴线和外轮廓线双控制，如图4-21所示。

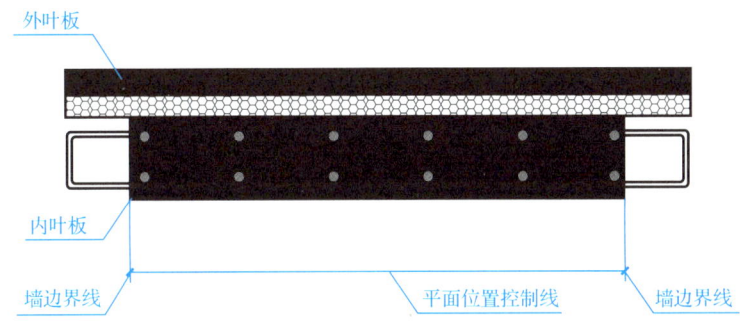

图 4-21 预制外墙板放线示意

3．外露连接钢筋检查、校正

去除预埋钢筋上的保护套，采用专用钢筋定位卡具等检查后浇层外露连接钢筋的位置、尺寸是否正确，对超过允许偏差的钢筋进行处理。当外露连接钢筋倾斜时，应进行校正，保证外露连接钢筋位置准确，便于墙板顺利就位。外露连接钢筋的位置、尺寸允许偏差及检验方法应符合表4-1的规定。

表 4-1 外露连接钢筋的位置、尺寸允许偏差及检验方法

项目	允许偏差/mm	检验方法
中心位置	0，+3	尺量
外露长度、顶点标高	0，+15	

4．设置墙体标高调节垫片及压条

预制墙板安装前，为便于调整接缝厚度和底部标高，应在预制构件及其支承构件间坐浆或设置支承垫片进行标高调节及找平，垫片厚度通常不大于20mm，如图4-22所示。找平宜采用钢质垫片；可通过垫片调整预制构件的底部标高，构件安装的垂直度应通过斜支撑系统进行调节；采用套筒灌浆连接的应在预制保温一体化剪力墙外墙板外侧设置弹性密封材料或铺设砂浆，如图4-23所示。

 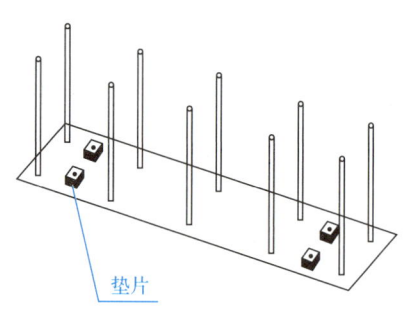

图 4-22　墙体标高调节垫片

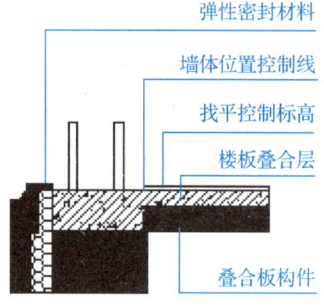 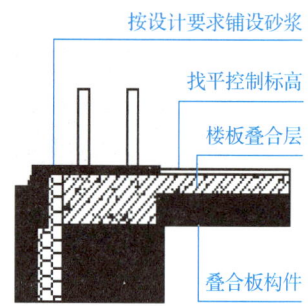

图 4-23　预制保温一体化剪力墙外墙板外侧设置弹性密封材料或铺设砂浆

5. 预制墙板起吊、就位

（1）预制墙板吊装前，施工管理人员及操作人员应熟悉施工图纸，按照吊装流程核对构件类型及编号，确认安装位置，并标注吊装顺序。若灌浆套筒内有杂物，应清理干净，保证通畅。

（2）预制墙板吊运应经过施工验算，动力系数宜取 1.2。起吊预制墙板采用专用吊装梁，用卸扣将钢丝绳与外墙板上端的预埋吊环相连接，并确认连接紧固。起重设备的主钩位置、吊具及构件重心在竖直方向上宜重合，吊索与构件水平夹角不宜小于 60°，不应小于 45°。预制内墙板存放时可采用平放、立放等方式，采用平放时，先平放在海绵胶垫上，再转为立放状态。起吊过程中，应专人指挥。注意预制外墙板板面不得与堆放架发生碰撞；预制墙板吊装时，应系好缆风绳控制构件转动，保持稳定，不得偏斜、摇摆和扭转。

（3）起吊时下方需要配 3 人，其中 1 人为信号工负责调度，用对讲机与塔式起重机司机联系，其他两人负责确保构件不发生磕碰。预制墙板吊装应采用慢起、快升、缓放的操作方式，用塔式起重机缓缓将预制墙板吊起，严格执行"三三三制"，即先将预制墙板吊至距离地面 300mm 的位置后停稳 30s，地面人员要确认墙板是否水平，如果发现墙板倾斜，要停止吊装，放回原来位置，重新调整以确保墙板能够水平起吊。除了确保水平，还要确保吊具连接牢固，钢丝绳无交错，墙板上无其他易掉落物品，预制墙板板面无破损等，确认无误后，信号工通知塔式起重机司机可以起吊，所有人员远离预制墙板 3m。

（4）在距作业层上方 500mm 左右略作停顿，施工人员应用钩子钩住两根溜绳，使墙板靠近作业面，手扶墙板，控制墙板下落方向；溜绳通常采用麻绳。

(5) 墙板缓慢下降,待到距预埋钢筋顶部 20mm 处,墙板两侧挂线坠对准地面上的控制线,套筒位置与地面预埋钢筋位置对准后,将墙板缓缓下降,自上而下插入式安装,保证墙板平稳放置。

(6) 安装时应由专人负责预制墙板下口定位、对线,并用靠尺找直。安装首层预制墙板时,应特别注意安装精度,使之成为以上各层的基准。

(7) 吊装校正时,可采用"起吊→就位→初步校正→精细调整"的作业方式。

图 4-24 所示为预制墙板安装就位。

图 4-24 预制墙板安装就位

6. 临时固定斜支撑安装

预制墙板吊装就位后应及时安装临时固定斜支撑,如图 4-25 所示。临时固定斜支撑安装时应符合下列规定。

(1) 每块预制墙板应依据安装施工方案设置稳定可靠的临时固定斜支撑。

(2) 每块预制墙板的临时固定斜支撑不宜少于 2 道。

(3) 预制墙板的上部斜支撑,其支撑点距离底部不宜小于高度的 2/3,且不应小于高度的 1/2。

(4) 墙板安装就位后,可通过临时固定斜支撑对墙板的位置和垂直度进行微调。

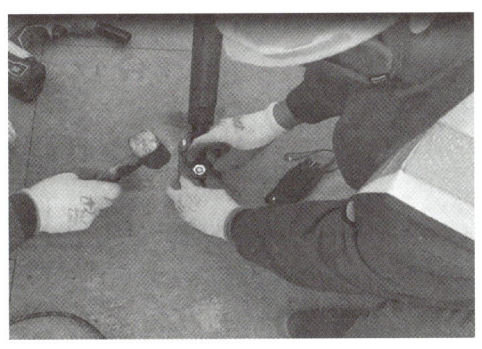

图 4-25 预制墙板临时固定斜支撑安装

7. 预制墙板校正调整

预制墙板校正调整包括平面定位、垂直度及标高等的校正调整,如图 4-26 所示。
预制墙板校正调整措施如下。

图 4-26　预制墙板校正调整

（1）平行墙板方向水平位置校正调整措施：通过在楼板板面上弹出墙板边界线进行墙板位置校正，墙板按照边界线就位；若水平位置有偏差需要调整，则可利用小型千斤顶在墙板侧面进行微调，也可采用撬棍微调。

（2）垂直墙板方向水平位置校正调整措施：利用短斜支撑，对墙板根部进行微调来控制墙板水平位置，也可采用撬棍微调。

（3）墙板垂直度校正调整措施：待墙板水平位置调整完毕，利用长斜支撑，对墙板顶部的水平位移进行调整来控制其垂直度。

（4）墙板标高校正调整措施：墙板标高宜采用 1mm 厚钢质垫片进行校正调整。

预制墙板装配吊装

夹心保温外墙吊装

想一想

预制墙板安装难点是什么？

4.4.2　预制墙板安装注意事项

1. 预制墙板安装策划注意事项

（1）选用塔式起重机需要考虑塔式起重机性能是否满足设计构件质量要求，根据设计构件质量，提前准备好各种构件需要的吊具。

（2）水平构件应根据构件平面图提前编制吊装顺序，竖向构件考虑到构件与构件之间现浇位置钢筋绑扎，根据施工流程确定吊装顺序。

2. 预制墙板安装安全作业注意事项

（1）安装作业开始之前，应对安装作业区进行围护并做出明显的标识，拉警戒线，根据危险源级别安排旁站，严禁与安装作业无关的人员进入。

（2）施工作业使用的专用吊具、定型工具式支撑、支架等，应进行安全验算，使用中进行定期或不定期检查，确保其处于安全状态。

（3）预制墙板起吊后，应先将预制墙板提升 300mm 左右，停稳预制墙板，检查钢丝绳、吊具和预制墙板状态，确认吊具安全且预制墙板平稳后，方可缓慢提升预制墙板。

（4）起重机吊装区域内，非作业人员严禁进入；吊运预制墙板时，预制墙板下方严禁站人，应待预制墙板降落至距工作面 1m 以内方准作业人员靠近，就位固定后方可脱钩。

预制剪力墙的优点

（5）高空应通过缆风绳改变预制墙板方向，严禁高空直接用手扶预制墙板。

（6）遇到雨、雾、雪天气，或者风力大于 5 级时，不得进行吊装作业。

（7）现场应配备充足的固定配件安装操作工具，预制墙板就位后应及时进行固定。

任务 4.5 预制墙板安装质量验收

质量控制与验收是确保预制墙板施工质量的重要环节。在施工过程中，应建立完善的质量管理体系，对原材料、构件制作、现场吊装、灌浆密封等各环节进行严格控制。同时，制定详细的验收标准和验收程序，对完成的施工项目进行质量检查和验收，确保施工质量符合设计要求和相关标准。

4.5.1 预制墙板质量检查

（1）吊装前应对预制墙板进行质量检查，检查内容如下。
① 预制墙板质量证明文件和出厂标识、质检标识等。
② 预制墙板的外观质量、尺寸偏差、钢筋配置、预留预埋情况。
（2）预制墙板外观质量应根据缺陷类型和缺陷程度进行分类，并应符合表 4-2 的规定（表 4-2 中预制构件指的是预制墙板）。

表 4-2 预制构件外观质量缺陷分类

名称	现象	严重缺陷	一般缺陷
露筋	构件内钢筋未被混凝土包裹而外露	纵向受力钢筋有露筋	其他钢筋有少量露筋
蜂窝	混凝土表面缺少水泥砂浆而形成石子外露	构件主要受力部位有蜂窝	其他部位有少量蜂窝
孔洞	混凝土中孔穴深度和长度均超过保护层厚度	构件主要受力部位有孔洞	其他部位有少量孔洞
夹渣	混凝土中夹有杂物且深度超过保护层厚度	构件主要受力部位有夹渣	其他部位有少量夹渣
疏松	混凝土中局部不密实	构件主要受力部位有疏松	其他部位有少量疏松
裂缝	缝隙从混凝土表面延伸至混凝土内部	构件主要受力部位有影响结构性能或使用功能的裂缝	其他部位有少量不影响结构性能或使用功能的裂缝
连接部位缺陷	构件连接处混凝土缺陷及连接钢筋、连接件松动，插筋严重锈蚀、弯曲，灌浆套筒堵塞、偏位，灌浆孔洞堵塞、偏位、破损等缺陷	连接部位有影响结构传力性能的缺陷	连接部位有基本不影响结构传力性能的缺陷
外形缺陷	缺棱掉角、棱角不直、翘曲不平、飞出凸肋等，装饰面砖黏结不牢、表面不平、砖缝不顺直等	清水或具有装饰的混凝土构件内有影响使用功能或装饰效果的外形缺陷	其他混凝土构件有不影响使用功能的外形缺陷
外表缺陷	构件表面麻面、掉皮、起砂、沾污等	具有重要装饰效果的清水混凝土构件有外表缺陷	其他混凝土构件有不影响使用功能的外表缺陷

（3）预制墙板的外观质量不应有严重缺陷，存在严重缺陷的墙板不得使用，存在一般缺陷时，应处理后方可吊装安装。

（4）预制墙板的尺寸偏差应根据相关规范限值进行检查，超出限值的构件不得使用。

（5）预制墙板预留钢筋的规格和数量应符合设计要求，预埋件和预留孔洞的尺寸偏差应满足规范要求。

4.5.2 预制墙板安装质量控制

（1）预制墙板安装顺序及连接方式应保证施工过程中结构构件具有足够的承载力和刚度，并应保证结构整体的稳固性。

（2）预制墙板安装用临时支撑和拉结应具有足够的承载力和刚度。

（3）预制墙板安装前应将安装表面清理干净，不得有垃圾。

（4）预制墙板落位时应缓慢进行，确保钢筋准确地插入预留孔中。钢筋位置不对时应进行调整，严禁切断。

（5）预制墙板安装时应根据安装方向、预留预埋位置正确安装，确保安装后预留预埋线盒、线管等位置准确。

预制墙板接缝与防水施工

（6）吊装时控制好墙体标高、水平位置，安装完成后对墙体垂直度进行检查、调整。

（7）安装完成的预制墙板应有成品防护措施，防止后续施工造成破坏或者污染。

预制墙板吊装就位后，应对构件中心线、轴线位置、构件标高、构件垂直度、构件倾斜度、相邻构件平整度、构件搁置长度进行检查，还要对支座、支垫中心位置和相邻墙板接缝宽度进行检查，具体允许偏差和检验方法见表4-3。

表4-3 预制墙板安装的允许偏差和检验方法

项目		允许偏差/mm	检验方法
构件中心线对轴线位置	竖向构件（柱、墙板、桁架）	8	经纬仪及尺量
构件标高	柱、墙板顶面	±5	水准仪或拉线、尺量
构件垂直度	柱、墙板 ≤6m	5	经纬仪或吊线、尺量
	柱、墙板 >6m	10	
相邻构件平整度	柱、墙板侧面 外露	5	2m靠尺和塞尺量测
	柱、墙板侧面 不外露	8	
支座、支垫中心位置	板、梁、柱、墙板、桁架	10	尺量检查
墙板接缝宽度		±5	尺量检查

任务 4.6　职业技能考评要点

4.6.1　理论知识

预制混凝土剪力墙安装专业技术人员应具备法律法规与标准、识图、材料、工具设备、构件装配技术、施工组织管理、质量检查、安全文明施工、信息技术与行业动态的相关理论知识，具体应参照表 4-4 的相关要求。

表 4-4　预制混凝土剪力墙安装专业技术人员应具备的理论知识

项次	分类	理论知识
1	法律法规与标准	建设行业相关法律法规
		与本工种相关的国家、行业和地方标准
2	识图	建筑识图基础知识
		构件装配施工图识图知识
		建筑、结构、安装施工图识图知识
		支撑布置图识图知识
3	材料	预制构件的力学性能
		支撑及限位装置的种类、规格等基础知识
		构件存放知识
		构件存放期间及装配后的保护知识
		相关工序的成品保护
4	工具设备	构件起吊常用器具的种类、规格、基本功能、适用范围及操作规程
		构件装配常用机具的种类、规格、基本功能、适用范围及操作规程
		各类支撑架的维护及保养知识
		起重机械基础知识
		安全防护工具的种类、规格、基本功能、使用范围及操作规程
5	构件装配技术	测量放线基础知识及操作要求
		构件进场验收知识
		构件起吊基础知识
		构件装配前的准备工作
		构件装配的自然环境要求
		构件装配的工作面要求
		构件装配的基本程序
		限位装置安装及拆除知识
		构件就位的程序及复核方法

续表

项次	分类	理论知识
		构件干式及湿式连接的操作方法
		支撑装置搭设及拆除知识
		支撑与限位装置复核方法
		支撑与限位装置受力变形及倾覆知识
6	施工组织管理	构件装配方案
		进度管理基础知识
		技术管理基础知识
		质量管理基础知识
		工程成本基础知识
7	质量检查	构件装配工程自检与交接检验的方法
		构件装配工程的质量验收与评定
8	安全文明施工	安全生产常识、安全生产操作规程
		安全事故的处理程序
		突发事件的处理程序
		文明施工与环境保护基础知识
		职业健康基础知识
		建筑消防基础知识
9	信息技术与行业动态	装配式建筑信息技术的相关知识
		装配式混凝土建筑发展动态及趋势
		预制构件安装工程前后工序相关知识

4.6.2 操作技能

预制混凝土剪力墙安装专业技术人员应具备构件进场、装配准备、施工组织、构件就位、临时支撑搭拆、节点连接、施工检查、成品保护、班组管理、技术创新的相关操作技能，具体应符合表 4-5 的规定。

表 4-5 预制混凝土剪力墙安装专业技术人员应具备的操作技能

项次	分类	操作技能
1	构件进场	能够进行构件进场验收
		能够进行构件存放
		能够进行构件挂钩及试吊
		能够进行构件存放方案优化
2	装配准备	能够根据图纸及构件标识正确识别构件的类型、尺寸和位置
		能够按构件装配顺序清点构件
		能够准备和检查构件装配所需的工机具、支撑架及辅料
		能够按构件装配要求清理工作面

续表

项次	分类	操作技能
		能够按施工要求对已完结构进行检查
		能够介入设计、生产阶段，并提出合理化建议
		能够进行构件装配工程施工作业交底
		能够对构件装配方案提出合理化建议
		能够编制一般构件安装方案
		能够审核构件安装方案并进行合理优化
3	施工组织	能够编制并优化前期方案
		能够组织一般构件安装作业
		能够组织危险性较大的构件安装作业
4	构件就位	能够进行预埋件与构件预留孔洞的对位
		能够协助构件吊落至指定位置
		能够复核并校正构件的安装偏差
5	临时支撑搭拆	能够选择适宜的临时支撑
		能够按施工要求搭设临时支撑
		能够复核及校正临时支撑的位置
		能够判断临时支撑拆除的条件
		能够完成临时支撑拆除作业
6	节点连接	能够对构件节点进行干式连接
		能够按湿式连接要求处理湿式连接工作面
7	施工检查	能够对预制构件装配工程的材料和机具进行清理、归类、存放
		能够对构件装配工程进行质量自检
		能够组织施工班组进行质量自检与交接检验
8	成品保护	能够对前道工序的成品进行保护
		能够对存放的构件进行包裹、覆盖
		能够对装配后构件进行成品保护
9	班组管理	能够提出安全生产建议，并处理安全隐患
		能够提出构件装配工程安全文明施工措施
		能够进行构件装配工程的质量验收和质量评定
		能够处理施工中的质量问题并提出预防措施
10	技术创新	能够推广应用构件装配工程新技术、新工艺、新材料和新设备
		能够结合信息技术进行构件装配工程施工工艺、管理手段创新
		能够对与本工种相关的工器具、施工工艺进行优化与革新

4.6.3 职业技能考评

预制混凝土剪力墙安装专业技术人员能力评价应包括理论知识评分和操作技能评分两部分内容，具体应符合表 4-6 的规定。

表 4-6　预制混凝土剪力墙安装专业技术人员各等级技能分值

项次	分类	技能分值				
		一级技能	二级技能	三级技能	四级技能	五级技能
理论知识	法律法规与标准	5	5	5	5	5
	识图	10	10	10	10	10
	材料	15	10	10	10	10
	工具设备	15	15	10	10	10
	构件装配技术	30	30	30	30	25
	施工组织管理	0	5	10	10	15
	质量检查	10	10	10	10	10
	安全文明施工	10	10	10	10	10
	信息技术与行业动态	5	5	5	5	5
	小计	100	100	100	100	100
操作技能	构件进场	15	10	10	10	10
	装配准备	25	20	15	15	15
	施工组织	0	0	5	5	10
	构件就位	15	15	10	10	10
	临时支撑搭拆	15	15	10	10	5
	节点连接	0	10	10	10	5
	施工检查	15	15	15	15	15
	成品保护	15	15	10	10	10
	班组管理	0	0	10	10	10
	技术创新	0	0	5	5	10
	小计	100	100	100	100	100

模 块 小 结

本模块主要介绍了预制混凝土剪力墙安装工艺、安装工机具、安装实操、安装质量验收等内容。通过本模块的学习，学生能够掌握预制混凝土剪力墙安装知识，具备相应的操作技能，同时也培养学生的团队协作能力、质量意识、安全意识和精益求精的工匠精神。

练习题

一、选择题

1. 预制墙板安装施工前,应编制专项施工方案,并按设计要求对各工况进行施工验算和（　　）。
   A. 塔式起重机布置　　　　　　B. 施工技术交底
   C. 生产技术交底　　　　　　　D. 施工场地勘察

2. 吊装作业时,如遇到雨、雪、雾天气,或者风力大于（　　）级时,不得进行吊装作业。
   A. 4　　　　　B. 5　　　　　C. 6　　　　　D. 7

3. 装配式混凝土结构的后浇混凝土部位在浇筑前应进行（　　）验收。
   A. 分部工程　　B. 分项工程　　C. 检验批　　D. 隐蔽工程

4. 《建筑施工起重吊装工程安全技术规范》（JGJ 276—2012）规定,开始起吊时,应先将构件吊离地面（　　）后暂停,检查起重机的稳定性、制动装置的可靠性、构件的平衡性和绑扎的牢固性等。
   A. 200～300mm　　　　　　　B. 300～500mm
   C. 500～600mm　　　　　　　D. 700～800mm

5. 《装配式混凝土结构技术规程》（JGJ 1—2014）规定,预制构件吊装时,吊具应按国家现行有关标准的规定进行设计、验算和试验检验。吊具应根据预制构件形状、尺寸及质量等参数进行配置,吊索水平夹角不宜小于（　　）。
   A. 30°　　　　B. 45°　　　　C. 60°　　　　D. 80°

二、思考题

1. 预制墙板安装前,都需要准备哪些工机具?
2. 预制墙板安装质量控制要点有哪些?
3. 作为专业技能人才,构件装配工应具备哪些专业技能和职业素养?
4. 预制混凝土剪力墙的安装精度要求普遍比现浇混凝土剪力墙精度要求高,对此你是怎么看的?

在线答题

活页卡片

1. 预制墙板进场验收卡

预制墙板进场验收卡包括预制墙板外观质量缺陷验收卡（表 4-7）和预制墙板尺寸允许偏差验收卡（表 4-8）。

表 4-7　预制墙板外观质量缺陷验收卡　　　验收人：　　　校核人：

名称	现象	严重缺陷	一般缺陷	进场构件验收结果
露筋	构件内钢筋未被混凝土包裹而外露	纵向受力钢筋有露筋	其他钢筋有少量露筋	
蜂窝	混凝土表面缺少水泥砂浆而形成石子外露	构件主要受力部位有蜂窝	其他部位有少量蜂窝	
孔洞	混凝土中孔穴深度和长度均超过保护层厚度	构件主要受力部位有孔洞	其他部位有少量孔洞	
夹渣	混凝土中夹有杂物且深度超过保护层厚度	构件主要受力部位有夹渣	其他部位有少量夹渣	
疏松	混凝土中局部不密实	构件主要受力部位有疏松	其他部位有少量疏松	
裂缝	缝隙从混凝土表面延伸至混凝土内部	构件主要受力部位有影响结构性能或使用功能的裂缝	其他部位有少量不影响结构性能或使用功能的裂缝	
连接部位缺陷	构件连接处混凝土缺陷及连接钢筋、连接件松动，插筋严重锈蚀、弯曲，灌浆套筒堵塞、偏位，灌浆孔洞堵塞、偏位、破损等缺陷	连接部位有影响结构传力性能的缺陷	连接部位有基本不影响结构传力性能的缺陷	
外形缺陷	缺棱掉角、棱角不直、翘曲不平、飞出凸肋等，装饰面砖黏结不牢、表面不平、砖缝不顺直等	清水或具有装饰的混凝土构件内有影响使用功能或装饰效果的外形缺陷	其他混凝土构件有不影响使用功能的外形缺陷	
外表缺陷	构件表面麻面、掉皮、起砂、沾污等	具有重要装饰效果的清水混凝土构件有外表缺陷	其他混凝土构件有不影响使用功能的外表缺陷	

表 4-8 预制墙板尺寸允许偏差验收卡　　　验收人：　　校核人：

项次	检查项目		允许偏差/mm	检验方法	进场验收结果
1	规格尺寸	高度	±4	用尺量两端及中部，取其中偏差绝对值较大值	
2		宽度	±4	用尺量两端及中部，取其中偏差绝对值较大值	
3		厚度	±3	用尺量板四角和四边中部位置共 8 处，取其中偏差绝对值较大值	
4	对角线差		5	在构件表面，用尺量两条对角线的长度，取其绝对值的差值	
5	外形	表面平整度 内表面	4	将 2m 靠尺安放在构件表面上，用楔形塞尺量测靠尺与表面之间的最大缝隙	
		表面平整度 外表面	3		
6		侧向弯曲	$L/1000$ 且≤20mm	拉线，用钢尺量最大弯曲处	
7		扭翘	$L/1000$	四对角拉两条线，量测两线交点之间的距离，其值的 2 倍为扭翘值	
8	预埋部件	预埋钢板 中心线位置偏移	5	用尺量纵横两个方向的中心线位置，取其中较大值	
		预埋钢板 平面高差	−5，0	用尺紧靠在预埋件上，用楔形塞尺量预埋件平面与混凝土面的最大缝隙	
9		预埋螺栓 中心线位置偏移	2	用尺量纵横两个方向的中心线位置，取其中较大值	
		预埋螺栓 外露长度	−5，+10	用尺量	
10		预埋套筒、螺母 中心线位置偏移	2	用尺量纵横两个方向的中心线位置，取其中较大值	
		预埋套筒、螺母 平面高差	−5，0	用尺紧靠在预埋件上，用楔形塞尺量预埋件平面与混凝土面的最大缝隙	

续表

项次	检查项目		允许偏差/mm	检验方法	进场验收结果
11	预留孔	中心线位置偏移	5	用尺量纵横两个方向的中心线位置,取其中较大值	
		孔尺寸	±5	用尺量纵横两个方向尺寸,取其最大值	
12	预留洞	中心线位置偏移	5	用尺量纵横两个方向的中心线位置,取其中较大值	
		洞口尺寸、深度	±5	用尺量纵横两个方向尺寸,取其中最大值	
13	预留插筋	中心线位置偏移	3	用尺量纵横两个方向的中心线位置,取其中较大值	
		外露长度	±5	用尺量	
14	吊环、木砖	中心线位置偏移	10	用尺量纵横两个方向的中心线位置,取其中较大值	
		与构件表面混凝土高差	-10,0	用尺量	
15	键槽	中心线位置偏移	5	用尺量纵横两个方向的中心线位置,取其中较大值	
		长度、宽度	±5	用尺量	
		深度	±5	用尺量	
16	灌浆套筒及连接钢筋	灌浆套筒中心线位置	2	用尺量纵横两个方向的中心线位置,取其中较大值	
		连接钢筋中心线位置	2	用尺量纵横两个方向的中心线位置,取其中较大值	
		连接钢筋外露长度	0,+10	用尺量	

指导书1

指导书2

2. 预制墙板安装工艺流程卡（图4-27）

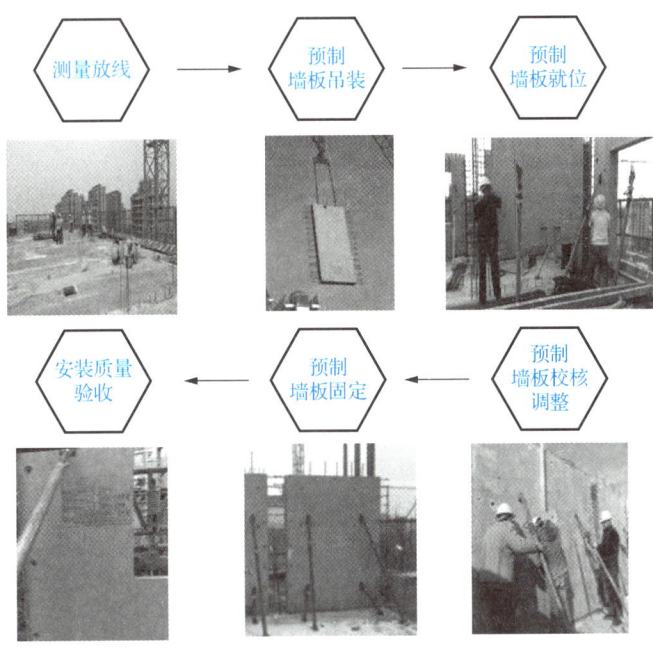

图 4-27　预制墙板安装工艺流程卡

3. 构件安装要点明白卡

（1）选用塔式起重机需要考虑塔式起重机性能是否满足设计构件质量要求，根据设计构件质量，提前准备好各种构件需要的吊具。

（2）安装作业开始之前，应对安装作业区进行围护并做出明显的标识，拉警戒线，根据危险源级别安排旁站，严禁与安装作业无关的人员进入。

（3）施工作业使用的专用吊具、定型工具式支撑、支架等，应进行安全验算，使用中进行定期或不定期检查，确保其处于安全状态。

（4）预制墙板起吊后，应先将预制墙板提升300mm左右，停稳预制墙板，检查钢丝绳、吊具和预制墙板状态，确认吊具安全且预制墙板平稳后，方可缓慢提升预制墙板。

（5）起重机吊装区域内，非作业人员严禁进入；吊运预制墙板时，预制墙板下方严禁站人，应待预制墙板降落至距工作面1m以内方准作业人员靠近，就位固定后方可脱钩。

（6）高空应通过缆风绳改变预制墙板方向，严禁高空直接用手扶预制墙板。

（7）遇到雨、雾、雪天气，或者风力大于5级时，不得进行吊装作业。

（8）采用吊装装置吊运墙板时，在没有对吊装构件进行定位固定前，不准松钩。

（9）现场应配备充足的固定配件安装操作工具，预制墙板就位后应及时进行固定。

4. 构件安装质量验收卡

预制墙板安装尺寸的允许偏差验收卡见表4-9。

表 4-9 预制墙板安装尺寸的允许偏差验收卡　　验收人：　　校核人：

项目			允许偏差/mm	检验方法	检查结果
构件中心线对轴线位置	基础		15	经纬仪及尺量	
	竖向构件（柱、墙板、桁架）		8		
	水平构件（梁、板）		5		
构件标高	梁、板底面或顶面		±5	水准仪或拉线、尺量	
	柱、墙板顶面		±5		
构件垂直度	柱、墙板	≤6m	5	经纬仪或吊线、尺量	
		>6m	10		
构件倾斜度	梁、桁架		5	经纬仪或吊线、尺量	
相邻构件平整度	板端面		5	2m 靠尺和塞尺量测	
	梁、板底面	外露	3		
		不外露	5		
	柱、墙板侧面	外露	5		
		不外露	8		
构件搁置长度	梁、板		±10	尺量检查	
支座、支垫中心位置	板、梁、柱、墙板、桁架		10	尺量检查	
接缝宽度			±5	尺量检查	

5．实操任务卡

（1）按照给定的预制墙板位置，进行预制墙板的安装实操训练。完成预制墙板吊装作业前的构件质量验收，并做好验收记录。

（2）按照预制墙板安装作业要求和流程完成预制墙板安装作业。

（3）完成预制墙板安装质量验收，并做好验收记录。

> **注意**
>
> 各小组根据实际任务，分工合作，轮流操作，通过仿真练习等，最终准确完成各项实操任务，过程要做好配合，保证构件安装质量和过程安全。

实操任务 1：依据图 4-28～图 4-30，模拟预制墙板安装。

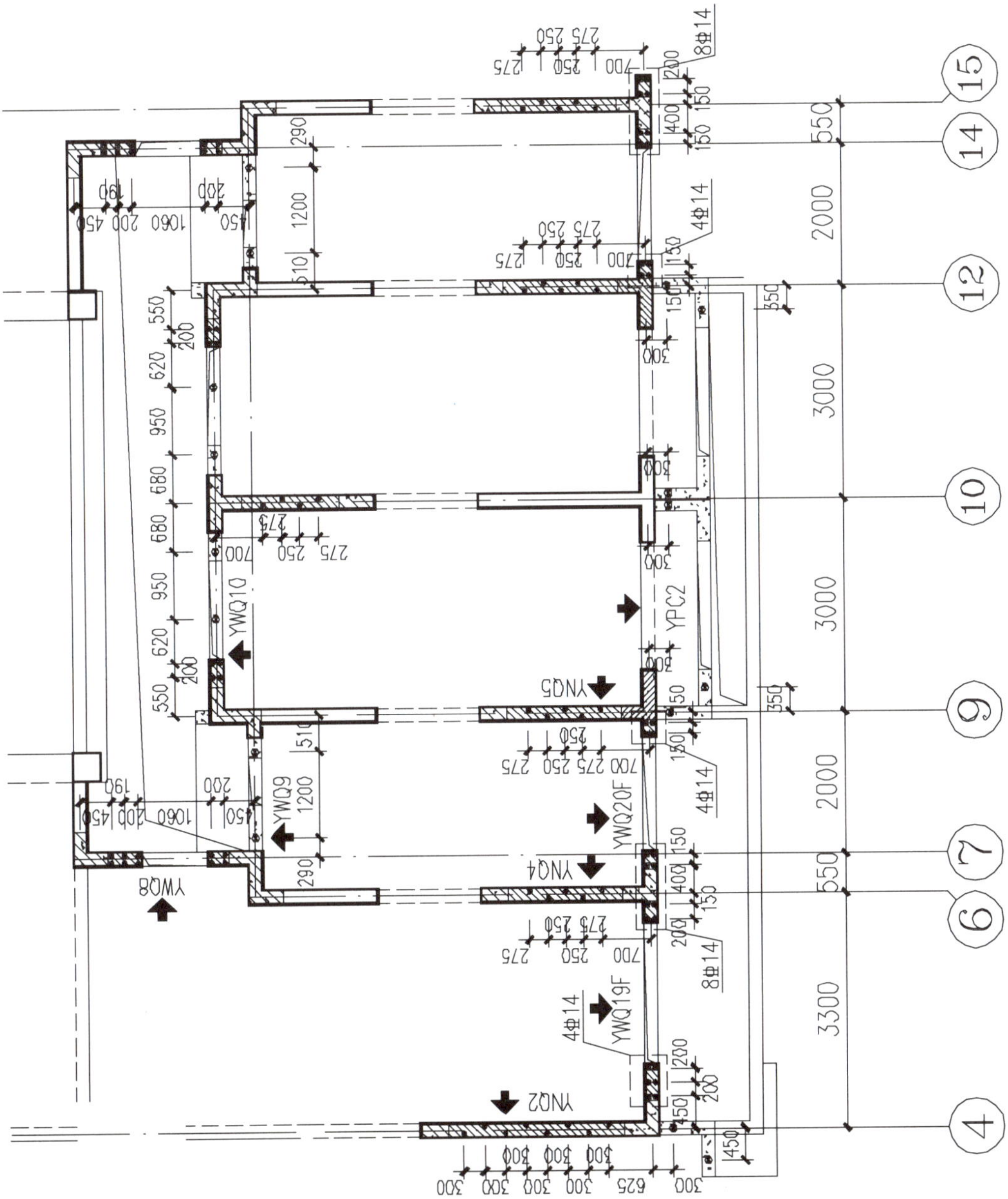

模块 4　预制混凝土剪力墙施工技术

图 4-28　预制剪力墙布置

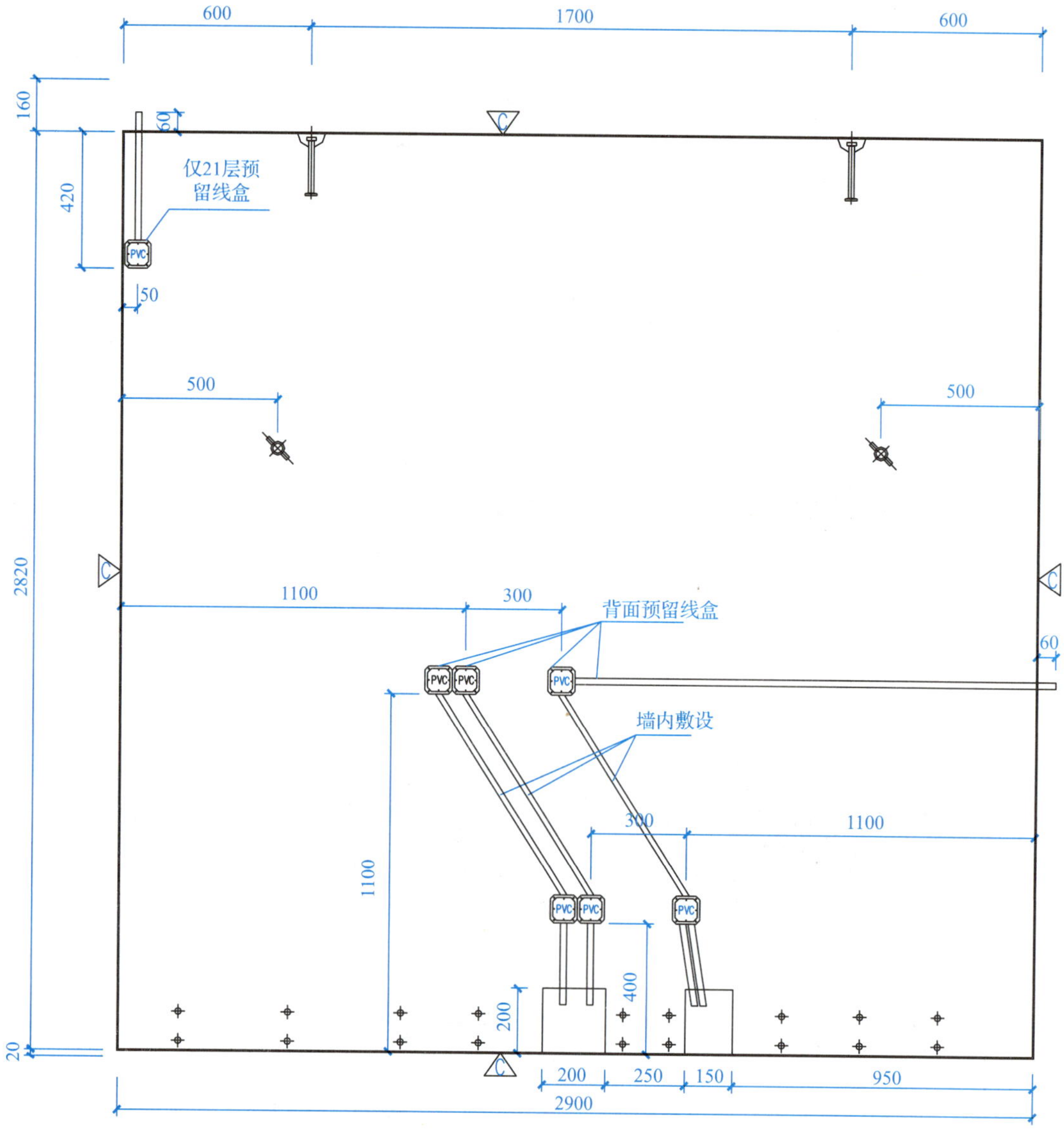

图 4-29 预制剪力墙模板

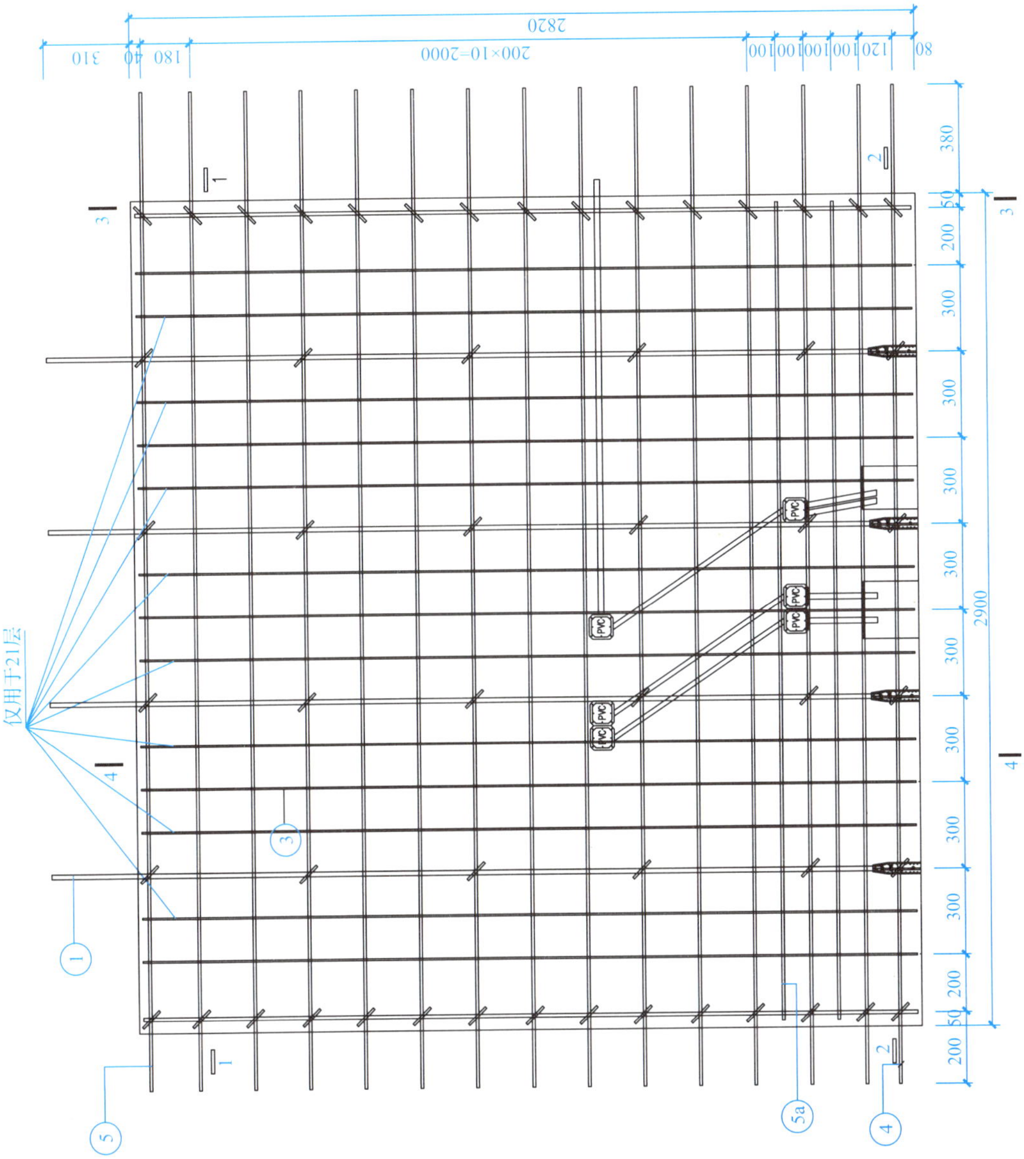

图 4-30 预制剪力墙配筋

> **小组讨论**
>
> 在这次实操过程中,你们小组哪些方面做得比较好?哪些方面还需要提升?

实操任务2:模拟某双面叠合剪力墙安装。该墙体的相关图纸如图4-31~图4-35所示。

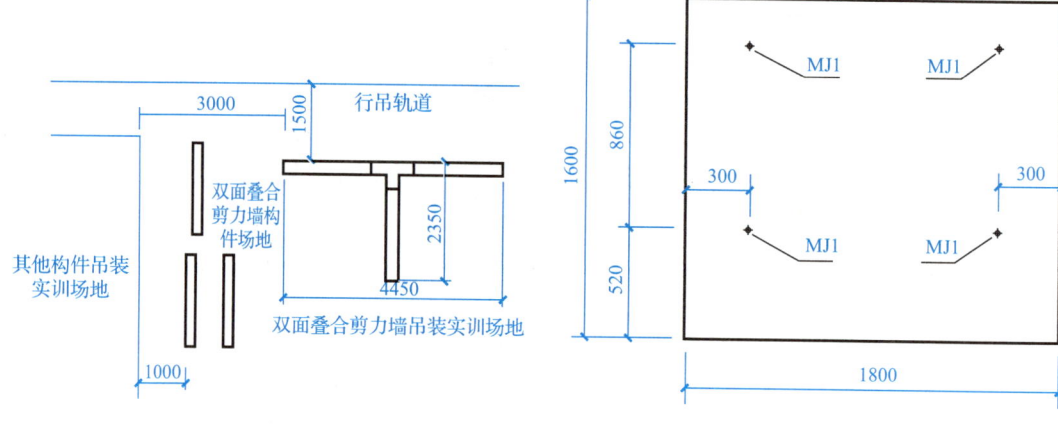

图4-31 双面叠合剪力墙吊装实训场地布置

图4-32 1.8m×1.6m 预制板模板

(MJ1:临时支撑预埋件)

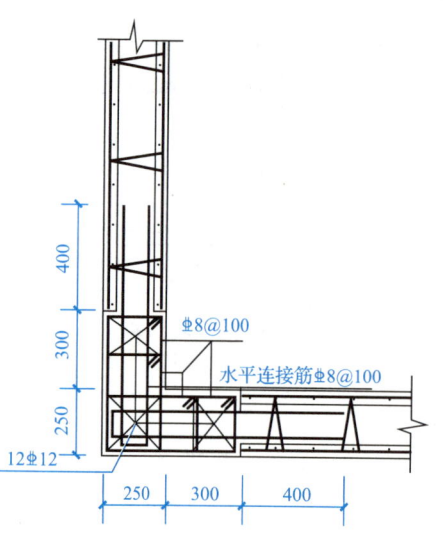

图4-33 双面叠合剪力墙转角墙(约束边缘)连接构造

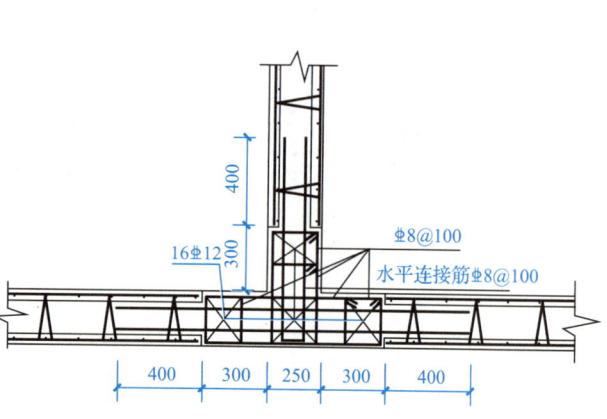

图4-34 双面叠合剪力墙有翼墙(约束边缘)连接构造

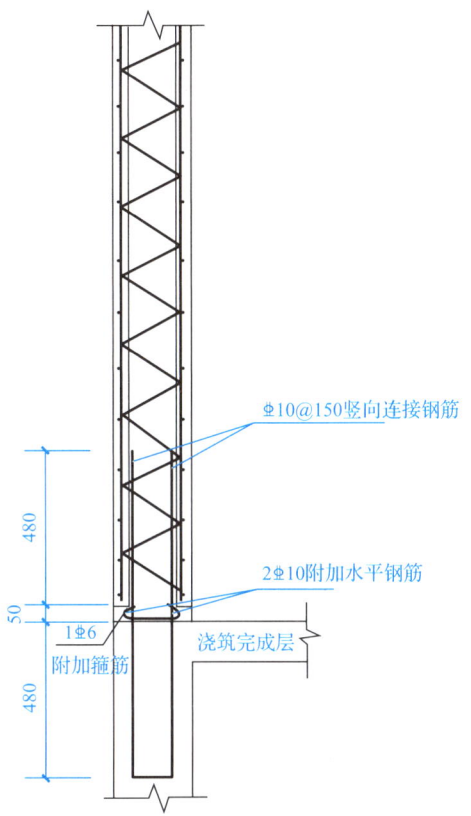

图 4-35 双面叠合剪力墙竖向连接节点

（注：下端现浇剪力墙，上端双面叠合剪力墙连接）

模块 5　钢筋套筒灌浆施工技术

思维导图

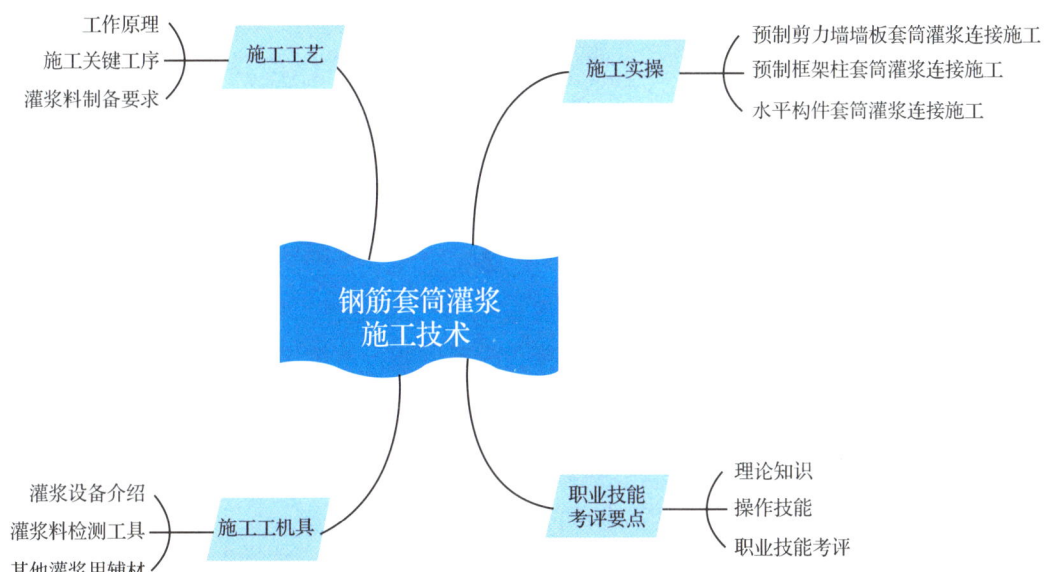

任务 5.1 钢筋套筒灌浆施工工艺

套筒灌浆连接是指在预制混凝土构件中预埋的金属套筒内插入钢筋并灌注水泥基灌浆料而实现的钢筋连接方式。套筒灌浆连接主要用于装配式混凝土结构的剪力墙、预制柱的纵向受力钢筋的连接,也可用于叠合梁等构件后浇部位的纵向钢筋连接,如图 5-1 所示。

钢筋浆锚搭接连接技术

钢筋套筒灌浆连接技术

图 5-1 套筒灌浆连接在装配式混凝土结构中的应用——叠合梁

受力钢筋套筒灌浆连接接头在美国和日本等国家已经有多年的应用历史,不同国家对钢筋套筒灌浆连接进行了大量试验研究,采用这项技术的建筑物经历了多次地震考验,包括一些大地震。美国认证协会明确地将这种接头归类为机械连接接头,广泛用于预制构件及现浇混凝土中受力钢筋的连接,这是一项十分成熟可靠的技术。在我国,这种接头在电力和冶金部门已成功应用二十余年,近年来开始应用于建筑工程领域。中国建筑科学研究院、中冶建筑研究总院有限公司、清华大学、万科企业股份有限公司等单位对这种接头进行了大量试验研究,以证实其安全性。

知识延伸

套筒灌浆连接技术的历史可以追溯到 20 世纪 60 年代,当时余占疏博士在美国发明了钢筋套筒灌浆连接接头,这一发明很好地解决了装配式混凝土结构中的纵向钢筋连接问题,实现了"装配等同现浇"的设计要求。这种连接方式因其便于施工且能有效实现结构的连接需求,随后被广泛应用于现浇混凝土结构中,以替代传统的绑扎搭接、焊接连接等方式。

灌浆套筒

随着时间的推移,我国套筒灌浆连接技术不断发展和完善。特别是近年来,随着装配式建筑的需求增加,套筒灌浆连接技术得到了进一步的推广和应用。多家企业开始生产和应用套筒灌浆产品,提供了球墨铸铁和钢等材质的灌浆套筒,套筒灌浆产品规格齐全,广泛应用于民用建筑和桥梁装配式连接中,实现了不同材质和规格的全面覆盖。

套筒灌浆连接接头主要包括全灌浆接头和半灌浆接头两种。全灌浆接头适用于预制梁的横向受力钢筋连接,而半灌浆接头广泛应用于预制剪力墙、预制柱等预制构件的纵向钢筋连接。这两种接头形式各有特点，适应不同的建筑结构和施工需求。

总的来说，套筒灌浆连接技术的发展和应用，不仅提高了建筑结构的连接效率和质量，还为建筑行业的现代化和高效化作出了重要贡献。

5.1.1 工作原理

套筒灌浆连接的工作原理是：将需要连接的带肋钢筋插入金属套筒内对接，在套筒内注入高强、早强且有微膨胀特性的灌浆料，灌浆料在套筒筒壁与钢筋之间形成较大的正向应力，在带肋钢筋的粗糙表面产生较大摩擦力，由此得以传递钢筋的轴向力，如图 5-2 所示。

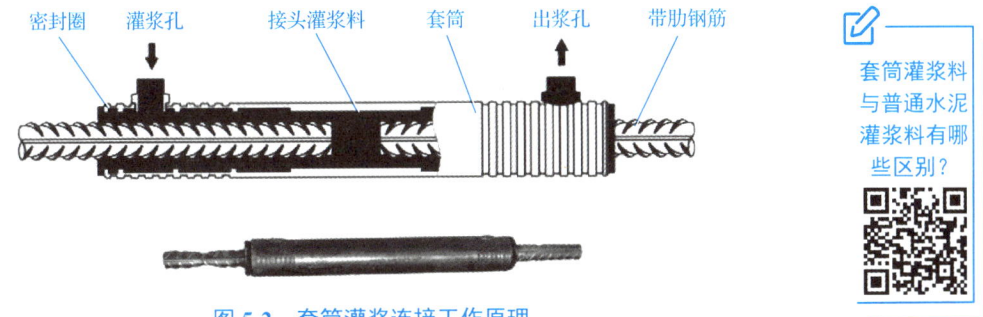

图 5-2 套筒灌浆连接工作原理

灌浆料是以水泥为基本原料，配以适当的细集料、混凝土外加剂和其他材料的干混料。灌浆料加水搅拌后具有良好的流动性、早强、高强、微膨胀等特性，填充于套筒与带肋钢筋之间的间隙内。

5.1.2 套筒灌浆连接的相关规定

钢筋采用套筒灌浆连接时，应符合下列规定。

（1）接头应满足《钢筋机械连接技术规程》（JGJ 107—2016）中Ⅰ级接头的性能要求，并应符合国家现行有关标准的规定。

（2）预制剪力墙中钢筋接头处套筒外侧钢筋的混凝土保护层厚度不应小于 15mm，预制柱中钢筋接头处套筒外侧箍筋的混凝土保护层厚度不应小于 20mm。

（3）套筒之间的净距不应小于 25mm。

（4）预制结构构件采用钢筋套筒灌浆连接时，应在构件生产前进行钢筋套筒灌浆连接接头的抗拉强度试验，每种规格的连接接头试件数量不应少于 3 个。

5.1.3 施工准备

1. 连接钢筋检查

施工前，应检验下层结构伸出的连接钢筋的位置和长度，其应符合设计要求。钢筋位置偏差不得大于 3mm（可用钢筋定位框检测）；钢筋不正可用钢管套住扳正；长度偏差为 0～

图 5-3 钢筋位置固定及校核套板

15mm；钢筋表面应干净，无锈蚀，无黏结物，无灰浆。

图 5-3 所示为钢筋位置固定及校核套板。

2．构件连接面检查

构件水平接缝（灌浆缝）基面应干净，无油污等杂物。高温干燥季节应对构件与灌浆料接触的表面做润湿处理，但不得形成积水。冬季施工应控制好灌浆料温度，进行现场温度监测并采取保温措施。温度低于灌浆作业要求的温度时应停止灌浆作业。

3．分仓与接缝封堵

（1）采用电动灌浆泵灌浆时，一般单仓长度不超过 1m，经过实体灌浆试验确定可行后，单仓长度可增大，但不宜超过 3m。仓体越长，灌浆阻力越大，灌浆压力越大，灌浆时间越长，对封缝的要求越高，灌浆不满的风险也越大。

采用手动灌浆枪灌浆时，单仓长度不宜超过 0.3m。

分仓隔墙宽度应不小于 2cm，为防止遮挡套筒孔口，分仓隔墙距离连接钢筋外缘应不小于 4cm。

分仓时两侧需添加内衬模板（模板通常为便于抽出的 PVC 管），将拌好的封堵料填满模板，保证封堵料与上下构件表面结合密实，然后抽出内衬模板。

分仓后在构件对应位置做出分仓标记，记录分仓时间，便于指导灌浆。

（2）封堵：对构件接缝的外沿应进行封堵。根据构件特性可选择专用封缝料封堵、密封条（必要时在密封条外部设角钢或木板支撑保护）封堵或两者结合封堵。应保证封堵严密、牢固可靠，否则压力灌浆时一旦漏浆很难处理。封堵完毕确认干硬强度达到要求（常温下 24 小时后强度约达 30MPa）后再灌浆。

5.1.4 钢筋套筒灌浆施工作业工艺流程

钢筋套筒灌浆施工作业工艺流程如图 5-4 所示，其可简单分为施工准备、套筒灌浆和结构验收三部分，下文主要介绍施工准备和套筒灌浆。

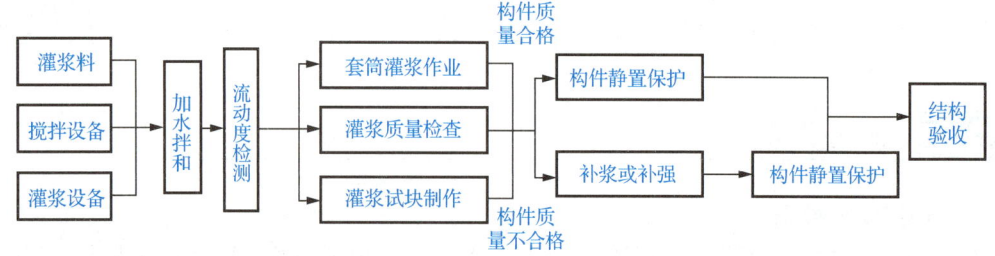

图 5-4 钢筋套筒灌浆施工作业工艺流程

1. 施工准备

施工准备工作包括灌浆料（图 5-5）、清洁水和施工器具的准备。使用前需打开灌浆料包装袋检查，确保无受潮结块或其他异常。

准备施工器具，即准备测温仪、电子秤和刻度杯、平底金属桶、电动搅拌机、手动灌浆枪或电动灌浆泵、流动度检测装置、圆截锥试模、玻璃板（500mm×500mm×6mm）、钢板尺（或卷尺）、强度检测装置、三联模 3 组。

采用电动灌浆泵注浆时应制定停电应急措施。

图 5-6 所示为部分施工器具。

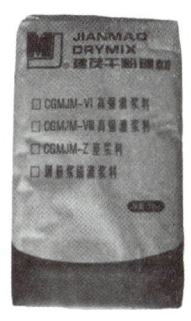

图 5-5　灌浆料

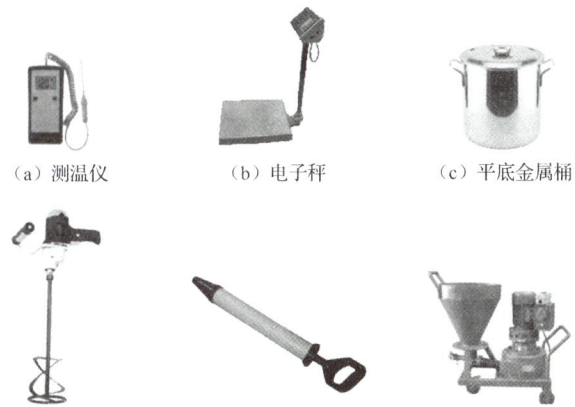

（a）测温仪　　（b）电子秤　　（c）平底金属桶

（d）电动搅拌机　　（e）手动灌浆枪　　（f）电动灌浆泵

图 5-6　部分施工器具

2. 套筒灌浆

套筒灌浆作业工艺如图 5-7～图 5-12 所示。

图 5-7　制备灌浆料

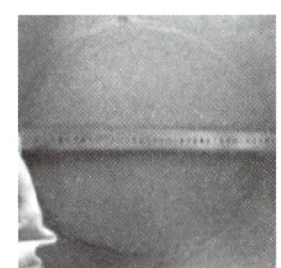

图 5-8　检验流动度

图 5-9　现场留置灌浆试块

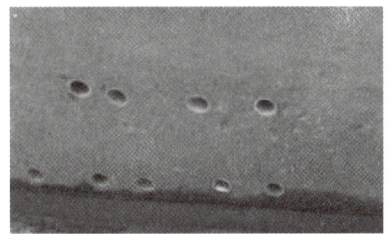

图 5-10　灌浆孔和出浆孔

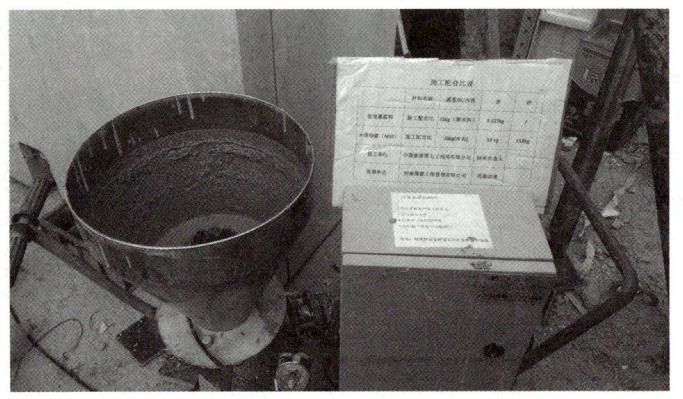

图 5-11　电动灌浆泵灌浆

图 5-12　封堵出浆孔

多图详解套筒灌浆的标准化施工工艺

装配式套筒灌浆施工工艺操作要点

任务 5.2 钢筋套筒灌浆施工工机具

5.2.1 灌浆设备

灌浆设备可分为电动灌浆设备与手动灌浆设备。电动灌浆设备通常适用于通过水平缝连通腔实施多个接头的灌浆；手动灌浆设备适用于单仓套筒灌浆、制作灌浆接头，以及水平缝连通腔长度不超过 30cm 的少量接头灌浆、补浆施工。

电动灌浆设备举例见表 5-1。

表 5-1 电动灌浆设备举例

产品类型	GJB 型灌浆泵	螺杆灌浆泵
工作原理	泵管挤压式	螺杆挤压式
产品示意图		
优缺点及注意事项	流量稳定，速度可调，适合泵送不同黏度的灌浆料；故障率低，泵送可靠，可设定泵送极限压力；使用后需要认真清洗，防止浆料固结而堵塞设备	适合泵送黏度低、骨料较粗的灌浆料；体积小、质量轻，便于移动；螺杆灌浆泵胶套寿命有限，骨料对其磨损较大，需要经常更换；扭矩偏小，泵送压力不足且不宜清洗

手动灌浆设备如图 5-13 所示。

 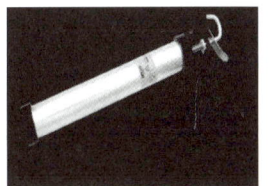

（a）推压式手动灌浆枪　　（b）按压式手动灌浆枪

图 5-13 手动灌浆设备

> **想一想**
>
> 目前建筑业一直提倡向智能建造转型，旨在提高建筑工业化水平，在此情况下为什么还要使用手动灌浆设备？
>
> 党的二十大报告提出"推动能源清洁低碳高效利用"，套筒材料工艺如何实现绿色升级？

5.2.2 灌浆前准备工作用设备及工具

1. 灌浆料称量拌和工具

灌浆料称量拌和工具见表 5-2。

表 5-2 灌浆料称量拌和工具

名称	主要参数	用途	图片
电子秤	称量量程：30～50kg 感量：0.01kg	精确称量干料及水	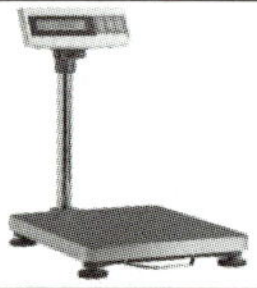
刻度杯	容量：2L、5L	精确测量水	
平底金属桶 （最好是不锈钢材质）	尺寸：ϕ300mm×H400mm 容量：30L	灌浆料搅拌容器	
电动搅拌机	功率：1200～1400W 转速：0～800r/min 可调 电压：单相220V/50Hz 搅拌头：片状或圆形花篮式	灌浆料拌和工具	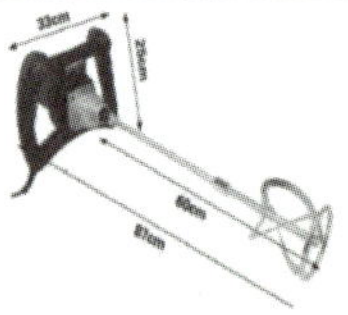

2. 检测工具

检测工具见表 5-3。

表 5-3 检测工具

检测项目	工具名称	规格参数	照片
流动度检测	圆截锥试模	上口直径×下口直径×高 ϕ70mm×ϕ100mm×60mm	
	玻璃板	长×宽×厚 500mm×500mm×6mm	
抗压强度检测	试块试模	长×宽×高 40mm×40mm×160mm	
施工环境及材料的温度检测	测温仪	—	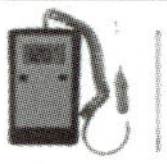

3. 灌浆连通腔分仓、周圈封堵工具

密封条：在剪力墙靠 EPS 保温板的一侧（外侧）封堵；密封条有一定的厚度，压扁至接缝高度（一般为 2cm）后还有一定的强度且不吸水，如图 5-14 所示。

封缝料（坐浆料）：用于各层预制构件与楼面之间水平封堵的材料。
PVC 管：分仓时两侧的内衬模板。
软管：用于构件外沿接缝封缝的内衬材料。
抹子：封缝工具。
封缝料封堵如图 5-15 所示。

灌浆工具

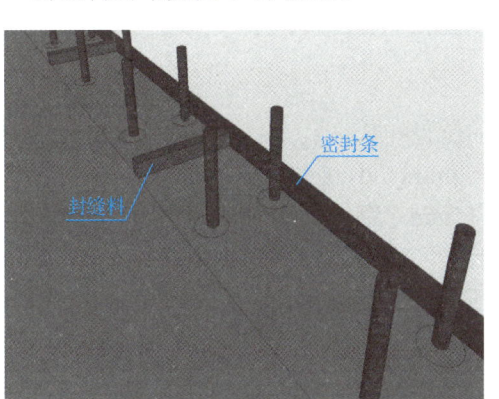

图 5-14　构件外侧密封条封堵　　　　图 5-15　封缝料封堵

5.2.3　灌浆套筒用密封材料

1. 单灌浆套筒用密封件

单灌浆套筒用密封件用于竖向预制构件下部灌浆套筒独立灌浆时，密封构件底部套筒下端口与连接钢筋之间的缝隙，并在水平缝处添加封缝料或灌浆料，使套筒内灌浆连通腔与外界隔离，如图 5-16 所示。

2. 套筒端部密封圈

套筒端部密封时，需使用与套筒匹配的密封

图 5-16　单灌浆套筒用密封件

圈（图 5-17），防止灌浆料从竖向灌浆套筒底部或水平灌浆套筒两侧与连接钢筋的间隙处漏出。

3. 灌浆出浆管专用堵头

灌浆出浆管专用堵头（图 5-18）是密封硬质灌浆管、出浆管的专用密封件，主要用于灌浆套筒 PVC 硬质管材的端口密封。

钢筋套筒灌浆饱满度监测器

图 5-17　套筒端部密封圈　　　　图 5-18　灌浆出浆管专用堵头

任务 5.3 钢筋套筒灌浆施工实操

5.3.1 预制剪力墙墙板套筒灌浆连接施工

1. 连接部位检查处理

连接前,应检验下层结构伸出的连接钢筋的位置和长度,其应符合设计要求;钢筋位置偏差不得大于 3mm,可用钢筋定位框检测(图 5-19);长度偏差为 0~15mm,钢筋表面应干净,无锈蚀,无黏结物;构件水平接缝(灌浆缝)基面应干净,无油污等杂物。

2. 构件吊装固定

在安装基面放置垫片调平,构件吊装到位。安装时,确认构件预留连接钢筋伸入连接套筒(底部套筒孔可用镜子观察),然后放下构件,支撑固定后校正构件位置和垂直度(图 5-20)。

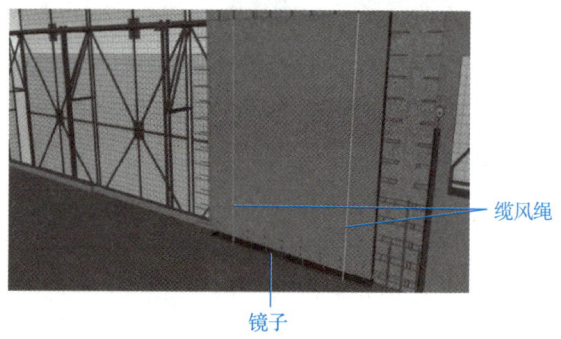

图 5-19 钢筋定位框

3. 分仓与接缝封堵

分仓与接缝封堵的相关内容见前文 5.1.3 节,这里不再详细叙述。图 5-21 所示为分仓现场图,图 5-22 所示为构件分仓与接缝封堵。

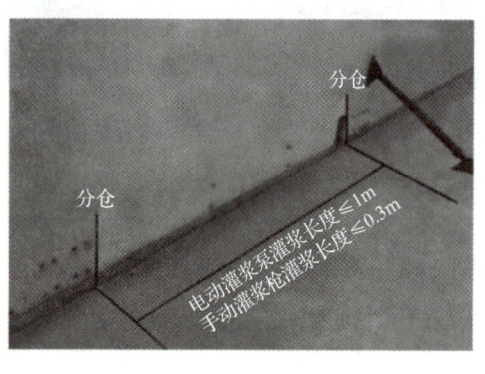

图 5-21 分仓现场图

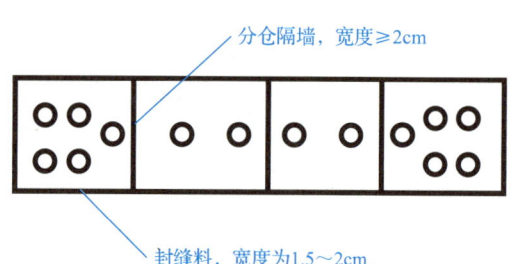

图 5-20 构件吊装固定

图 5-22 构件分仓与接缝封堵

4. 灌浆料制备

灌浆料制备时,要严格按照灌浆料产品出厂检验报告要求的水料比(比如 11%,即 11g 水+100g 干料)进行,用电子秤分别称量干料和水的质量,也可用刻度杯计量水。

搅拌时间不应小于 5min,以浆体搅拌均匀无结块为准。为保证浆体获得较好的工作性能，宜先加指定用量的拌和水，再加入 70%～80% 干料，高速搅拌 30s 后，在搅拌状态下缓慢投入剩余干料，待干料完全投入后，高速搅拌 2～3min（单次搅拌量较多时，可适当延长搅拌时间），静置 1～2min，其间可以用刮刀将桶壁上未搅拌开的浆料刮入桶中，再低速搅拌 1min，停机静置 2～3min。待表面气泡消失后，即可进行灌注施工。图 5-23 所示为灌浆料搅拌现场图。

图 5-23　灌浆料搅拌现场图

5. 灌浆料检验

每班灌浆连接施工前应进行灌浆料初始流动度检测。首先润湿玻璃板和圆截锥试模内壁，但不得有明水，将圆截锥试模放置在玻璃板中间位置；然后将灌浆料浆体倒入圆截锥试模，直至浆体与圆截锥试模上口平；接着徐徐提起圆截锥试模，让浆体在无扰动条件下自由流动直至停止；最后测量浆体最大扩散直径及垂直方向的直径（图 5-24），计算平均值，精确到 1mm，即为灌浆料初始流动度，记录有关参数，流动度合格方可使用。环境温度超过产品使用温度上限时，须做实际可操作时间检验，保证灌浆施工时间在产品可操作时间内完成。

灌浆料检测

灌浆料根据需要可进行现场抗压强度检验。灌浆料抗压强度应符合现行行业标准《钢筋连接用套筒灌浆料》（JG/T 408—2019）的有关规定，且不应低于接头设计要求的灌浆料抗压强度；灌浆料试件的抗压强度按批检验，以每层为一个检验批，每工作班应制作 1 组规格尺寸为 40mm×40mm×160mm 的长方体试件（图 5-25），且每层不应少于 3 组，制作试件前灌浆料需静置 2～3min，使浆内气泡自然排出，标准养护 28d 后进行抗压强度检验。

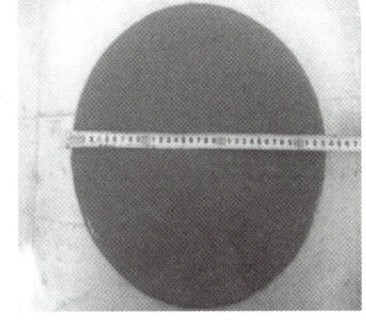

图 5-24　灌浆料流动度检测试验现场

6. 灌浆连接

1）灌浆孔、出浆孔检查

在正式灌浆之前，逐个检查各接头的灌浆孔和出浆孔内有无影响灌浆料流动的杂物，确保孔路畅通，如图 5-26 所示。

2）灌浆

用灌浆泵（枪）从接头下方的灌浆孔向套筒内压力灌浆。特别注意正常情况下，灌浆料要在加水搅拌开始 20～30min 灌完，以尽量保留一定的操作应急时间。注意同一仓只能在一个灌浆孔灌浆，不能同时选择两个以上孔灌浆；同一仓应连续灌浆，不得中途停顿。如果中途停顿，再次灌浆时，应保证已灌入的浆料有足够的流动性，且需要将已经封堵的出浆孔打开，

图 5-25　灌浆料试件（测抗压强度用）制作现场

待灌浆料再次流出后逐个封堵出浆孔，如图 5-27 所示。

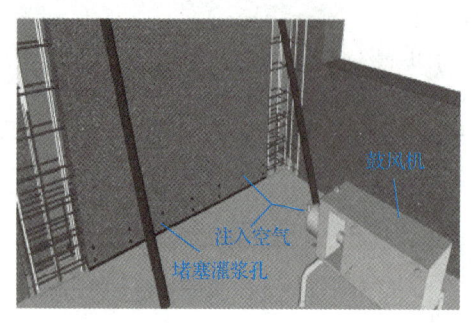

图 5-26　灌浆孔、出浆孔检查示意

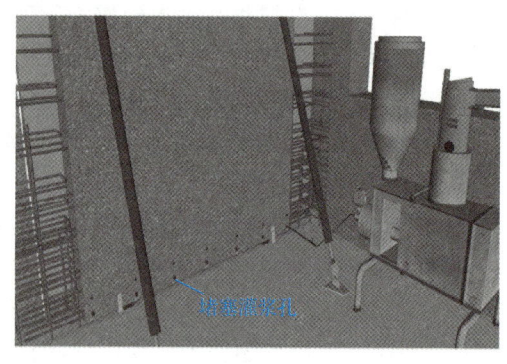

图 5-27　套筒灌浆示意

3）封堵灌浆孔、出浆孔，巡视构件接缝处有无漏浆

接头灌浆时，待接头上方的出浆孔流出灌浆料后，及时用专用橡胶塞封堵。灌浆泵（枪）撤离灌浆孔时，灌浆孔也应立即封堵。通过水平缝连通腔一次向构件的多个接头灌浆时，应按灌浆料排出顺序依次封堵出浆孔和灌浆孔，封堵时灌浆泵（枪）一直保持灌浆压力，直至所有灌浆孔和出浆孔排出灌浆料并封堵牢固。

4）补浆

如遇需要补浆，应先行查明漏浆原因，并对漏浆部位进行有效封堵。当灌浆施工出现无法出浆的情况时，在灌浆料加水拌和 30min 内，应首选在灌浆孔补浆，采用机械注浆机从灌浆孔进行补浆，同时，需将已封堵橡胶塞全部取下，重新按注浆封堵流程操作；当灌浆料拌合物已无法流动时，可从出浆孔补灌，并应采用带橡胶细管接头的手动活塞式注浆器进行补浆，将细管沿出浆孔插入套筒内部，缓慢匀速推动活塞式注浆器，使浆体均匀密实填充内部空腔体，待出浆孔出浆时，继续推动活塞注浆并将细管缓慢拔出，迅速塞紧橡胶塞。

补灌应在灌浆料拌合物填充至设计规定的饱满度后停止，并应在灌浆料凝固后再次检查其位置是否符合设计要求。

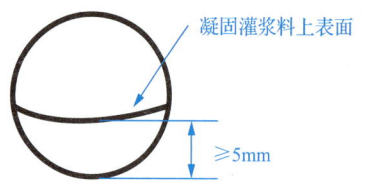

图 5-28　接头充盈度检验示意

5）接头充盈度检验

接头充盈度检验是指灌浆料凝固后，取下灌浆孔、出浆孔封堵橡胶塞，检查确认孔内凝固的灌浆料上表面不低于出浆孔下缘 5mm，如图 5-28 所示。

6）灌浆作业记录

灌浆完成后，填写灌浆作业记录表，发现问题及采取的补救措施也要做相应记录。

7）灌浆后节点保护

灌浆后灌浆料同条件养护试件强度达到 35MPa 后方可进入下一道工序施工（扰动），如图 5-29 所示。

一般情况下，环境温度在 15℃以上时，24 小时内构件不得受扰动；在 5～15℃时，48 小时内构件不得受扰动；在 5℃以下时，须对构件接头部

连续套筒灌浆

位加热保持在5℃以上至少48小时，其间构件不得受扰动。

单套筒灌浆

钢筋套筒灌浆连接要点

图 5-29　构件灌浆后节点保护现场

5.3.2　预制框架柱套筒灌浆连接施工

1. 弹出预制框架柱控制线，并对连接钢筋进行位置确认

对柱基层进行浮灰清理，去除钢筋表面的泥浆（柱垛在混凝土浇筑前可采用保鲜膜保护）。弹出预制框架柱（简称预制柱）控制线（轮廓线及轴线），同一层预制柱控制线累计误差在2mm内。预制柱现场测量放线图如图5-30所示；采用钢筋定位框对连接钢筋位置进行确认，如图5-31所示。

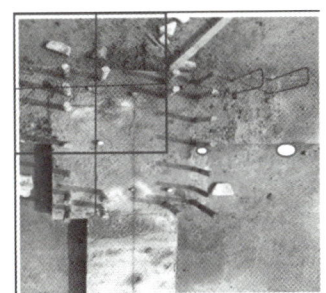

图 5-30　预制柱现场测量放线图

图 5-31　钢筋定位框

2. 标高调节

预制柱吊装前用水冲洗，使基层构件边线清晰；利用水准仪对预制柱底标高进行测设，使用垫片进行标高调节，使构件达到标高要求，且标高误差不超过20mm，确认构件安装区域内无高度超过20mm的杂物。

3. 预制柱安装

预制柱吊装至连接钢筋（插筋）上空300~500mm时，人为控制预制柱进行对孔，预制柱垂直缓慢下降，下方使用镜子观察（图5-32），使连接钢筋均插入对应的连接套筒内，支撑固定后校正预制柱位置和垂直度。

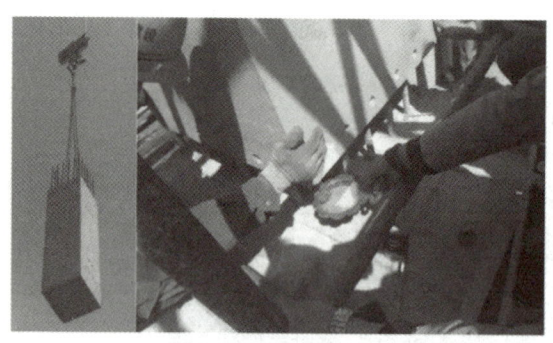

图 5-32 预制柱安装现场

4. 预制柱封缝

（1）使用专用的封缝料填抹，宽度控制在 15～20mm（确保不堵套筒孔），一段抹完后抽出内衬模板进行下一段填抹，如图 5-33 所示。

（2）若细缝宽度大于 20mm，为确保不漏浆，用密封条或封缝料封堵时，可采用木模板支护，如图 5-34 所示。

图 5-33 预制柱封缝料封缝

图 5-34 采用木模板支护封缝

5. 灌浆料制备、检验

灌浆料制备、检验与预制剪力墙墙板套筒灌浆连接施工要求是一致的。

6. 预制柱灌浆

灌浆泵（枪）使用前先用水清洗，对倒入机器的灌浆料用滤网过滤大颗粒，从接头下方的灌浆孔向套筒内压力灌浆，同一仓要连续灌浆，不得中途停顿，待上方的出浆孔连续流出灌浆料后，用专用橡胶塞封堵，按照灌浆料排出顺序，依次封堵出浆孔和灌浆孔，封堵时灌浆泵（枪）要一直保持灌浆压力，直至所有出浆孔和灌浆孔排出灌浆料并封堵牢固。在灌浆料初凝前检查灌浆接头，对漏浆处进行及时处理。

5.3.3 水平构件套筒灌浆连接施工

1. 做标记，装套筒

用记号笔做连接钢筋插入长度标记，将套筒全部套入一侧预制水平构件的连接钢筋上，如图 5-35 所示。

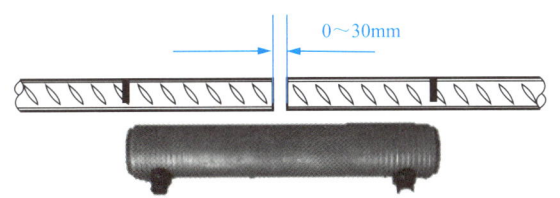

图 5-35　连接钢筋插入套筒长度标记

2．构件吊装固定

构件按要求吊装到位后固定，如图 5-36 所示。

3．套筒就位

吊装后，检查两侧构件伸出的待连接钢筋，使其对正，偏差不得大于 5mm，且两侧钢筋相距不得大于 30mm，如偏差超标需要处理。

吊装构件到达指定位置后，将套筒按标记移至两侧钢筋中间，根据操作方便将套筒的灌浆孔和出浆孔旋转到向上±45°范围内，检查套筒两侧密封圈是否正常，如有破损需要用可靠方式修复（如用硬胶布缠堵），钢筋就位后绑扎箍筋。套筒就位现场图如图 5-37 所示。

图 5-36　构件吊装固定现场

图 5-37　套筒就位现场

4．灌浆料制备、检验

灌浆料制备、检验与预制剪力墙墙板套筒灌浆连接施工要求是一致的。

5．灌浆连接

在正式灌浆前，应逐个检查灌浆套筒的灌浆孔和出浆孔内有无影响灌浆料流动的杂物，确保孔路畅通；使用灌浆枪从套筒的一个灌浆孔向套筒内灌浆，直至灌浆料从套筒另一端的出浆孔流出，灌后检查两端是否漏浆，如漏浆应及时处理。每个接头应逐一灌浆，套筒灌浆现场图如图 5-38 所示。

灌浆料凝固后，检查灌浆孔、出浆孔，凝固的灌浆料上表面应不低于出浆孔下缘 5mm。灌浆完成后，填写灌浆作业记录表，发现问题及采取的补救措施也要做相应记录。

预制构件套筒灌浆连接节点质量检测方法及问题

6. 灌浆后节点保护

灌浆后灌浆料同条件养护试件强度达到 35MPa 后方可进行下一道工序施工（扰动），如图 5-39 所示。

一般情况下，环境温度在 15℃以上时，24 小时内构件不得受扰动；在 5～15℃时，48 小时内构件不得受扰动；在 5℃以下时，须对构件接头部位加热保持在 5℃以上至少 48 小时，其间构件不得受扰动。

拆支撑要根据后续施工荷载情况确定。

图 5-38　套筒灌浆现场

图 5-39　灌浆后节点保护现场

> **想一想**
>
> 水平构件采用套筒灌浆连接技术的施工难点在哪里，与竖向构件有何区别？

任务 5.4　职业技能考评要点

5.4.1　理论知识

钢筋套筒灌浆专业技术人员应具备法律法规与标准、识图、材料、工具设备、施工组织管理、质量检查、安全文明施工、信息技术与行业动态的相关理论知识，具体应参照表 5-4 的相关要求。

表 5-4　钢筋套筒灌浆专业技术人员应具备的理论知识

项次	分类	理论知识
1	法律法规与标准	建设行业相关法律法规
		与本工种相关的国家、行业和地方标准
2	识图	建筑识图基础知识
		构件装配施工图识图知识
		建筑、结构、安装施工图识图知识
		支撑布置图识图知识
3	材料	灌浆料性能
		灌浆料存放
		灌浆料使用知识
		相关工序的成品保护
4	工具设备	构件起吊常用器具的种类、规格、基本功能、适用范围及操作规程
		各种灌浆工具的种类、规格、基本功能、适用范围及操作规程
		各类支撑架的维护及保养知识
		起重机械基础知识
		安全防护工具的种类、规格、基本功能、使用范围及操作规程
5	施工组织管理	构件装配方案
		进度管理基础知识
		技术管理基础知识
		质量管理基础知识
		工程成本基础知识
6	质量检查	钢筋套筒灌浆的质量验收与评定
7	安全文明施工	安全生产常识、安全生产操作规程
		安全事故的处理程序
		突发事件的处理程序
		文明施工与环境保护基础知识
		职业健康基础知识
		建筑消防基础知识

续表

项次	分类	理论知识
8	信息技术与行业动态	装配式建筑信息技术的相关知识
		装配式混凝土建筑发展动态及趋势
		钢筋套筒灌浆工程前后工序相关知识

5.4.2 操作技能

钢筋套筒灌浆专业技术人员应具备材料进场、灌浆准备、节点连接、施工检查、成品保护、班组管理、技术创新的相关操作技能，具体应符合表 5-5 的规定。

表 5-5 钢筋套筒灌浆专业技术人员应具备的操作技能

项次	分类	操作技能
1	材料进场	能够进行灌浆料进场验收
		能够进行灌浆料存放
		能够进行灌浆工器具进场验收
		能够进行构件存放方案优化
2	灌浆准备	能够根据图纸及构件标识正确识别构件的类型、尺寸和位置
		能够按构件装配顺序清点构件
		能够准备和检查灌浆所需的工机具、支撑架及辅料
		能够按构件装配要求清理工作面
		能够按施工要求对已完结构进行检查
3	节点连接	能够按湿式连接要求处理湿式连接工作面
4	施工检查	能够对预制构件灌浆的材料和机具进行清理、归类、存放
		能够对构件灌浆进行质量自检
		能够组织施工班组进行质量自检与交接检验
5	成品保护	能够对前道工序的成品进行保护
		能够对存放的构件进行包裹、覆盖
		能够对灌浆后构件进行成品保护
6	班组管理	能够提出安全生产建议，并处理安全隐患
		能够提出构件灌浆安全文明施工措施
		能够进行构件灌浆的质量验收和质量评定
		能够处理施工中的质量问题并提出预防措施
7	技术创新	能够推广应用构件装配工程新技术、新工艺、新材料和新设备
		能够结合信息技术进行构件装配工程施工工艺、管理手段创新
		能够对与本工种相关的工器具、施工工艺进行优化与革新

5.4.3 职业技能考评

钢筋套筒灌浆专业技术人员能力评价应包括理论知识评分和操作技能评分两部分内容，具体应符合表 5-6 的规定。

表 5-6 钢筋套筒灌浆专业技术人员各等级技能分值

项次	分类	技能分值				
		一级技能	二级技能	三级技能	四级技能	五级技能
理论知识	法律法规与标准	5	5	5	5	5
	识图	10	10	10	10	10
	材料	15	10	10	10	10
	工具设备	25	25	20	20	20
	施工组织管理	0	5	10	10	15
	质量检查	30	30	30	30	25
	安全文明施工	10	10	10	10	10
	信息技术与行业动态	5	5	5	5	5
	小计	100	100	100	100	100
操作技能	材料进场	20	20	10	10	10
	灌浆准备	40	35	35	35	35
	节点连接	10	10	15	15	5
	施工检查	15	20	20	20	20
	成品保护	15	15	10	10	10
	班组管理	0	0	5	5	10
	技术创新	0	0	5	5	10
	小计	100	100	100	100	100

模块小结

本模块重点介绍了钢筋套筒灌浆施工工艺、施工工机具、灌浆过程、灌浆质量检查等内容。本模块的内容，可以让学生掌握钢筋套筒灌浆施工知识，具备相应的操作技能，同时也培养学生的团队协作能力、质量意识、安全意识和精益求精的工匠精神。

练习题

一、选择题

1. 套筒灌浆作业是装配整体式混凝土结构工程施工质量控制的关键环节之一。对作业人员应进行培训考核，并持证上岗，同时要求（　　）。
   A．不做其他要求
   B．专职检验人员在灌浆初始阶段进行监督
   C．其他灌浆作业人员在灌浆操作全过程监督
   D．专职检验人员在灌浆操作全过程进行监督

2. 灌浆操作施工时，应做好灌浆作业的视频资料，质量检验人员进行全过程施工质量检查，能提供（　　）记录。
   A．灌浆料强度报告　　　　　　B．灌浆套筒型式检验报告
   C．可追溯的全过程灌浆质量检查　　D．出厂合格证

3. 当采用套筒灌浆连接时，自套筒底部至套筒顶部并向上延伸（　　）范围内，预制剪力墙的水平分布筋应加密，加密区水平分布筋的最大间距及最小直径应符合《装配式混凝土结构技术规程》（JGJ 1—2014）中的规定。
   A．100mm　　B．200mm　　C．300mm　　D．400mm

4. 半灌浆套筒在批量使用前，应进行（　　）检验，来确定加工工艺的人员、设备、钢筋等适应性，检验是否符合规范要求，当检验合格后，方可批量生产加工。
   A．工艺　　B．钢筋　　C．模具　　D．重量

5. 预制构件连接部位后浇混凝土及灌浆料的（　　）达到设计要求后，方可拆除临时固定措施。
   A．强度　　B．刚度　　C．稳定性　　D．硬度

6. 图 5-40 所示为灌浆料施工前哪种检测项目？（　　）

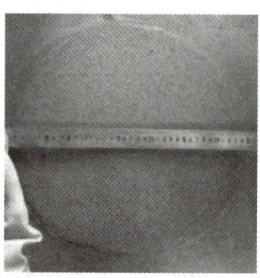

图 5-40　选择题 6 图

   A．灌浆料强度　　　　　　B．灌浆料配合比
   C．灌浆料流动度　　　　　D．灌浆料厚度

7. 套筒灌浆连接的钢筋应采用符合现行国家标准《钢筋混凝土用钢 第 2 部分：热轧带肋钢筋》（GB 1499.2—2024）要求的带肋钢筋，钢筋直径不宜小于（　　）mm，且不宜

大于（　　）mm。

A．10；36　　　B．12；40　　　C．14；42　　　D．16；44

8．钢筋套筒灌浆连接接头强度不应（　　）连接钢筋抗拉强度标准值，且破坏时钢筋应断于接头外。

A．大于或等于　　B．大于　　C．小于　　D．小于或等于

9．竖向钢筋套筒灌浆连接采用连通腔灌浆时，宜采用（　　）灌浆的方式。

A．多点　　　B．一点　　　C．两点　　　D．三点

10．采用套筒灌浆连接的混凝土构件接头连接钢筋的强度等级不应（　　）灌浆套筒规定的连接钢筋强度等级。

A．低于　　　B．等于　　　C．高于　　　D．无规定

二、填空题

1．采用电动灌浆泵灌浆时，一般单仓长度不超过_____m，经过实体灌浆试验确定可行后，单仓长度可增大，但不宜超过_____m，仓体越长，灌浆阻力_____，灌浆压力_____，灌浆时间_____，对封缝的要求越高，灌浆不满的风险越大。

2．钢筋套筒灌浆连接主要用于_____、_____的连接，也可用于叠合梁等后浇部位的纵向钢筋连接。

3．灌浆料是以水泥为基本原料，配以适当的细集料、混凝土外加剂和其他材料的干混料。灌浆料加水搅拌后具有良好的_____等特性，填充于套筒与带肋钢筋之间的间隙内。

4．灌浆料试件的抗压强度按批检验，以_____为一个检验批，每工作班应制作_____规格尺寸为_____的长方体试件，且每层不应少于3组。

三、思考题

1．钢筋套筒灌浆施工所需要的工机具有哪些？
2．请简述钢筋套筒灌浆施工技术工艺流程。
3．如何对灌浆料进行流动度检测？
4．关于钢筋套筒灌浆质量检验，您有什么好的解决思路？

活页卡片

1. 灌浆接头材料、标识、性能卡

灌浆接头材料、标识、性能卡主要有灌浆套筒灌浆段最小内径尺寸卡（表5-7）、灌浆料抗压强度卡（表5-8）、灌浆料竖向膨胀率卡（表5-9）、灌浆料拌合物的工作性能卡（表5-10）、套筒剪力槽数量卡（表5-11）、灌浆套筒尺寸偏差卡（表5-12）、套筒灌浆料性能要求卡（表5-13）。

表5-7 灌浆套筒灌浆段最小内径尺寸卡

钢筋直径/mm	灌浆套筒灌浆段最小内径与连接钢筋公称直径差最小值/mm
12～25	10
28～40	15

表5-8 灌浆料抗压强度卡

时间（龄期）	抗压强度/（N/mm^2）
1d	≥35
3d	≥60
28d	≥85

表5-9 灌浆料竖向膨胀率卡

项目	竖向膨胀率
3h	≥0.02%
24h与3h的竖向膨胀率差值	0.02%～0.50%

表5-10 灌浆料拌合物的工作性能卡

项目		工作性能要求
流动度/mm	初始	≥300
	30min	≥260
泌水率		0

表5-11 套筒剪力槽数量卡

连接钢筋直径/mm	12～20	22～32	36～40
剪力槽数量/个	≥3	≥4	≥5

表5-12 灌浆套筒尺寸偏差卡

序号	项目	灌浆套筒尺寸偏差					
		铸造灌浆套筒			机械加工灌浆套筒		
1	钢筋直径/mm	12～20	22～32	36～40	12～20	22～32	36～40
2	外径允许偏差/mm	±0.8	1.0	±1.5	±0.6	±0.8	±0.8
3	壁厚允许偏差/mm	±0.8	±1.0	±1.2	±0.5	±0.6	±0.8
4	长度允许偏差/mm	±（0.01×L）			±2.0		
5	锚固段环形突起部分的内径允许偏差/mm	±1.5			±1.0		

续表

序号	项目	灌浆套筒尺寸偏差	
		铸造灌浆套筒	机械加工灌浆套筒
6	锚固段环形突起部分的内径最小尺寸与钢筋公称直径差值/mm	≥10	≥10
7	直螺纹精度	—	应符合 GB/T 197—2018 中 6H 的规定

表 5-13　套筒灌浆料性能要求卡

检测项目		性能指标
流动度/mm	初始	≥300
	30min	≥280
抗压强度/MPa	1d	≥35
	3d	≥60
	28d	≥85
竖向膨胀率	3h	≥0.02%
	24h 与 3h 的竖向膨胀率差值	0.02%～0.50%
氯离子含量		≤0.03%
泌水率		0

2．钢筋套筒灌浆施工工艺流程卡（图 5-41）

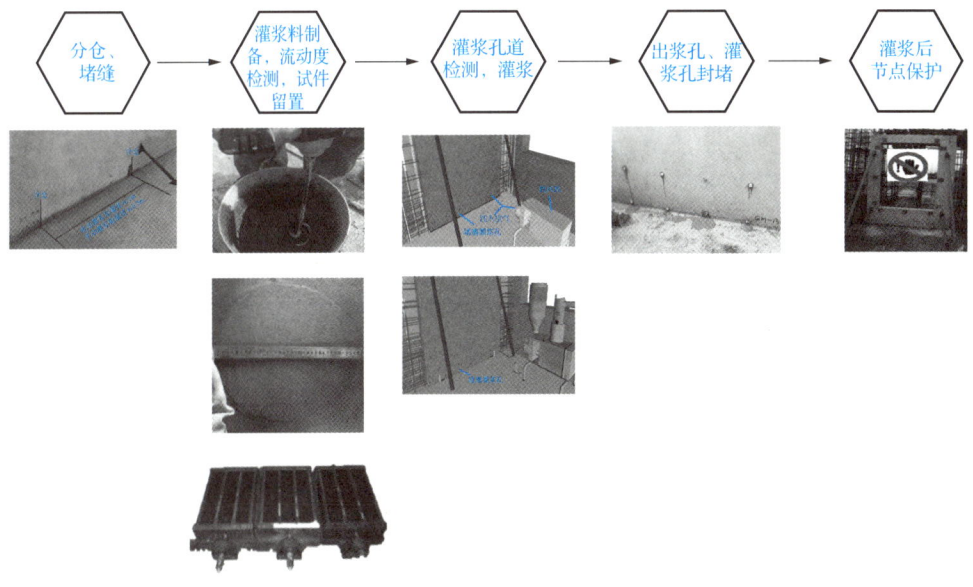

图 5-41　钢筋套筒灌浆施工工艺流程卡

3．装配式套筒灌浆施工工艺操作要点明白卡

（1）准备灌浆料（打开包装袋检查灌浆料，灌浆料应无受潮结块或其他异常）和清洁水；准备施工器具；如果夏天温度过高，准备降温冰块，冬天准备热水。

（2）称量灌浆料和水。严格按照产品出厂检验报告要求的水料比（比如 11%，即为 11g 水+100g 干料），用电子秤分别称量灌浆料和水的质量，也可用刻度杯计量水；先将水倒入搅拌桶，然后加入约 70% 干料，用专用搅拌机搅拌 1～2min 使大致均匀；将剩余料全部加入，再搅拌 3～4min 至彻底均匀；搅拌均匀后，静置 2～3min，使浆内气泡自然排出后再使用。

（3）流动度检测。每班套筒灌浆连接施工前进行灌浆料初始流动度检验，记录有关参数，流动度合格方可使用。检测流动度环境温度超过产品使用温度上限（35℃）时，须做实际可操作时间检验，保证灌浆施工时间在产品可操作时间内完成。

（4）根据需要进行现场抗压强度检验。制作试件前灌浆料需要静置 2～3min，使浆内气泡自然排出，标准养护 28d 后进行抗压强度试验。

（5）灌浆孔和出浆孔检查。在正式灌浆前，采用空气压缩机逐个检查各接头的灌浆孔内有无影响灌浆料流动的杂物，确保孔路畅通。

（6）用灌浆泵（枪）从接头下方的灌浆孔向套筒内压力灌浆，特别注意正常情况下，灌浆料要在自加水搅拌开始 20～30min 内灌完，以尽量保留一定的操作应急时间。

（7）灌浆孔与出浆孔出浆封堵，采用专用橡胶塞。在灌浆完成、灌浆料凝固前，应巡视检查已灌浆的接头，如有漏浆及时处理。

（8）接头充盈度检验：灌浆料凝固后，取下灌浆孔、出浆孔封堵胶塞，检查确认孔内凝固的灌浆料上表面不低于出浆孔下缘 5mm。

4. 预制构件钢筋套筒灌浆质量验收卡

预制构件钢筋套筒灌浆质量验收卡包含预制构件灌浆套筒和外露钢筋的允许偏差及检验方法（表 5-14），预制构件现浇结构施工后外露连接钢筋的位置、尺寸允许偏差及检验方法（表 5-15）。

表 5-14 预制构件灌浆套筒和外露钢筋的允许偏差及检验方法

项目		允许偏差/mm	检查方法
灌浆套筒中心位置		+2 0	尺量
外露钢筋	中心位置	+2 0	尺量
	外露长度	+10 0	

表 5-15 预制构件现浇结构施工后外露连接钢筋的位置、尺寸允许偏差及检验方法

项目	允许偏差/mm	检验方法
中心位置	+3 0	尺量
外露长度、顶点标高	+15 0	

5. 实操任务卡

（1）按照给定的预制构件进行灌浆实操训练。
（2）完成预制构件灌浆，并做好验收记录。

> **注意**
>
> 各小组根据实操任务，通过仿真练习等方式掌握操作流程；实操过程中需合理分工、通力合作，并轮流操作。全程需注意操作安全，保证构件安装质量，最终完成实操任务。

实操任务 1：预制保温一体化剪力墙灌浆作业，预制保温一体化剪力墙图纸如图 5-42 所示。

实操任务 2：预制柱灌浆作业。预制柱图纸如图 5-43 所示，本实操任务为模块 3 预制柱安装作业完成后进行的下一道施工工序的实操。

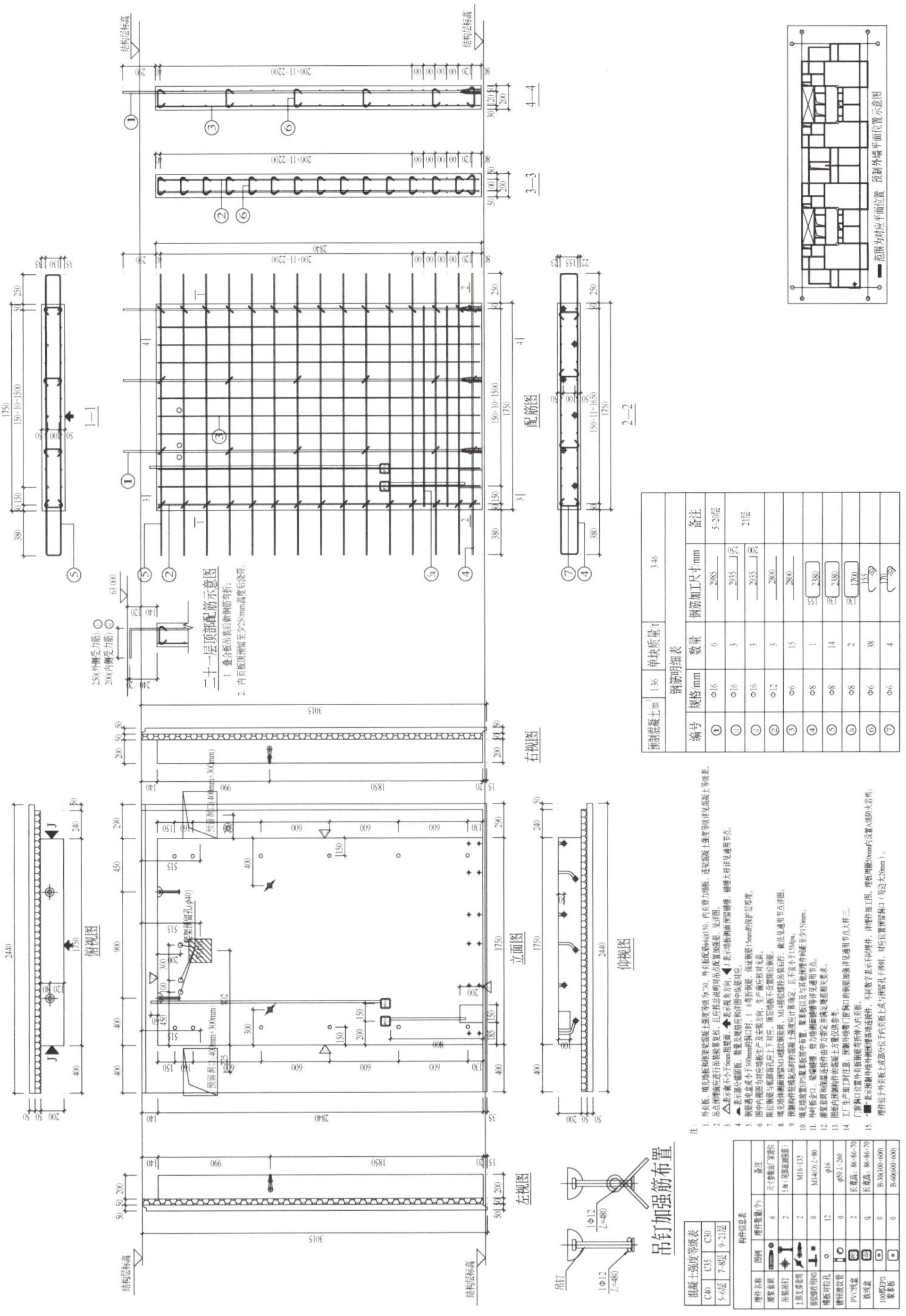

图 5-42 预制保温一体化剪力墙图纸

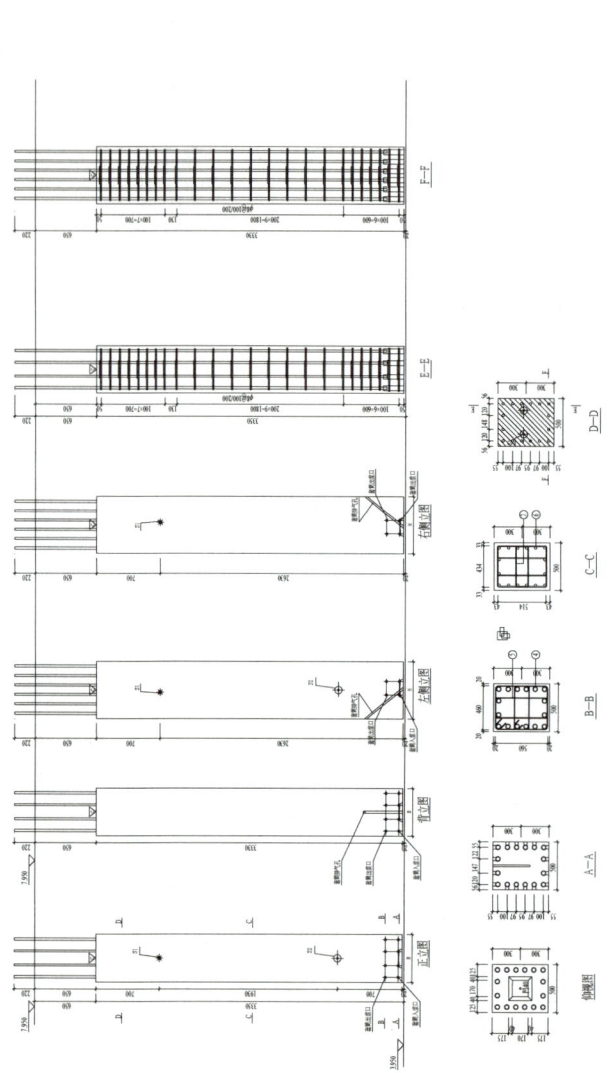
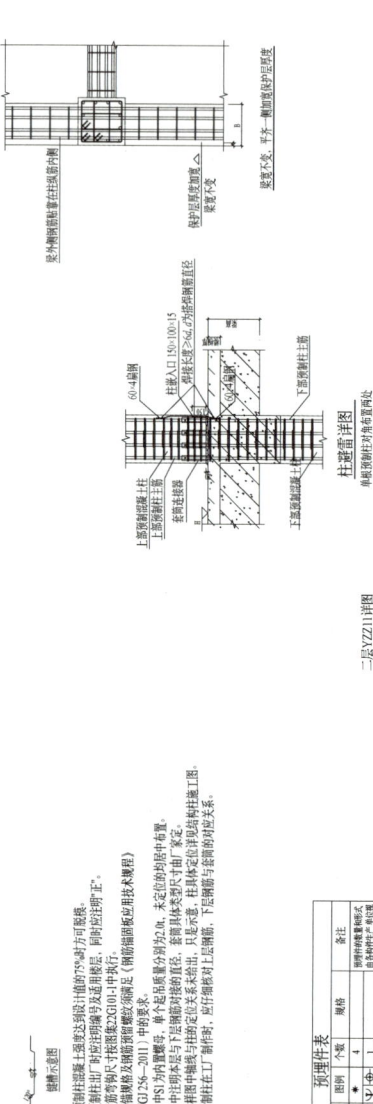

图 5-43 预制柱图纸

模块 6　预制梁施工技术

思维导图

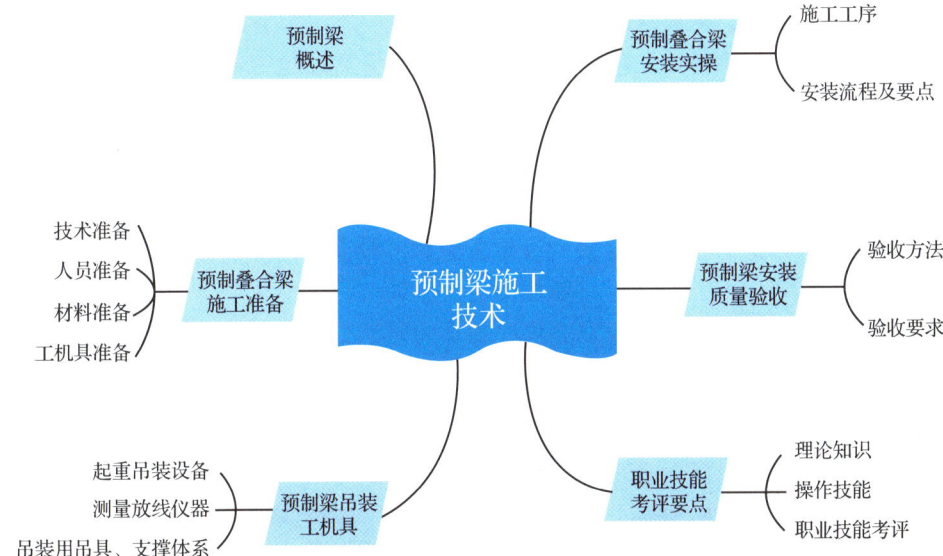

引言

中建海龙 C-MiC 技术领跑装配式建筑 4.0 时代

预制混凝土梁（简称预制梁）是一种常用的混凝土构件，一般在工厂内预制完成，然后运输到施工现场进行安装，通过可靠连接与柱和楼板形成结构整体。预制梁具有生产效率高、制造精度高、构件平整度好等优点，同时在工厂生产时采用蒸汽养护，能够有效保证构件强度，提高构件自身质量，减少现场施工的大量湿作业和模板使用。

预制梁质量稳定、结构承载能力强，可以根据具体要求，设计和生产出不同形状、尺寸和承载能力的梁，因此预制梁在工业建筑、交通工程和民用建筑领域得到了广泛的应用。预制梁常用于学校、医院等框架结构，也可用于桥梁、隧道、停车场、大型商业中心、体育馆等。

预制梁作为一种重要的建筑构件，其制作与安装需要经过一系列精心规划和严格的操作流程，以确保质量和安全。这就需要作业人员不仅要具备丰富的专业知识和熟练的操作技能，同时也需要具备高度的专业素养、安全意识和社会责任感。

任务 6.1 预制梁概述

预制梁根据制作工艺不同可以分为预制实心梁、预制叠合梁和预制梁壳三类，如图6-1所示。这些分类反映了预制梁在结构、用途上的多样性。预制梁应用范围广泛，不仅应用于建筑领域，还应用于桥梁和其他工程结构。每种类型的预制梁都有其特定的用途和优势，应根据工程的具体需求选择合适的类型。

（a）预制实心梁

（b）预制叠合梁

（c）预制双T梁（预制梁壳的一种）

图 6-1 预制梁的类型

预制实心梁是一种基本的预制梁类型，其内部没有空腔，整体呈实心状态。预制实心梁制作简单，构件自重较大，多用于厂房和多层建筑。预制叠合梁便于预制柱和叠合楼板的连接，整体性较强，适用于需要更高结构强度的应用场景。预制梁壳是一种更为特殊的设计，通常用于梁截面较大或起吊质量受到限制的情况，优点是便于现场钢筋的绑扎，缺点是预制工艺较复杂。

民用建筑中的预制梁通常采用预制叠合梁，可以减轻构件的质量，便于吊装，同时由于有后浇混凝土的存在，其结构的整体性也相对较好。其薄弱环节主要在预制叠合梁与后浇混凝土之间的结合面上，设计时要求结合面为凹凸不小于 6mm 的粗糙面，以保证预制叠合梁与后浇混凝土或其他结合材料之间有足够的机械咬合作用，从而提高结构的整体性和耐久性，如图 6-2 所示。本模块重点介绍预制叠合梁的施工安装技术。

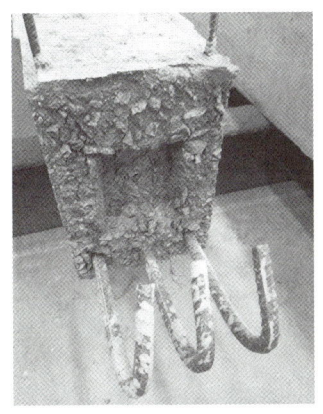

图 6-2　预制叠合梁粗糙面

预制叠合梁的粗糙面是如何形成的？

想一想

你知道预制叠合梁的粗糙面是如何形成的吗？

预制叠合梁的截面形式通常有矩形和凹口两种，如图 6-3 所示。矩形截面预制叠合梁具有结构简单、施工方便等优点，而凹口截面预制叠合梁则在一定程度上能够提供更好的结构性能和抗震能力。在实际应用中，根据工程的具体情况和设计要求，选择合适的截面形式，以确保结构的安全性和耐久性。

（a）矩形截面

（b）凹口截面

图 6-3　预制叠合梁的截面形式

任务 6.2　预制叠合梁安装工艺

在装配整体式框架结构（图 6-4）中，先在预制工厂内做成预制叠合梁，在施工现场将预制楼板搁置在预制叠合梁上，安装就位后，再浇捣上部的混凝土使楼板和梁连接成整体，预制叠合梁则施工完成。预制叠合梁与预制柱、预制剪力墙等竖向构件在构件安装中最大的区别在于预制叠合梁吊装前需要搭设支撑体系。

图 6-4　装配整体式框架结构

全装配式公路桥梁智能建造关键技术介绍

6.2.1　施工准备

预制叠合梁的安装施工准备工作主要包括编制专项施工方案、安装前的技术交底、准备吊装工机具、准备安装用材料及辅材等。下面介绍专项施工方案和技术交底。

1. 专项施工方案

专项施工方案一般包括以下内容。

（1）整体进度计划，包括结构总体施工进度计划、构件生产计划、构件安装进度计划、原材料采购计划、设备进场计划等。

（2）预制叠合梁运输方案，包括运输车辆类型和数量、运输路线、现场装卸方法。

（3）施工场地布置，包括场内运输通道、吊装设备、吊装方案、构件堆放场地。

（4）构件进场验收及安装，包括构件进场验收要求、测量放线、安装工艺及要求、成品保护及质量问题处理措施。

（5）施工安全，包括吊装安全措施、安全事故防范措施和应急处理预案。

（6）质量管理，包括构件安装的专项施工质量管理与验收。

（7）安全文明绿色施工与环境保护措施。

2. 技术交底

技术交底（图 6-5）是施工现场管理极为重要的一项工作，是施工策划的延续和完善，也是工程质量和安全生产预控的关键之一。其目的是使参与建筑工程施工的技术人员与作业人员了解所承担的工程项目的特点、设计意图、技术要求、施工工艺及应注意的问题；了解工程的特定施工条件、施工组织、技术要求和关键技术措施；系统掌握工程施工过程全貌和施工的关键部位；了解所要完成的分部分项工程的具体工作内容、操作方式、施工工艺、质量标准和安全注意事项等。技术交底要做到任务明确，有序施工，减少各种质量通病，提高施工质量。

预制叠合梁安装前的技术交底主要包括以下内容。

（1）预制叠合梁安装前，项目技术人员应对作业人员进行现场交底，其内容为吊装作业的技术要点和安全注意事项。

（2）预制叠合梁安装前应按吊装流程核对构件编号，并进行构件安装前的质量验收，确保构件按照图纸设计位置进行安装。

（3）检查吊具，做到班前专人检查和记录当日的工作情况，高空作业用工具必须增加防坠落措施，严防安全事故的发生。

（4）作业前必须进行安全交底，并对作业区进行隔离，建立可靠的通信指挥网，保证吊装期间通信联络畅通无阻。

（5）对构件安装要求、质量验收要求等进行技术交底，确保构件安装质量。

图 6-5 预制叠合梁施工技术交底

6.2.2 施工工序

预制叠合梁的施工工序为：预制叠合梁进场验收→测量定位→搭设支撑体系→调整支撑体系架体顶部标高→根据测量结果调节架体支撑→预制叠合梁试吊→预制叠合梁起吊→预制叠合梁就位→标高调整、位置校正→摘钩→质量验收。预制叠合梁施工工序详见图 6-6。

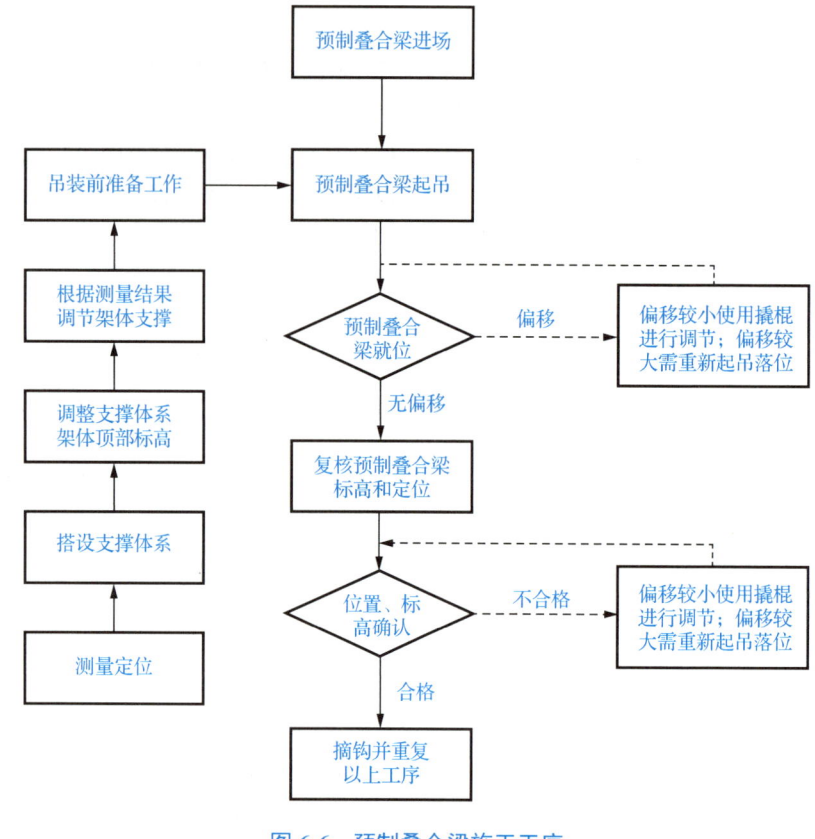

装配式大跨度、两段叠合梁安装图示讲解

图 6-6　预制叠合梁施工工序

任务 6.3　预制梁吊装工机具

预制梁的吊装工机具主要包括：起重吊装设备、测量放线仪器、吊装用吊具、支撑体系等。在编制专项施工方案时，要根据项目特点、构件质量、建筑高度等选择合适的吊装设备，还要结合施工整体要求和施工工艺，选择合适的支撑体系。

6.3.1　起重吊装设备

预制梁虽然相对于预制墙板、预制柱质量较小，但也需要采用专用吊装设备才能进行施工安装，一个项目中如果同时有竖向构件和水平构件，则选择吊装设备规格型号时通常主要考虑竖向构件和预制楼梯的质量，水平构件参考即可。

对于预制梁的吊装，在实际施工过程中需要根据工程特点合理地选用吊装设备。一般来说，预制梁多用于多层、小高层框架结构中，质量较小，因此汽车起重机和塔式起重机（图6-7）均可满足正常施工作业，但在实际项目中确定吊装设备时，需要结合场地条件、项目工期、项目楼栋等情况，综合考虑来确定，以便更好地完成各类构件的吊运安装工作，取得最佳的经济效益。

（a）汽车起重机

（b）塔式起重机

图6-7　预制梁吊装设备

6.3.2　测量放线仪器

预制梁测量放线仪器主要包括全站仪、激光水平仪、钢卷尺、墨斗、水准仪、塔尺、靠尺、塞尺、直角钢尺、激光测距仪等，详见表6-1。

表 6-1 预制梁测量放线仪器

序号	工序名称	仪器图片	仪器名称	主要用途	控制要求
1	预制梁吊装施工		全站仪	用于放出主控制线	允许偏差 8mm
2			激光水平仪	用于放出预制构件及独立支撑控制边线	允许偏差 5mm
3			钢卷尺	用于放出预制水平构件及独立支撑控制边线	允许偏差 5mm
4			墨斗	用于弹出预制水平构件及独立支撑控制边线	控制边线应清晰可见
5			水准仪	用于测量独立支撑及工字梁顶面标高	独立支撑及工字梁顶面标高允许偏差±5mm
6			塔尺	与水准仪配套使用,用于测量独立支撑及工字梁顶面标高	独立支撑及工字梁顶面标高允许偏差±5mm
7	预制梁安装质量验收		靠尺	用于测量预制构件平整度	选择 2m 靠尺,允许偏差 5mm
8			塞尺	与靠尺配合使用,用于测量预制构件平整度	允许偏差 5mm
9			直角钢尺	用于测量预制构件安装转角尺寸	允许偏差±5mm
10			激光测距仪	用于测量预制构件净空尺寸	允许偏差 10mm

6.3.3 吊装用吊具、支撑体系

预制梁吊装用吊具、支撑体系一般有吊索、吊环、吊钉、独立支撑、顶托(或可调顶

托)、支撑头、工字梁(木制、铝合金制)、撬棍、垫木等。预制梁安装用支撑体系详见表 6-2,预制梁吊装用吊索、吊环、吊钉等吊具可参照模块 4 相关内容。

表 6-2　预制梁安装用支撑体系

序号	工序名称	图片	名称	主要用途	控制要求
1	支撑体系搭设		独立支撑	用于支撑预制水平构件,通过调节独立支撑高度,实现构件标高控制	控制支撑垂直度,Q235 材质,独立支撑标高允许偏差 ±5mm
2			顶托	与独立支撑配套使用,用于支撑工字梁,支撑预制叠合楼板、阳台板等水平构件	独立支撑与顶托连接牢固,Q235 材质,顶托尺寸与工字梁配套
3			可调顶托	与独立支撑配套使用,用于支撑工字梁,通过调节顶托螺扣,实现构件标高控制	独立支撑与可调顶托连接牢固,Q235 材质,顶托尺寸与工字梁配套
4			支撑头	与独立支撑配套使用,直接与预制梁接触,用于支撑及限位预制梁	支撑头与独立支撑连接牢固,Q235 材质
5			木工字梁	与独立支撑及顶托配套使用,用于支撑预制叠合楼板、阳台板等水平构件	梁高 200mm、翼缘宽 80mm、翼缘厚 40mm、腹板厚 30mm、弹性模量为 11GPa
6			铝合金工字梁	与独立支撑及顶托配套使用,用于支撑预制叠合楼板、阳台板等水平构件	采用 6061-T6 铝合金/6063-T6 铝合金,截面尺寸为 100mm×185mm
7	预制水平构件安装调整		撬棍	用于调节预制水平构件水平位移	调节预制水平构件水平位移时,禁止破坏构件饰面
8			垫木	垫木与撬棍配套使用,用于支顶撬棍	垫木尺寸应根据现场实际情况而定

想一想

独立支撑体系相比于满堂架支撑体系有哪些优点?

独立支撑体系相比于满堂架支撑体系有哪些优点?

任务 6.4　预制叠合梁安装实操

6.4.1　测量定位、搭设支撑体系

图 6-8　可调式独立钢支撑体系

根据结构平面布置图，放出定位轴线及预制叠合梁定位控制边线，做好控制线标识。预制叠合梁一般采用可调式独立钢支撑体系，如图 6-8 所示。可调式独立钢支撑体系施工前应编制专项施工方案，并应经审核批准后实施。按照钢支撑上的荷载及钢支撑容许承载力，计算钢支撑的间距和位置。

6.4.2　调整支撑体系

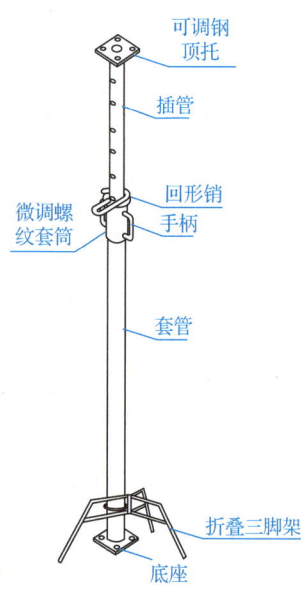

图 6-9　独立钢支撑

支撑安装前，先利用手柄将微调螺纹套筒旋至最低位置，将上管（插管）插入下管（套管）至接近所需的高度，然后将回形销插入位于微调螺纹套筒上方的调节孔内，把可调钢顶托移至工作位置，搭设支架上部铝合金工字梁，旋转微调螺纹套筒，调节支撑使铝合金工字梁上口标高至预制叠合梁底标高，待预制叠合梁底支撑标高调整完毕后进行吊装作业。独立钢支撑如图 6-9 所示。

6.4.3　预制叠合梁吊装

支撑体系搭设完毕后，在预制叠合梁两端弹好定位控制轴线（或中线），校核预制叠合梁两端伸出的钢筋。

在预制柱已吊装加固完成的房间内进行预制叠合梁吊装作业。预制叠合梁的吊装宜遵循先主梁后次梁的原则，吊装过程中应注意梁与梁交叉位置钢筋位置关系。

吊装时应按照构件图纸上的设计或施工方案中所确定的吊点位置，进行挂钩和锁绳。注意吊绳的夹角一般不得小于 45°，不宜小于 60°。如使用吊环起吊，必须同时拴好保险绳，当采用兜底吊运时，必须用卡环卡牢。

挂好钩确认无误后缓缓提升预制叠合梁，绷紧吊绳，离地 300mm 左右时停止上升，认真检查吊具是否牢固，拴挂是否安全可靠，然后方可吊运就位。

图 6-10 所示为预制叠合梁起吊。

模块 **6** 预制梁施工技术

图 6-10 预制叠合梁起吊

预制叠合梁安装施工安全注意事项

6.4.4 预制叠合梁就位

预制叠合梁吊装前应检查柱头支点钢垫的标高、位置是否符合安装要求。就位时找好柱头上的定位轴线和梁上轴线之间的相互关系，控制预制叠合梁准确就位。

预制叠合梁吊装至楼面上方 300mm 时，停止降落，操作人员稳住预制叠合梁，参照柱、墙顶垂直控制线和下层楼板板面上的定位控制线，引导预制叠合梁缓慢降落至柱头支点上方。

待构件稳定后，方可进行摘钩和校正。图 6-11 所示为预制叠合梁就位。

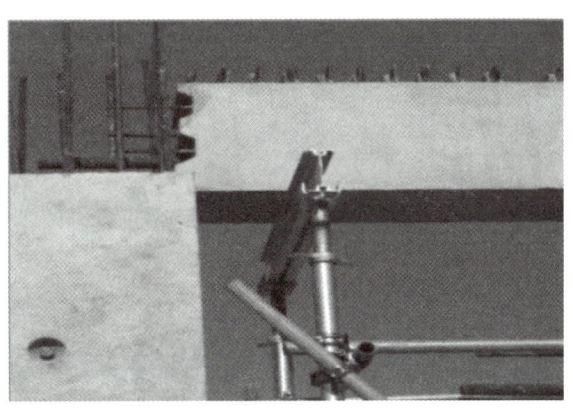

图 6-11 预制叠合梁就位

6.4.5 预制叠合梁校正

根据柱或墙体上弹出的水平控制线及楼板板面上的定位控制线，通过调整竖向独立支撑，确保预制叠合梁满足设计标高及质量控制要求，如图 6-12 所示；通过撬棍调整预制叠合梁水平定位，确保预制叠合梁满足设计图纸水平定位及质量控制要求。

调整预制叠合梁水平定位时，撬棍应配合垫木使用，避免损伤预制叠合梁边角。调整完成后检查梁吊装定位是否与定位控制线存在偏差，采用铅锤和靠尺进行检查。如偏差仍超出设计标高及质量控制要求，或偏差影响到周边预制叠合梁或预制叠合楼板的吊装，应对该预制叠合梁进行重新起吊落位，直到通过检查。

预制叠合梁安装（一）

图 6-12 预制叠合梁安装校正

预制叠合梁安装（二）

预制叠合梁安装动画

想一想

预制叠合梁安装过程中，有哪些安全注意事项？

党的二十大报告强调"集聚力量进行原创性引领性科技攻关"，预制梁施工中有哪些关键技术需要突破？

任务 6.5　预制梁安装质量验收

6.5.1　预制梁施工质量控制要点

（1）楼层上下层钢支撑应在同一条中心线上，独立钢支撑水平横纵向应与梁底脚手架承重支撑的水平横纵杆连接。

（2）独立钢支撑的调节高度应该留出浇筑荷载形成的变形量，跨度大于 4m 时中间的位置要适当起拱。

（3）模板支架立杆应竖直设置，2m 高度的垂直度允许偏差为 15mm。

（4）当模板支架立杆采用单根立杆时，立杆应设置在梁模板中心线处，其偏心距不应大于 15mm。

（5）梁安装前应对梁底支撑进行检查，看是否安装到位且足够稳固。

（6）梁落位时应缓慢进行，安装时应注意节点位置钢筋，避免碰撞影响安装质量。

（7）吊装完成后及时复核梁底标高、轴线位置。

6.5.2　预制梁质量检查

（1）吊装前应对预制梁进行质量检查，检查内容如下。

① 预制梁质量证明文件和出厂标识、质检标识等。

② 预制梁的外观质量、尺寸偏差、钢筋配置、预留预埋情况。

（2）预制梁外观质量应根据缺陷类型和缺陷程度进行分类，其分类方法与预制墙板的分类方法相同，具体见前文表 4-2。

（3）预制梁的外观质量不应有严重缺陷，存在严重缺陷的预制梁不得使用，存在一般缺陷时，应处理后方可吊装安装。

（4）预制梁的尺寸偏差应根据相关规范限值进行检查，超出限值的构件不得使用。

（5）预制梁预留钢筋的规格和数量应符合设计要求，预埋件和预留孔洞的尺寸偏差应满足规范要求。

6.5.3　预制梁安装质量控制

（1）预制梁安装顺序及连接方式应保证施工过程中结构构件具有足够的承载力和刚度，并应保证结构整体的稳固性。

（2）预制梁安装用临时支撑和拉结应具有足够的承载力和刚度。

（3）预制梁安装前应将安装表面清理干净，不得有垃圾。

（4）落位时应缓慢进行，确保钢筋准确落位，节点处钢筋碰撞时应及时调整。钢筋位置不对时应进行调整，严禁切断。

（5）安装时应根据安装方向、预留预埋位置正确安装，确保安装后预留预埋等位置准确。

（6）吊装时控制好预制梁标高、水平位置，安装完成后对倾斜度进行检查调整。

（7）安装完成的预制梁应有成品防护措施，防止后续施工造成破坏或者污染。

预制梁吊装就位后，应对构件中心线、轴线位置、构件标高、构件倾斜度、相邻构件平整度、构件搁置长度进行检查，还要对支座、支垫中心位置进行检查，具体允许偏差和检验方法见表6-3。

表6-3 预制梁安装的允许偏差和检验方法

项目		允许偏差/mm	检验方法
构件中心线对轴线位置	水平构件（梁、板）	5	经纬仪及尺量检查
构件标高	梁、板底面或顶面	±5	水准仪或拉线、尺量
构件倾斜度	梁、桁架	5	经纬仪或吊线、尺量
相邻构件平整度	板端面	5	2m靠尺和塞尺量测
	梁、板下表面 外露	3	
	梁、板下表面 不外露	5	
构件搁置长度	梁、板	±10	尺量检查
支座、支垫中心位置	板、梁、柱、墙板、桁架	10	尺量检查

预制梁安装质量验收的重要性

想一想

预制梁安装质量验收有什么重要性？

任务6.6 职业技能考评要点

6.6.1 理论知识

预制梁安装专业技术人员应具备法律法规与标准、识图、材料、工具设备、构件装配技术、施工组织管理、质量检查、安全文明施工、信息技术与行业动态的相关理论知识，具体参照表6-4。

表6-4 预制梁安装专业技术人员应具备的理论知识

项次	分类	理论知识
1	法律法规与标准	建设行业相关法律法规
		与本工种相关的国家、行业和地方标准
2	识图	建筑识图基础知识
		构件装配施工图识图知识
		建筑、结构、安装施工图识图知识
		支撑布置图识图知识
3	材料	预制构件的力学性能
		支撑及限位装置的种类、规格等基础知识
		构件存放知识
		构件存放期间及装配后的保护知识
		相关工序的成品保护
4	工具设备	构件起吊常用器具的种类、规格、基本功能、适用范围及操作规程
		构件装配常用机具的种类、规格、基本功能、适用范围及操作规程
		各类支撑架的维护及保养知识
		起重机械基础知识
		安全防护工具的种类、规格、基本功能、使用范围及操作规程
5	构件装配技术	测量放线基础知识及操作要求
		构件进场验收知识
		构件起吊基础知识
		构件装配前的准备工作
		构件装配的自然环境要求
		构件装配的工作面要求
		构件装配的基本程序
		限位装置安装及拆除知识
		构件就位的程序及复核方法
		构件干式及湿式连接的操作方法

续表

项次	分类	理论知识
		支撑装置搭设及拆除知识
		支撑与限位装置复核方法
		支撑与限位装置受力变形及倾覆知识
6	施工组织管理	构件装配方案
		进度管理基础知识
		技术管理基础知识
		质量管理基础知识
		工程成本基础知识
7	质量检查	构件装配工程自检与交接检验的方法
		构件装配工程的质量验收与评定
8	安全文明施工	安全生产常识、安全生产操作规程
		安全事故的处理程序
		突发事件的处理程序
		文明施工与环境保护基础知识
		职业健康基础知识
		建筑消防基础知识
9	信息技术与行业动态	装配式建筑信息技术的相关知识
		装配式混凝土建筑发展动态及趋势
		预制构件安装工程前后工序相关知识

6.6.2 操作技能

预制梁安装专业技术人员应具备构件进场、装配准备、施工组织、构件就位、临时支撑搭拆、节点连接、施工检查、成品保护、班组管理、技术创新的相关操作技能，具体应符合表 6-5 的规定。

表 6-5 预制梁安装专业技术人员应具备的操作技能

项次	分类	操作技能
1	构件进场	能够进行构件进场验收
		能够进行构件存放
		能够进行构件挂钩及试吊
		能够进行构件存放方案优化
2	装配准备	能够根据图纸及构件标识正确识别构件的类型、尺寸和位置
		能够按构件装配顺序清点构件
		能够准备和检查构件装配所需的工机具、支撑架及辅料
		能够按构件装配要求清理工作面
		能够按施工要求对已完结构进行检查

续表

项次	分类	操作技能
		能够介入设计、生产阶段，并提出合理化建议
		能够进行构件装配工程施工作业交底
		能够对构件装配方案提出合理化建议
		能够编制一般构件安装方案
		能够审核构件安装方案并进行合理优化
3	施工组织	能够编制并优化前期方案
		能够组织一般构件安装作业
		能够组织危险性较大的构件安装作业
4	构件就位	能够进行预埋件与构件预留孔洞的对位
		能够协助构件吊落至指定位置
		能够复核并校正构件的安装偏差
5	临时支撑搭拆	能够选择适宜的临时支撑
		能够按施工要求搭设临时支撑
		能够复核及校正临时支撑的位置
		能够判断临时支撑拆除的条件
		能够完成临时支撑拆除作业
6	节点连接	能够对构件节点进行干式连接
		能够按湿式连接要求处理湿式连接工作面
7	施工检查	能够对预制构件装配工程的材料和机具进行清理、归类、存放
		能够对构件装配工程进行质量自检
		能够组织施工班组进行质量自检与交接检验
8	成品保护	能够对前道工序的成品进行保护
		能够对存放的构件进行包裹、覆盖
		能够对装配后构件进行成品保护
9	班组管理	能够提出安全生产建议，并处理安全隐患
		能够提出构件装配工程安全文明施工措施
		能够进行构件装配工程的质量验收和质量评定
		能够处理施工中的质量问题并提出预防措施
10	技术创新	能够推广应用构件装配工程新技术、新工艺、新材料和新设备
		能够结合信息技术进行构件装配工程施工工艺、管理手段创新
		能够对与本工种相关的工器具、施工工艺进行优化与革新

6.6.3 职业技能考评

预制梁安装专业技术人员能力评价应包括理论知识评分和操作技能评分两部分内容，具体应符合表 6-6 的规定。

表 6-6　预制梁安装专业技术人员各等级技能分值

项次	分类	技能分值				
		一级技能	二级技能	三级技能	四级技能	五级技能
理论知识	法律法规与标准	5	5	5	5	5
	识图	10	10	10	10	10
	材料	15	10	10	10	10
	工具设备	15	15	10	10	10
	构件装配技术	30	30	30	30	25
	施工组织管理	0	5	10	10	15
	质量检查	10	10	10	10	10
	安全文明施工	10	10	10	10	10
	信息技术与行业动态	5	5	5	5	5
	小计	100	100	100	100	100
操作技能	构件进场	15	10	10	10	10
	装配准备	25	20	15	15	15
	施工组织	0	0	5	5	10
	构件就位	15	15	10	10	10
	临时支撑搭拆	15	15	10	10	5
	节点连接	0	10	10	10	5
	施工检查	15	15	15	15	15
	成品保护	15	15	10	10	10
	班组管理	0	0	10	10	10
	技术创新	0	0	5	5	10
	小计	100	100	100	100	100

模 块 小 结

本模块主要从预制梁安装工艺流程、吊装工机具、安装过程注意事项、安装质量验收等方面展开介绍预制梁的施工技术。本模块的内容，可以让学生掌握预制梁安装相关知识，具备相应的操作技能，同时引导学生形成良好的团队协作能力、质量安全意识和精益求精的工匠精神。

练习题

一、选择题

1．《装配式混凝土建筑技术标准》（GB/T 51231—2016）规定，下列属于构件外观质量严重缺陷的是（　　）。

A．少量非受力钢筋露筋

B．非受力部位有少量蜂窝

C．构件受力部位有影响结构性能或使用功能的裂缝

D．非受力部位少量夹渣

2．吊装作业时，如遇到雨、雪、雾天气，或者风力大于（　　）级时，不得进行吊装作业。

A．4　　　　　B．5　　　　　C．6　　　　　D．7

3．《建筑施工起重吊装工程安全技术规范》（JGJ 276—2012）等文件规定，开始起吊时，应先将构件吊离地面（　　）后暂停，检查起重机的稳定性，制动装置的可靠性，构件的平衡性和绑扎的牢固性等。

A．200～300mm　　　　　　　　B．300～500mm

C．500～600mm　　　　　　　　D．700～800mm

4．《装配式混凝土建筑技术标准》（GB/T 51231—2016）规定，预制梁预留插筋外露长度允许偏差为（　　）mm。

A．15　　　　　B．-5　　　　　C．-5，+5　　　　　D．±3

二、填空题

1．预制梁根据制作工艺不同可以分为＿＿＿＿＿、＿＿＿＿＿和＿＿＿＿＿。

2．预制叠合梁的安装施工准备工作主要包括＿＿＿＿＿、＿＿＿＿＿、＿＿＿＿＿、准备安装用材料及辅材等。

3．预制梁吊装时，吊绳的夹角一般不得小于＿＿＿＿＿，不宜小于＿＿＿＿＿。

4．预制梁安装的标高允许偏差是＿＿＿＿＿。

5．实操环节预制梁安装专业技术人员应具备构件进场、＿＿＿＿＿、施工组织、＿＿＿＿＿、临时支撑搭拆、＿＿＿＿＿、＿＿＿＿＿、成品保护、班组管理、技术创新的相关操作技能。

三、思考题

1．预制梁需要根据哪些内容选择合适的吊装设备？

2．预制梁安装工艺流程是什么？

3．你认为预制梁安装的难点是什么？

在线答题

活页卡片

1. 预制梁进场验收卡

预制梁进场验收卡包括预制梁外观质量缺陷验收卡（表 6-7）和预制梁尺寸允许偏差验收卡（表 6-8）。

表 6-7　预制梁外观质量缺陷验收卡　　　验收人：　　校核人：

名称	现象	严重缺陷	一般缺陷	进场构件验收结果
露筋	构件内钢筋未被混凝土包裹而外露	纵向受力钢筋有露筋	其他钢筋有少量露筋	
蜂窝	混凝土表面缺少水泥砂浆而形成石子外露	构件主要受力部位有蜂窝	其他部位有少量蜂窝	
孔洞	混凝土中孔穴深度和长度均超过保护层厚度	构件主要受力部位有孔洞	其他部位有少量孔洞	
夹渣	混凝土中夹有杂物且深度超过保护层厚度	构件主要受力部位有夹渣	其他部位有少量夹渣	
疏松	混凝土中局部不密实	构件主要受力部位有疏松	其他部位有少量疏松	
裂缝	缝隙从混凝土表面延伸至混凝土内部	构件主要受力部位有影响结构性能或使用功能的裂缝	其他部位有少量不影响结构性能或使用功能的裂缝	
连接部位缺陷	构件连接处混凝土缺陷及连接钢筋、连接件松动，插筋严重锈蚀、弯曲，灌浆套筒堵塞、偏位，灌浆孔洞堵塞、偏位、破损等	连接部位有影响结构传力性能的缺陷	连接部位有基本不影响结构传力性能的缺陷	
外形缺陷	缺棱掉角、棱角不直、翘曲不平、飞出凸肋等，装饰面砖黏结不牢、表面不平、砖缝不顺直等	清水或具有装饰的混凝土构件表面存在影响使用功能或装饰效果的外形缺陷	其他混凝土构件有不影响使用功能的外形缺陷	
外表缺陷	构件表面麻面、掉皮、起砂、沾污等	具有重要装饰效果的清水混凝土构件有外表缺陷	其他混凝土构件有不影响使用功能的外表缺陷	

表 6-8 预制梁尺寸允许偏差验收卡　　　　验收人：　　校核人：

项次	检查项目			允许偏差 /mm	检验方法	检验结果
1	规格尺寸	长度	<12m	±5	用尺量测两端及中间部，取其中偏差绝对值较大值	
			≥12m 且<18m	±10		
			≥18m	±20		
2	规格尺寸	宽度		±5	用尺量测两端及中间部，取其中偏差绝对值较大值	
3	规格尺寸	高度		±5	用尺量测板四角和四边中部位置共8处，取其中偏差绝对值较大值	
4	表面平整度			4	用2m靠尺安放在构件表面上，用楔形塞尺量测靠尺与表面之间的最大缝隙	
5	侧向弯曲	梁		L/750 且≤20mm	拉线，钢尺量测最大弯曲处	
6	预埋部件	预埋钢板	中心线位置偏移	5	用尺量测纵横两个方向的中心线位置，取其中较大值	
			平面高差	-5，0	用尺紧靠在预埋件上，用楔形塞尺量测预埋件平面与混凝土面的最大缝隙	
7	预埋部件	预埋螺栓	中心线位置偏移	2	用尺量测纵横两个方向的中心线位置，取其中较大值	
			外露长度	-5，+10	用尺量测	
8	预留孔	中心线位置偏移		5	用尺量测纵横两个方向的中心线位置，取其中较大值	
		孔尺寸		±5	用尺量测纵横两个方向尺寸，取其最大值	
9	预留洞	中心线位置偏移		5	用尺量测纵横两个方向的中心线位置，取其中较大值	
		洞口尺寸、深度		±5	用尺量测纵横两个方向尺寸，取其最大值	
10	预留插筋	中心线位置偏移		3	用尺量测纵横两个方向的中心线位置，取其中较大值	
		外露长度		±5	用尺量测	
11	吊环	中心线位置偏移		10	用尺量测纵横两个方向的中心线位置，取其中较大值	
		留出高度		-10，0	用尺量测	

续表

项次	检查项目		允许偏差/mm	检验方法	检验结果
12	键槽	中心线位置偏移	5	用尺量测纵横两个方向的中心线位置,取其中较大值	
		长度、宽度	±5	用尺量测	
		深度	±5	用尺量测	
13	灌浆套筒及连接钢筋	连接钢筋中心线位置	2	用尺量测纵横两个方向的中心线位置,取其中较大值	
		连接钢筋外露长度	0, +10	用尺量测	

2. 预制梁安装工艺流程卡（图 6-13）

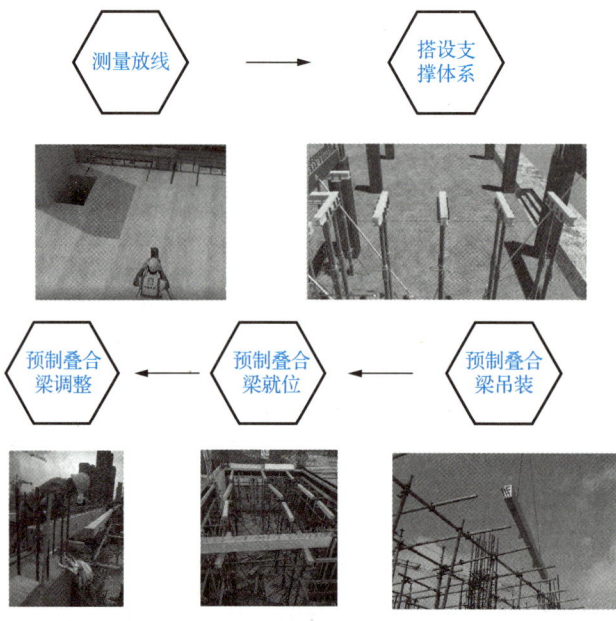

图 6-13 预制梁安装工艺流程卡

3. 预制梁安装要点明白卡

（1）选用塔式起重机需要考虑塔式起重机性能是否满足设计构件质量要求，根据设计构件质量，提前准备好各种构件需要的吊具。

（2）安装作业开始之前，应对安装作业区进行围护并做出明显的标识，拉警戒线，根据危险源级别安排旁站，严禁与安装作业无关的人员进入。

（3）施工作业使用的专用吊具、定型工具式支撑、支架等，应进行安全验算，使用中进行定期或不定期检查，确保其处于安全状态。

（4）预制梁起吊后，应先将预制梁提升 300mm 左右，停稳预制梁，检查钢丝绳、吊具和预制梁状态，确认吊具安全且预制梁平稳后，方可缓慢提升预制梁。

（5）起重机吊装区域内，非作业人员严禁进入；吊运预制梁时，其下方严禁站人，应待预制梁降落至距工作面 1m 以内方准作业人员靠近，就位固定后方可脱钩。

（6）高空应通过缆风绳改变预制梁方向，严禁高空直接用手扶预制梁。

（7）遇到雨、雾、雪天气，或者风力大于 5 级时，不得进行吊装作业。

（8）采用吊装装置吊运预制梁时，在没有对吊装构件进行定位固定前，不准松钩。

4．构件安装质量验收卡

预制梁安装质量验收卡见表 6-9。

表 6-9　预制梁安装质量验收卡　　验收人：　　校核人：

项目			允许偏差/mm	检验方法
构件中心线对轴线位置	水平构件（梁、板）		5	经纬仪及尺量检查
构件标高	梁、板底面或顶面		±5	水准仪或拉线、尺量
构件倾斜度	梁、桁架		5	经纬仪或吊线、尺量
相邻构件平整度	板端面		5	2m 靠尺和塞尺量测
	梁、板下表面	外露	3	
		不外露	5	
构件搁置长度	梁、板		±10	尺量检查
支座、支垫中心位置	板、梁、柱、墙板、桁架		10	尺量检查

5．实操任务卡

（1）按照给定的预制梁位置，进行预制梁的安装实操训练。

（2）完成预制梁吊装作业前的构件质量验收，并做好验收记录。

（3）按照预制梁安装作业要求和流程，完成预制梁安装作业。

（4）完成预制梁安装质量验收，并做好验收记录。

> **注意**
>
> 各小组根据任务，分工合作，轮流操作，通过仿真练习等，最终准确完成各项实操任务，过程要做好配合，保证构件安装质量和过程安全。

实操任务 1：该预制梁为叠合梁，梁宽 300mm，高 580mm，长 8500mm，吊点采用钢筋吊环。预制叠合梁详图如图 6-14 所示，依据图纸和学校实训环境，进行叠合梁实训练习。

> **小组讨论**
>
> 在这次实操过程中，你们小组哪些方面做得比较好？哪些方面还需要提升？

实操任务 2：某装配式框架结构项目，采用预制叠合梁，平面布置图及预制梁详图分别如图 6-15、图 6-16 所示。其中预制叠合梁 11 宽 300mm、高 550mm、长 7300mm，吊点采用预埋吊钉。对预制叠合梁 11 进行实训操作。

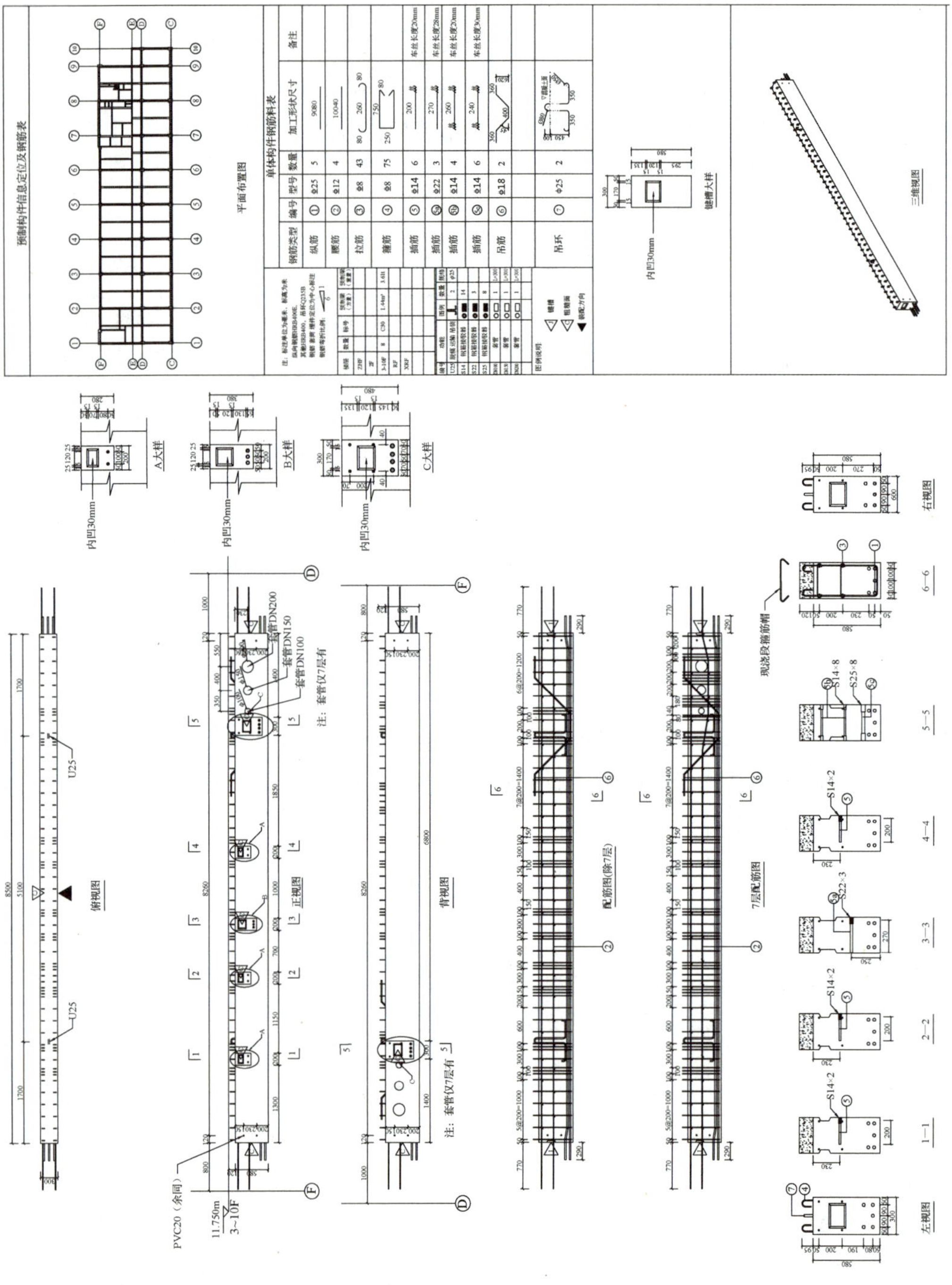

图 6-14 预制叠合梁详图

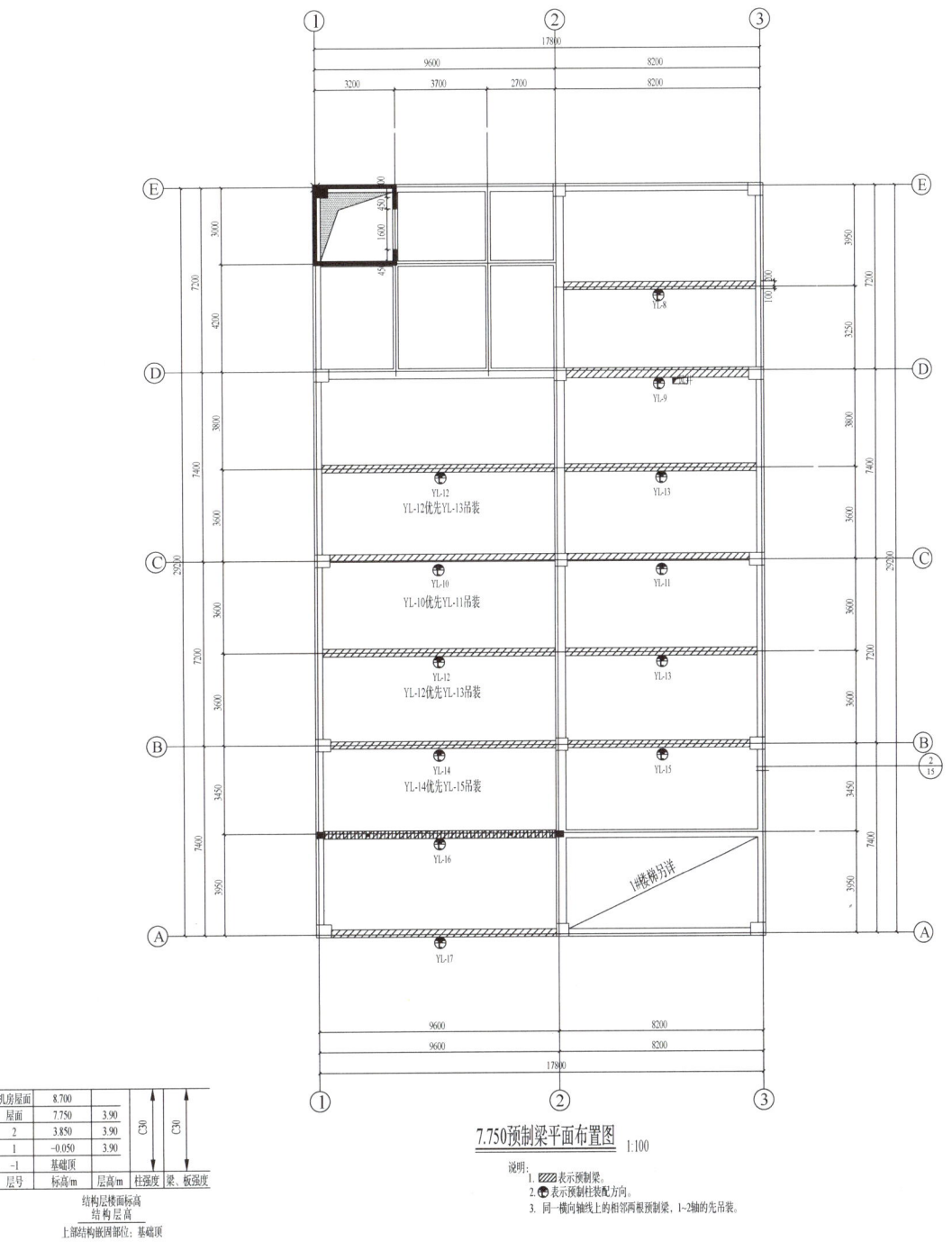

图 6-15 平面布置图

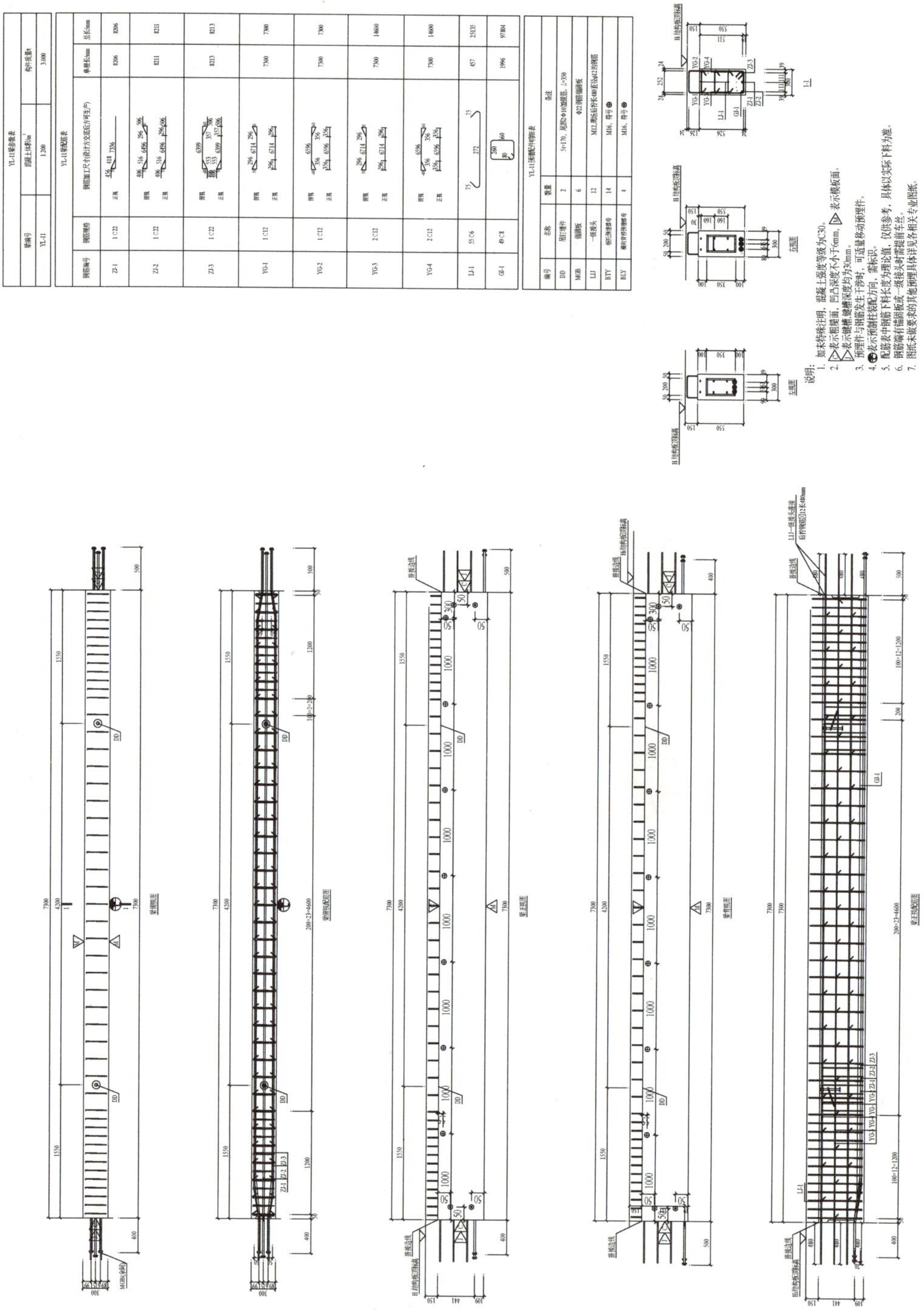

图 6-16 预制梁详图

模块 7　预制叠合板施工技术

思维导图

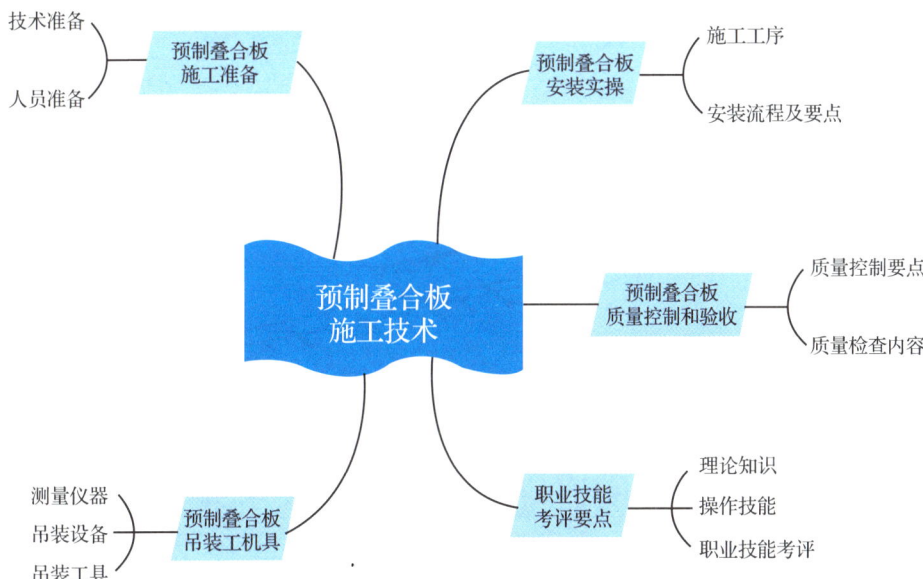

引言

装配式建筑的飞速发展带动了整个建筑行业的大变革，预制叠合板作为装配式楼盖的重要组成部分，采用工厂预制与现场浇筑相结合的方式施工。预制叠合板整体性好，刚度大，可节省模板，而且板的上下表面平整，便于饰面层装修，适用于对整体刚度要求较高的高层建筑和大开间建筑；同时具有工业化程度高、施工速度快、节省人工材料等优点，得到了广泛的应用，其中桁架钢筋混凝土叠合板是目前市场上装配式建筑中应用最多的预制叠合板。

桁架钢筋混凝土叠合板是由预制桁架钢筋混凝土底板（叠合板预制层）和现浇钢筋混凝土层（叠合板现浇层）叠合而成的装配整体式楼板，如图 7-1 所示。叠合板预制层既是楼板结构的组成部分之一，又是叠合板现浇层的永久性模板，在叠合板现浇层内可敷设设备管线。

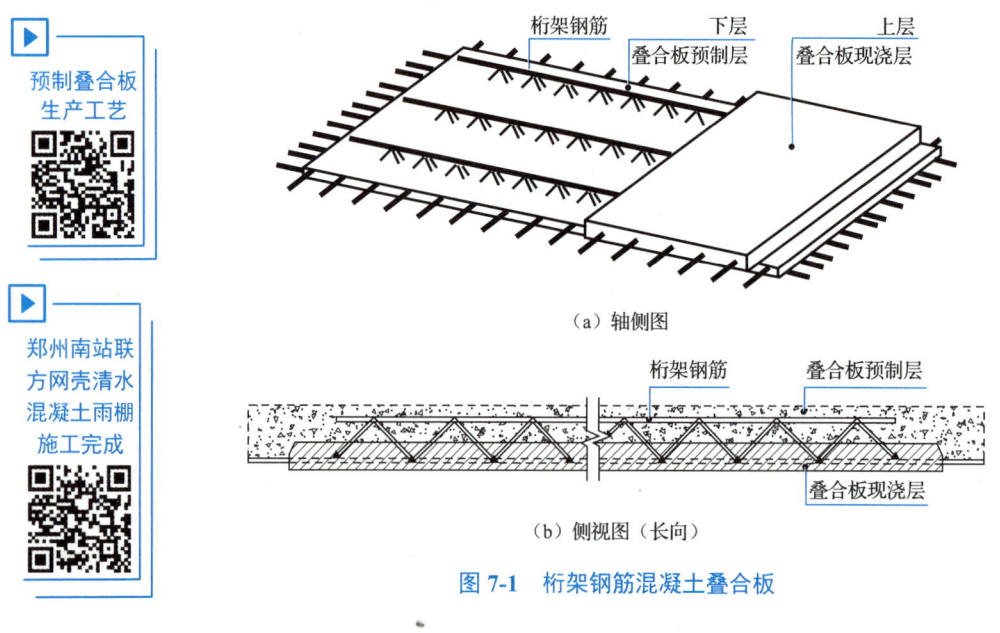

图 7-1　桁架钢筋混凝土叠合板

> **知识拓展**
>
> 除桁架钢筋混凝土叠合板外，还有哪些类型的预制叠合板？

任务 7.1　预制叠合板安装工艺

本模块主要介绍目前一般民用建筑项目中经常用到的桁架钢筋混凝土叠合板的施工工艺，其他类型的预制叠合板施工可以此作为参考，具体实施要根据设计和技术要求进行调整。

桁架钢筋混凝土叠合板（以下简称叠合板）是当前普遍使用的预制楼板，可根据结构设计设置为单向板或双向板，也可根据房间进深和开间进行设置，安装完成后对板缝应依据规范、图集和设计要求进行处理。通常叠合板预制部分厚度不小于 6cm，现浇部分厚度不小于 7cm，在完成墙体安装后支设叠合板支撑，调整好支撑标高，直接将叠合板预制部分放置于叠合板支撑上，安装好的叠合板预制部分既是楼板的一部分也可以作为现浇部分的模板，叠合板预制部分安装完成后，在其上绑扎楼板钢筋、埋设管线（图 7-2），将楼板现浇混凝土与现浇梁及柱混凝土一起浇筑成整体。

图 7-2 叠合板钢筋及管线施工

叠合板安装工艺介绍

7.1.1 施工准备

1．叠合板进场验收

（1）确认吊装构件是否按计划要求进场验收，堆放位置和吊装位置是否正确合理。

（2）进场验收主要检查资料及外观质量，防止在运输过程中发生损坏现象。

叠合板的成品检测

（3）叠合板进入工地现场，堆放场地应夯实平整，并应防止地面不均匀下沉。叠合板应按照不同规格型号分类堆放。叠合板应采用桁架钢筋朝上叠放的堆放方式，严禁倒置，各层板下部应设置垫木，垫木应上下对齐，不得脱空。堆放层数不宜大于 6 层，并应有稳固措施。

2．吊装前的准备

（1）根据安装方案确认叠合板的吊装顺序，并核对构件编号。如某项目在进行叠合板施工时将楼栋划分为 A 区和 B 区，每个区域由下到上，由左到右逐个吊装，如图 7-3 所示。

（2）检查吊具，做到班前专人检查和记录当日的工作情况。高空作业用工具必须增加防坠落措施，严防安全事故的发生。

（3）建立可靠的通信指挥网，保证吊装期间通信联络畅通无阻，安装作业不间断进行。

（4）开始作业前，用项目的标识和围护将作业区隔离，严禁无关人员进入作业区。

（5）参与作业的人员每日接受班前安全交底，并应时刻牢记安全作业的重要性。

（6）放线抄平。根据图纸，放出叠合板标高控制线、楼板边线。

（7）叠合板吊装前，根据平面布置图及支撑方案对叠合板支撑安放位置进行放线定位，独立支撑安放时要严格按照平面布置图及支撑方案布置，避免在吊装后及后续工序中出现叠合板变形和裂缝。叠合板独立支撑体系如图 7-4 所示。

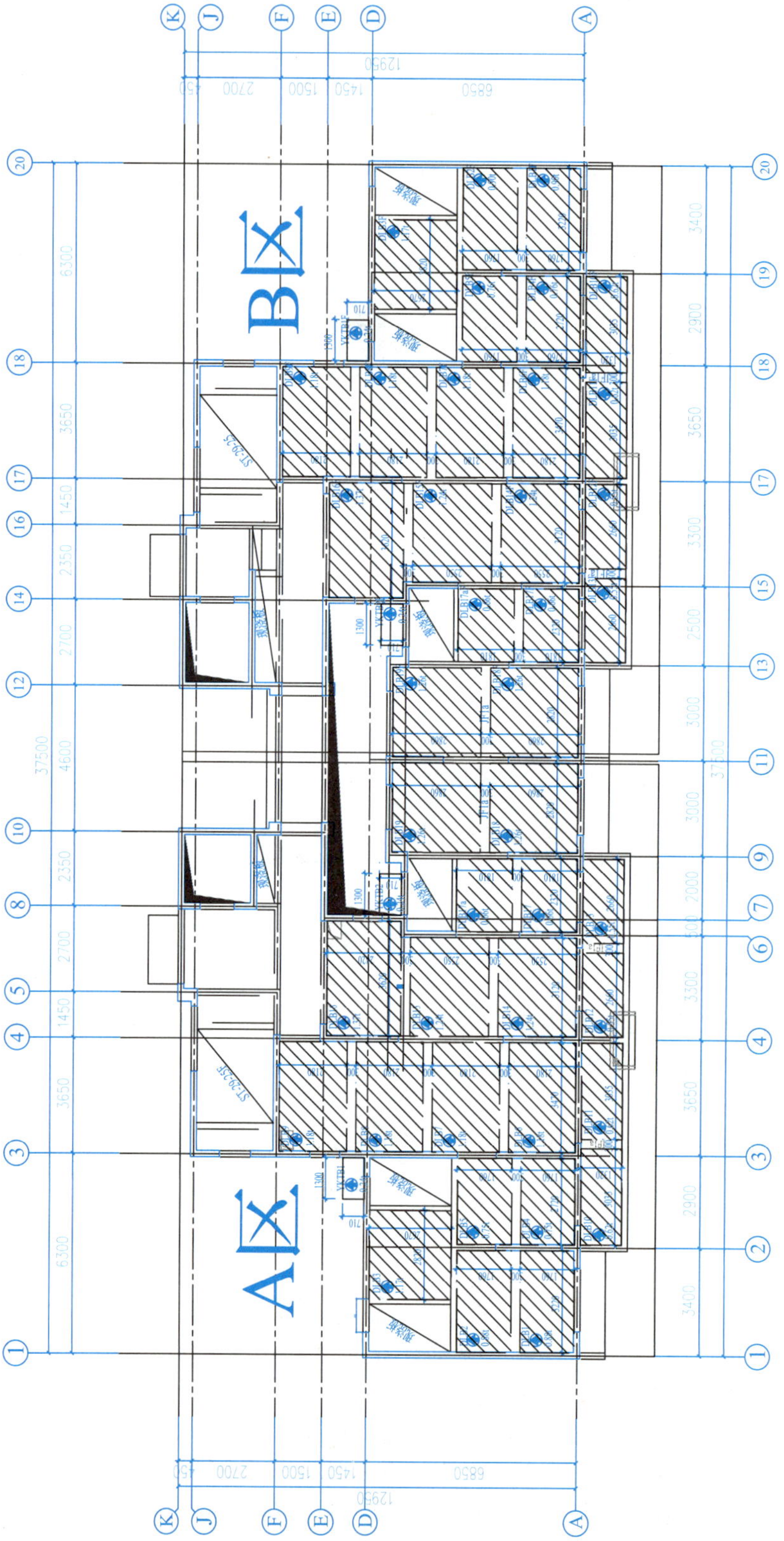

图 7-3 某项目叠合板施工区域划分

3. 吊装所用工具准备

叠合板吊装前应根据吊点设置情况，准备相应的吊具、检查工具、安装工具等。主要吊具有吊装平衡架、钢丝绳、吊环、吊钩等，叠合板吊装通常采用桁架钢筋或预埋钢筋吊环作为吊装用吊点；主要检查工具有线坠、扫平仪、卷尺等，用于叠合板标高控制、位置复核等；为了确保安装准确和提高安装效率，常用安装工具有撬棍、梯子等，主要用于叠合板安装时位置微调、标高检查等。

注：吊装所用各类工具在前几个模块已做相应介绍，本模块不再赘述。

叠合板的吊点应合理设置，叠合板通常采用桁架钢筋 4 点（或 8 点）起吊方式，吊装宜使用框架横担梁，起吊就位应垂直平稳，多点起吊时吊索与板水平面所成夹角不宜小于 60°，不应小于 45°，如图 7-5 所示。

图 7-4　叠合板独立支撑体系

图 7-5　叠合板起吊

7.1.2　叠合板吊装施工流程

叠合板吊装施工流程如图 7-6 所示。

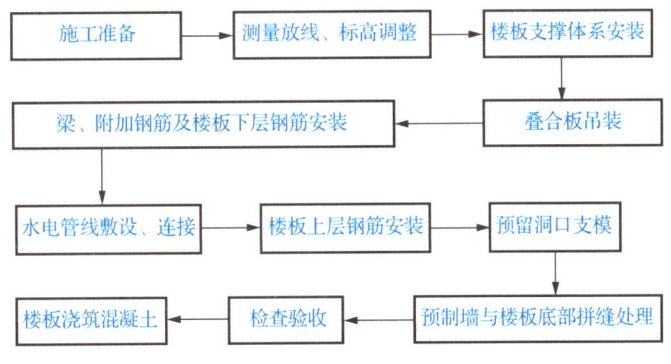

图 7-6　叠合板吊装施工流程

任务 7.2　叠合板吊装工机具

叠合板吊装工机具内容与其他类型构件基本一致，可参考其他模块相关内容。

任务 7.3　叠合板安装实操

1. 测量放线、搭设支撑体系

（1）在吊装完成的梁或墙上测量并弹出相应叠合板四周控制线，并在叠合板上标明吊装顺序编号，便于吊装时进行辨认。

（2）在叠合板下方设置临时可调节支撑杆，支撑体系的设置应符合以下要求。

① 支撑杆应具有足够的承载能力、刚度和稳定性，应能可靠承受混凝土构件自重、施工荷载及风荷载，支撑杆下方应铺 50mm 厚木板。

② 支撑体系的杆件间距及墙、柱、梁边净距应符合设计验算要求，上下层支撑应在同一直线上。

（3）在可调节顶撑上架设木方、方钢管或铝合金梁等作为支撑横梁，调节支撑横梁顶面至板底设计标高，开始吊装叠合板。

搭设完成的叠合板支撑如图 7-7 所示。

图 7-7　搭设完成的叠合板支撑

2. 叠合板吊装

（1）由于叠合板较薄，在运输、存放、吊装过程中比较容易出现裂缝，因此在吊装中采用专用吊装平衡架，并保证专用吊装平衡架吊装点与叠合板吊装点对号入位，确保叠合板受力平衡，如图 7-8 所示。

（2）吊装应按顺序连续进行，起吊时要先试吊，吊起至距地 300mm 处停止起升，检查塔式起重机制动性能、钢丝绳和吊钩的受力情况，使叠合板保持水平，然后缓慢起升至作业层上空。

（3）就位时叠合板要垂直向下安装，在吊至作业层上方 300mm 后，吊装人员调整板位置，使锚固筋与梁箍筋错开，便于就位，根据楼板安装方向标识，调整楼板方向，保证板边线基本与控制线吻合。将叠合板坐落在支撑横梁顶面，及时检查板底与预制叠合梁或剪力墙的接缝是否到位，叠合板钢筋伸入墙体的长度是否符合要求，直至吊装完成。

图 7-8　叠合板采用专用吊装平衡架

图 7-9 所示为叠合板吊装。

图 7-9 叠合板吊装

某项目叠合板吊装

3. 叠合板就位

安装叠合板时，其搁置长度应满足设计要求。叠合板与梁或墙间宜设置不大于 20mm 的坐浆或垫片。叠合板落位时要求停稳慢放，严禁猛放，以避免冲击力过大造成板面振折或裂缝。

当一跨板吊装结束后，要根据板四周边线及墙、柱上弹出的标高控制线对板标高及位置进行精确调整，标高及位置误差控制在 2mm 以内。

图 7-10 所示为叠合板预制底板安装就位。

图 7-10 叠合板预制底板安装就位

某项目叠合板安装

阳台板与空调板安装

任务 7.4　叠合板质量控制和验收

7.4.1　叠合板施工质量控制要点

（1）叠合板安装应根据安装方向、预留预埋等进行，确保安装后水电等预埋管（孔）位置准确。

（2）应调整叠合板锚固钢筋与梁钢筋位置，不得随意弯折或切断任何钢筋。

（3）支座处上层钢筋绑扎时端部的弯钩朝向要严格控制，不得平躺。

（4）叠合板毛面在浇筑混凝土前清理并湿润，不得有油污等污染。

（5）房间进深方向叠合板间距控制：以平面位置线为基准，在已固定好的墙、柱类构件上画出叠合板沿房间进深方向的位置线，利用位置线控制叠合板位置与间距。

（6）房间开间、进深方向叠合板入墙位置控制：在安装好的墙、柱上弹出入墙位置线，通过入墙位置线控制叠合板入墙位置。

（7）叠合板标高控制：利用建筑 1m 控制线，通过可调节独立支撑体系及支撑横梁调整控制叠合板标高。

（8）在叠合板现浇层混凝土强度达到设计要求时，方可拆除模板及支架。拆除模板时，不应对楼层形成冲击荷载。拆除的模板和支架宜分散堆放并及时清运。多个楼层间连续支模的底层支架拆除时间，应根据连续支模的楼层间荷载分配和混凝土强度的增长情况确定。

7.4.2　叠合板质量检查

（1）吊装前应对构件进行质量检查，检查内容如下。
① 叠合板质量证明文件、出厂标识、质检标识等。
② 叠合板的外观质量、尺寸偏差、钢筋配置、预留预埋情况。

（2）叠合板外观质量应根据缺陷类型和缺陷程度进行分类，其分类方法与预制墙板的分类方法相同，具体见前文表 4-2。

（3）叠合板的外观质量不应有严重缺陷，存在严重缺陷的叠合板不得使用，存在一般缺陷时，应处理后方可吊装安装。

（4）叠合板的尺寸偏差应根据相关规范限值进行检查，超出限值的构件不得使用。

（5）叠合板预留钢筋的规格和数量应符合设计要求，预埋件和预留孔洞的尺寸偏差应满足规范要求。

7.4.3　叠合板安装质量控制

（1）叠合板安装顺序及连接方式应保证施工过程中结构构件具有足够的承载力和刚度，并应保证结构整体的稳固性。

(2)叠合板安装用临时支撑和拉结应具有足够的承载力和刚度。
(3)叠合板安装前应将安装表面清理干净,不得有垃圾。
(4)叠合板落位时应缓慢进行,确保钢筋准确落位,节点处钢筋碰撞时应及时调整。钢筋位置不对时应进行调整,严禁切断。
(5)叠合板安装时,应根据安装方向、预留预埋位置正确安装,确保安装后预留预埋等位置准确。
(6)叠合板吊装时控制好标高、水平位置,安装完成后对相邻构件的平整度进行检查和调整。
(7)安装完成的叠合板应有成品防护措施,防止后续施工造成破坏或者污染。

叠合板吊装就位后,应对构件中心线、轴线位置、构件标高、构件倾斜度、相邻构件平整度、构件搁置长度进行检查,还要对支座、支垫中心位置进行检查,具体允许偏差和检验方法见表 7-1。

表 7-1 叠合板安装的允许偏差和检验方法

项目			允许偏差/mm	检验方法
构件中心线对轴线位置	水平构件(梁、板)		±5	尺量检查
构件标高	梁、板底面或顶面		±5	水准仪或尺量检查
构件倾斜度	梁、桁架		5	垂线、钢尺检查
相邻构件平整度	板端面		5	钢尺、塞尺量测
	梁、板下表面	抹灰	3	
		不抹灰	5	
构件搁置长度	梁、板		±10	尺量检查
支座、支垫中心位置	板、梁、柱、墙板、桁架		±10	尺量检查

任务 7.5　职业技能考评要点

7.5.1　理论知识

叠合板安装专业技术人员（构件装配工的一种）应具备法律法规与标准、识图、材料、工具设备、构件装配技术、施工组织管理、质量检查、安全文明施工、信息技术与行业动态的相关理论知识，具体应参照表 7-2 的相关要求。

表 7-2　叠合板安装专业技术人员应具备的理论知识

项次	分类	理论知识
1	法律法规与标准	建设行业相关法律法规
		与本工种相关的国家、行业和地方标准
2	识图	建筑识图基础知识
		构件装配施工图识图知识
		建筑、结构、安装施工图识图知识
		支撑布置图识图知识
3	材料	预制构件的力学性能
		支撑及限位装置的种类、规格等基础知识
		构件存放知识
		构件存放期间及装配后的保护知识
		相关工序的成品保护
4	工具设备	构件起吊常用器具的种类、规格、基本功能、适用范围及操作规程
		构件装配常用机具的种类、规格、基本功能、适用范围及操作规程
		各类支撑架的维护及保养知识
		起重机械基础知识
		安全防护工具的种类、规格、基本功能、使用范围及操作规程
5	构件装配技术	测量放线基础知识及操作要求
		构件进场验收知识
		构件起吊基础知识
		构件装配前的准备工作
		构件装配的自然环境要求
		构件装配的工作面要求
		构件装配的基本程序
		限位装置安装及拆除知识
		构件就位的程序及复核方法

续表

项次	分类	理论知识
		构件干式及湿式连接的操作方法
		支撑装置搭设及拆除知识
		支撑与限位装置复核方法
		支撑与限位装置受力变形及倾覆知识
6	施工组织管理	构件装配方案
		进度管理基础知识
		技术管理基础知识
		质量管理基础知识
		工程成本基础知识
7	质量检查	构件装配工程自检与交接检验的方法
		构件装配工程的质量验收与评定
8	安全文明施工	安全生产常识、安全生产操作规程
		安全事故的处理程序
		突发事件的处理程序
		文明施工与环境保护基础知识
		职业健康基础知识
		建筑消防基础知识
9	信息技术与行业动态	装配式建筑信息技术的相关知识
		装配式混凝土建筑发展动态及趋势
		预制构件安装工程前后工序相关知识

7.5.2 操作技能

叠合板安装专业技术人员应具备构件进场、装配准备、施工组织、构件就位、临时支撑搭拆、节点连接、施工检查、成品保护、班组管理、技术创新的相关操作技能，具体应符合表 7-3 的规定。

表 7-3 叠合板安装专业技术人员应具备的操作技能

项次	分类	操作技能
1	构件进场	能够进行构件进场验收
		能够进行构件存放
		能够进行构件挂钩及试吊
		能够进行构件存放方案优化
2	装配准备	能够根据图纸及构件标识正确识别构件的类型、尺寸和位置
		能够按构件装配顺序清点构件
		能够准备和检查构件装配所需的工机具、支撑架及辅料

续表

项次	分类	操作技能
		能够按构件装配要求清理工作面
		能够按施工要求对已完结构进行检查
		能够介入设计、生产阶段，并提出合理化建议
		能够进行构件装配工程施工作业交底
		能够对构件装配方案提出合理化建议
		能够编制一般构件安装方案
		能够审核构件安装方案并进行合理优化
3	施工组织	能够编制并优化前期方案
		能够组织一般构件安装作业
		能够组织危险性较大的构件安装作业
4	构件就位	能够进行预埋件与构件预留孔洞的对位
		能够协助构件吊落至指定位置
		能够复核并校正构件的安装偏差
5	临时支撑搭拆	能够选择适宜的临时支撑
		能够按施工要求搭设临时支撑
		能够复核及校正临时支撑的位置
		能够判断临时支撑拆除的时间
		能够完成临时支撑拆除作业
6	节点连接	能够对构件节点进行干式连接
		能够按湿式连接要求处理湿式连接工作面
7	施工检查	能够对预制构件装配工程的材料和机具进行清理、归类、存放
		能够对构件装配工程进行质量自检
		能够组织施工班组进行质量自检与交接检验
8	成品保护	能够对前道工序的成品进行保护
		能够对存放的构件进行包裹、覆盖
		能够对装配后构件进行成品保护
9	班组管理	能够提出安全生产建议，并处理安全隐患
		能够提出构件装配工程安全文明施工措施
		能够进行构件装配工程的质量验收和质量评定
		能够处理施工中的质量问题并提出预防措施
10	技术创新	能够推广应用构件装配工程新技术、新工艺、新材料和新设备
		能够结合信息技术进行构件装配工程施工工艺、管理手段创新
		能够对与本工种相关的工器具、施工工艺进行优化与革新

7.5.3 职业技能考评

叠合板安装专业技术人员能力评价应包括理论知识评分和操作技能评分两部分内容，具体应符合表 7-4 的规定。

表 7-4　叠合板安装专业技术人员各等级技能分值

项次	分类	技能分值				
		一级技能	二级技能	三级技能	四级技能	五级技能
理论知识	法律法规与标准	5	5	5	5	5
	识图	10	10	10	10	10
	材料	15	10	10	10	10
	工具设备	15	15	10	10	10
	构件装配技术	30	30	30	30	25
	施工组织管理	0	5	10	10	15
	质量检查	10	10	10	10	10
	安全文明施工	10	10	10	10	10
	信息技术与行业动态	5	5	5	5	5
	小计	100	100	100	100	100
操作技能	构件进场	15	10	10	10	10
	装配准备	25	20	15	15	15
	施工组织	0	0	5	5	10
	构件就位	15	15	10	10	10
	临时支撑搭拆	15	15	10	10	5
	节点连接	0	10	10	10	5
	施工检查	15	15	15	15	15
	成品保护	15	15	10	10	10
	班组管理	0	0	10	10	10
	技术创新	0	0	5	5	10
	小计	100	100	100	100	100

模 块 小 结

本模块重点介绍了预制叠合板的安装工艺流程、施工准备、施工安装要点、安装质量控制等内容，并介绍了相关的职业技能要求。本模块的内容，可以让学生掌握预制叠合板安装相关知识，具备相应的操作技能，同时培养学生的团队协作能力、质量意识、安全意识和精益求精的工匠精神。

练 习 题

一、选择题

图 7-11 选择题 1 图

1. 图 7-11 所示叠合板未通过质量检查，不合格的原因主要为（　　）。

A．骨料下沉，结构不均匀　　B．露骨料

C．表面裂缝　　　　　　　　D．存放不合理

2.《装配式混凝土建筑技术标准》（GB/T 51231—2016）规定，预制楼板、叠合板、空调板、阳台板等构件应平放，叠放层数不宜超过（　　）层。

A．4　　　　B．6　　　　C．8　　　　D．10

3. 图 7-12 所示为叠合板正视图和侧视图，正视图中小矩形框框住的部分代表（　　）。

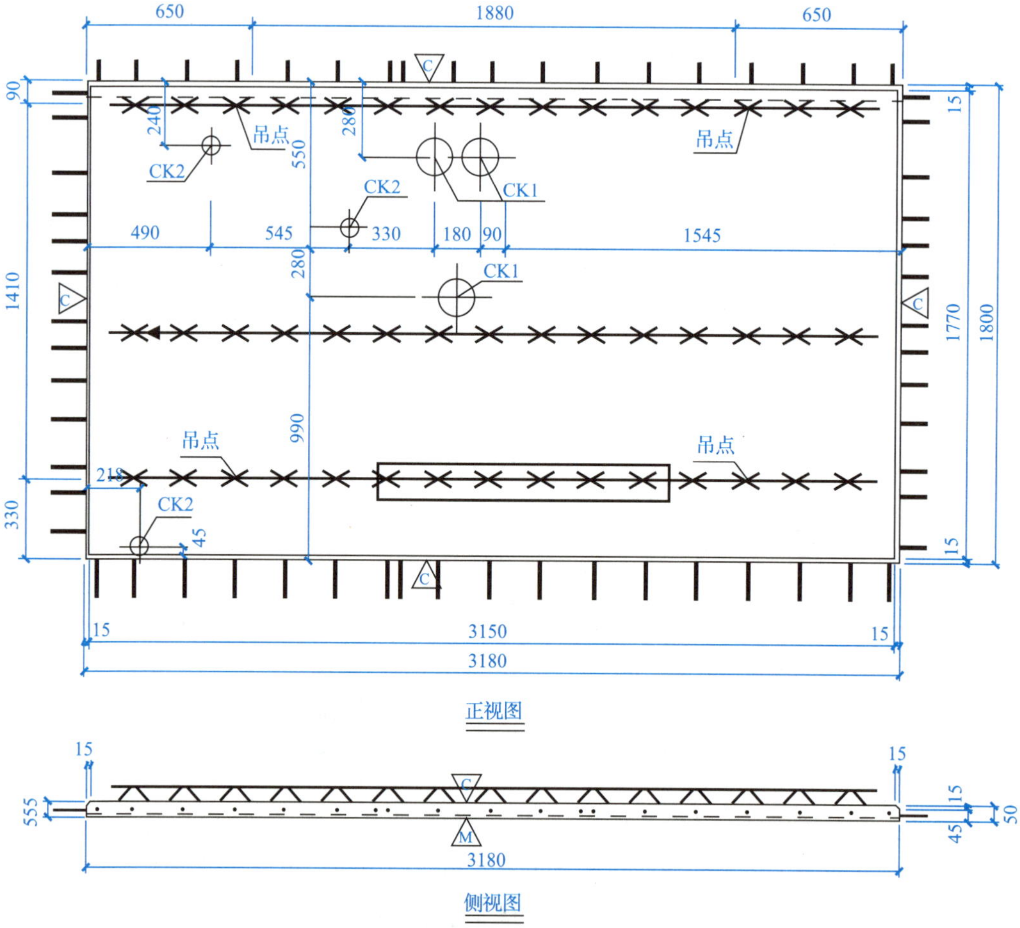

图 7-12 选择题 3 图

A．叠合板装饰线条 　　　　　　B．叠合板桁架筋

C．叠合板中线管 　　　　　　　D．叠合板吊点

4．《装配式混凝土建筑技术标准》（GB/T 51231—2016）规定，预制楼板中预埋线盒在水平方向的中心位置允许偏差为（　　）mm。

A．5　　　　B．10　　　　C．15　　　　D．20

5．《装配式混凝土建筑技术标准》（GB/T 51231—2016）规定，下列属于构件外观质量严重缺陷的是（　　）。

A．少量非受力钢筋露筋

B．非受力部位有少量蜂窝

C．构件受力部位有影响结构性能或使用功能的裂缝

D．非受力部位少量夹渣

二、思考题

1．叠合板的优点有哪些？

2．叠合板的安装主要需要哪些设备和工机具？

3．叠合板与预制板的区别是什么？

在线答题

活页卡片

1. 叠合板进场验收卡

叠合板进场验收卡包括叠合板外观质量缺陷验收卡（表 7-5）和叠合板尺寸允许偏差验收卡（表 7-6）。

表 7-5　叠合板外观质量缺陷验收卡　　验收人：　　校核人：

名称	现象	严重缺陷	一般缺陷	进场构件验收结果
露筋	构件内钢筋未被混凝土包裹而外露	纵向受力钢筋有露筋	其他钢筋有少量露筋	
蜂窝	混凝土表面缺少水泥砂浆而形成石子外露	构件主要受力部位有蜂窝	其他部位有少量蜂窝	
孔洞	混凝土中孔穴深度和长度均超过保护层厚度	构件主要受力部位有孔洞	其他部位有少量孔洞	
夹渣	混凝土中夹有杂物且深度超过保护层厚度	构件主要受力部位有夹渣	其他部位有少量夹渣	
疏松	混凝土中局部不密实	构件主要受力部位有疏松	其他部位有少量疏松	
裂缝	缝隙从混凝土表面延伸至混凝土内部	构件主要受力部位有影响结构性能或使用功能的裂缝	其他部位有少量不影响结构性能或使用功能的裂缝	
连接部位缺陷	构件连接处混凝土缺陷及连接钢筋、连接件松动，插筋严重锈蚀、弯曲，灌浆套筒堵塞、偏位，灌浆孔洞堵塞、偏位、破损等	连接部位有影响结构传力性能的缺陷	连接部位有基本不影响结构传力性能的缺陷	
外形缺陷	缺棱掉角、棱角不直、翘曲不平、飞出凸肋等，装饰面砖黏结不牢、表面不平、砖缝不顺直等	清水或具有装饰的混凝土构件表面存在影响使用功能或装饰效果的外形缺陷	其他混凝土构件有不影响使用功能的外形缺陷	
外表缺陷	构件表面麻面、掉皮、起砂、沾污等	具有重要装饰效果的清水混凝土构件有外表缺陷	其他混凝土构件有不影响使用功能的外表缺陷	

表 7-6 叠合板尺寸允许偏差验收卡　　　　　验收人：　　　校核人：

项次	检查项目			允许偏差/mm	检验方法	进场验收结果
1	规格尺寸	长度	<12m	±5	用尺量两端及中间部，取其中偏差绝对值较大值	
			≥12m 且 <18m	±10		
			≥18m	±20		
2		宽度		±5	用尺量两端及中间部，取其中偏差绝对值较大值	
3		厚度		±5	用尺量板四角和四边中部位置共 8 处，取其中偏差绝对值较大值	
4	外形	对角线差		6	在构件表面，用尺量测两对角线的长度，取其绝对值的差值	
5		表面平整度	内表面	4	将 2m 靠尺安放在构件表面上，用楔形塞尺量测靠尺与表面之间的最大缝隙	
			外表面	3		
6		楼板侧向弯曲		$L/750$ 且 ≤20mm	拉线，用钢尺量最大侧向弯曲处	
7		扭翘		$L/750$	四对角拉两条线，量测两线交点之间的距离，其值的 2 倍为扭翘值	
8	预埋部件	预埋钢板	中心线位置偏差	5	用尺量纵横两个方向的中心线位置，取其中较大值	
			平面高差	-5，0	用尺紧靠在预埋件上，用楔形塞尺量测预埋件平面与混凝土面的最大缝隙	
9		预埋螺栓	中心线位置偏移	2	用尺量纵横两个方向的中心线位置，取其中较大值	
			外露长度	-5，+10	用尺量	
10		预埋线、电盒	在构件平面的水平方向中心位置偏差	10	用尺量	
			与构件表面混凝土高差	-5，0	用尺量	
11		预留孔	中心线位置偏移	5	用尺量纵横两个方向的中心线位置，取其中较大值	
			孔尺寸	±5	用尺量纵横两个方向尺寸，取其最大值	

续表

项次	检查项目		允许偏差/mm	检验方法	进场验收结果
12	预留洞	中心线位置偏移	5	用尺量纵横两个方向的中心线位置,取其中较大值	
		洞口尺寸、深度	±5	用尺量纵横两个方向尺寸,取其中最大值	
13	预留插筋	中心线位置偏移	3	用尺量纵横两个方向的中心线位置,取其中较大值	
		外露长度	±5	用尺量	
14	吊环、木砖	中心线位置偏移	10	用尺量纵横两个方向的中心线位置,取其中较大值	
		留出高度	-10,0	用尺量	
15	桁架钢筋高度		0,+5	用尺量	

2．叠合板安装工艺流程卡（图7-13）

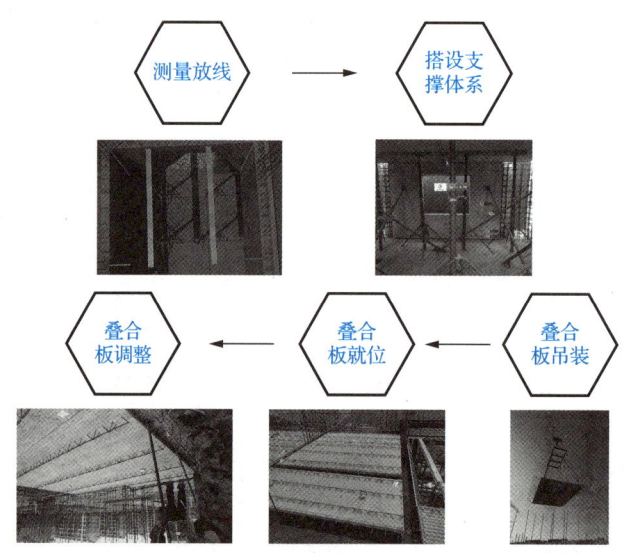

图7-13　叠合板安装工艺流程卡

3．叠合板安装要点明白卡

（1）选用塔式起重机需要考虑塔式起重机性能是否满足设计构件质量要求，根据设计构件质量，提前准备好各种构件需要的吊具。

（2）安装作业开始之前，应对安装作业区进行围护并做出明显的标识，拉警戒线，根据危险源级别安排旁站，严禁与安装作业无关的人员进入。

（3）施工作业使用的专用吊具、定型工具式支撑、支架等，应进行安全验算，使用中进行定期或不定期检查，确保其处于安全状态。

（4）叠合板起吊后，应先将叠合板提升300mm左右，停稳叠合板，检查钢丝绳、吊具和叠合板状态，确认吊具安全且叠合板平稳后，方可缓慢提升叠合板。

（5）起重机吊装区域内，非作业人员严禁进入；吊运叠合板时，叠合板下方严禁站人，应待叠合板降落至距工作面 1m 以内方准作业人员靠近,就位固定后方可脱钩。

(6) 高空应通过缆风绳改变叠合板方向,严禁高空直接用手扶叠合板。

(7) 遇到雨、雾、雪天气,或者风力大于 5 级时,不得进行吊装作业。

(8) 采用吊装装置吊运墙板时,在没有对叠合板进行定位固定前,不准松钩。

(9) 现场应配备充足的固定配件安装操作工具,叠合板就位后应及时进行固定。

(10) 叠合板安装应根据安装方向、预留预埋等进行,确保安装后水电等预埋管(孔)位置准确。

(11) 应调整叠合板锚固钢筋与梁钢筋位置,不得随意弯折或切断任意钢筋。

4. 叠合板安装质量验收卡(表 7-7)

表 7-7 叠合板安装质量验收卡　　　验收人:　　　校核人:

项目			允许偏差/mm	检验方法
构件中心线对轴线位置	水平构件(梁、板)		±5	尺量检查
构件标高	梁、板底或顶面		±5	水准仪或尺量检查
构件倾斜度	梁、桁架		5	垂线、钢尺检查
相邻构件平整度	板端面		5	钢尺、塞尺量测
	梁、板下表面	抹灰	3	
		不抹灰	5	
构件搁置长度	梁、板		±10	尺量检查
支座、支垫中心位置	板、梁、柱、墙板、桁架		±10	尺量检查

5. 实操任务卡

(1) 按照给定的叠合板位置,进行叠合板的安装实操训练。

(2) 完成叠合板吊装作业前的构件质量验收,并做好验收记录。

(3) 按照叠合板安装作业要求和流程,完成叠合板安装作业。

(4) 完成叠合板安装质量验收,并做好验收记录。

> **注意**
>
> 各小组根据任务,分工合作,轮流操作,通过仿真练习等,最终准确完成各项实操任务,过程要做好配合,保证构件安装质量和过程安全。

实操任务 1:叠合板吊装。该叠合板为双向板,长 3620mm,宽 2100mm,预制部分厚 60mm,现浇部分厚 70mm,吊点采用桁架钢筋。叠合板图纸如图 7-14 所示,对其进行实操训练。

> **小组讨论**
>
> 叠合板吊装时,需要重点注意哪些事项?

实操任务 2:叠合板吊装。该叠合板为单向板,长 4320mm,宽 2400mm,预制部分厚 60mm,现浇部分厚 80mm,吊点采用桁架钢筋。叠合板模板图和平面布置图分别如图 7-15、图 7-16 所示,对其进行实操训练。

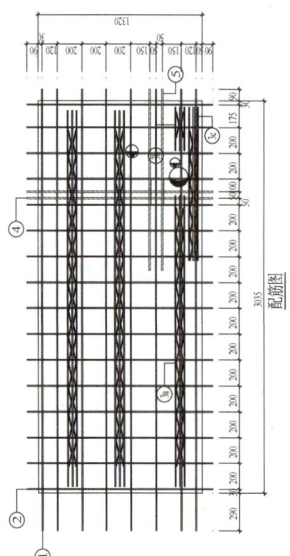
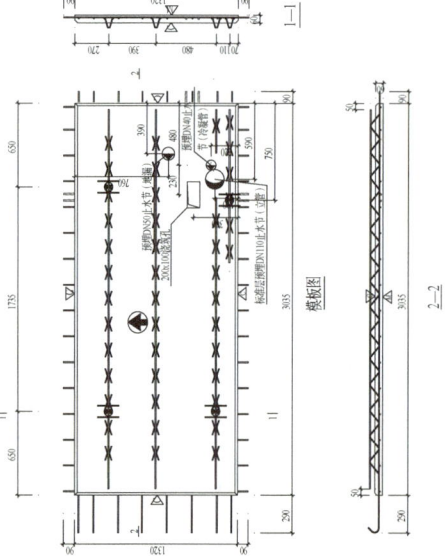
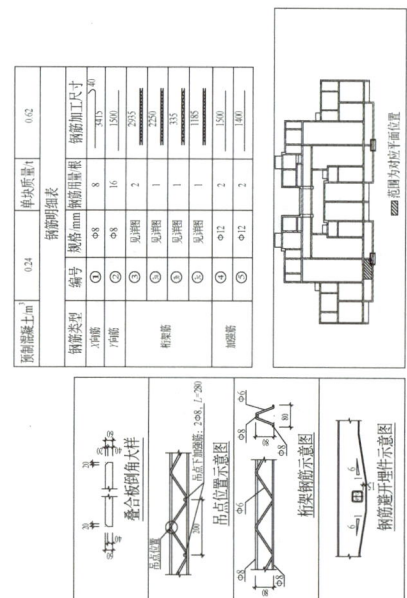

图 7-14 叠合板图纸

模块 7 预制叠合板施工技术

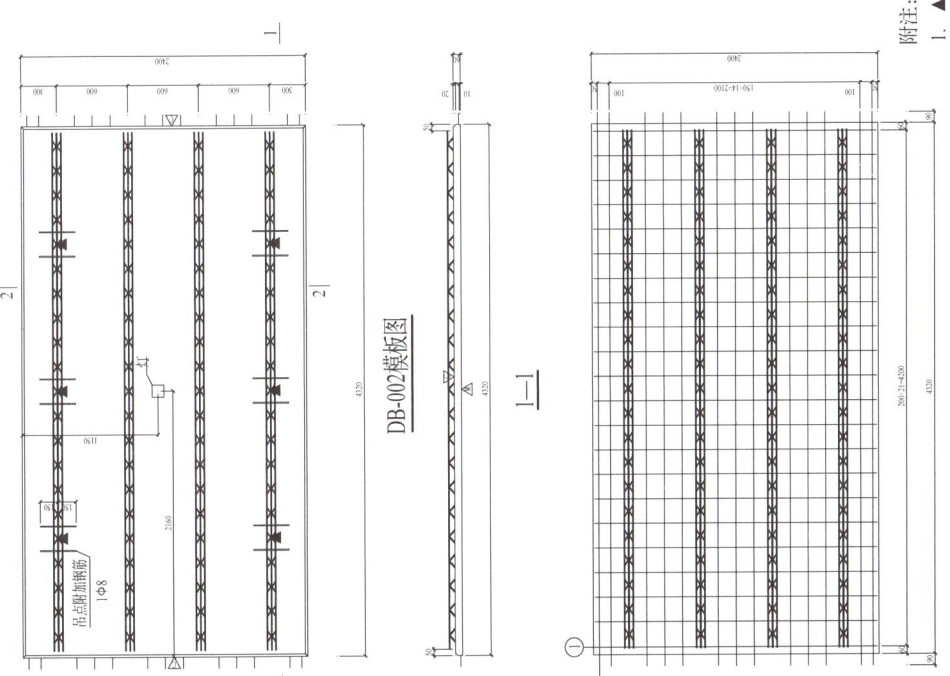

图 7-15 叠合模板图

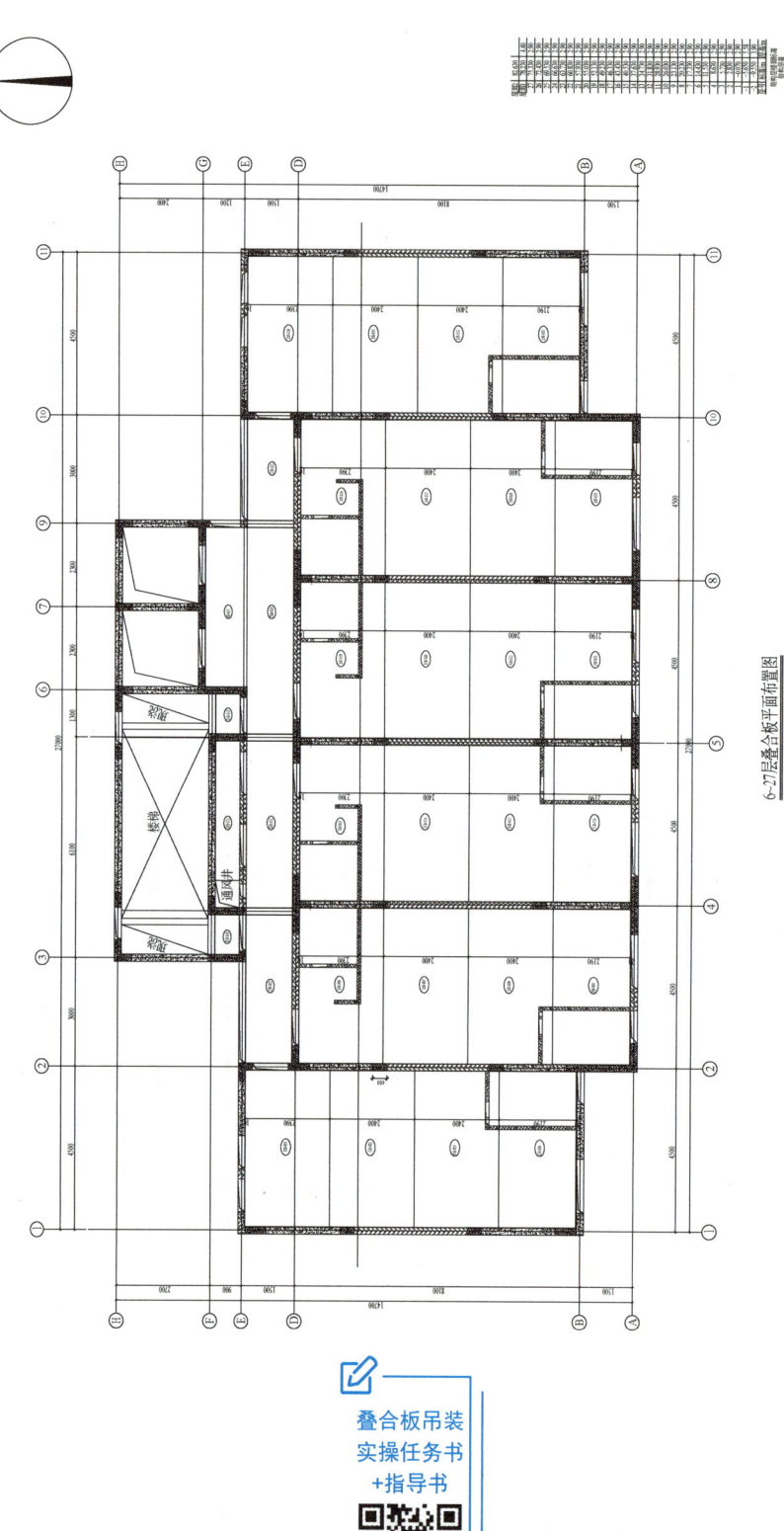

图 7-16 叠合板平面布置图

模块 8　预制楼梯施工技术

思维导图

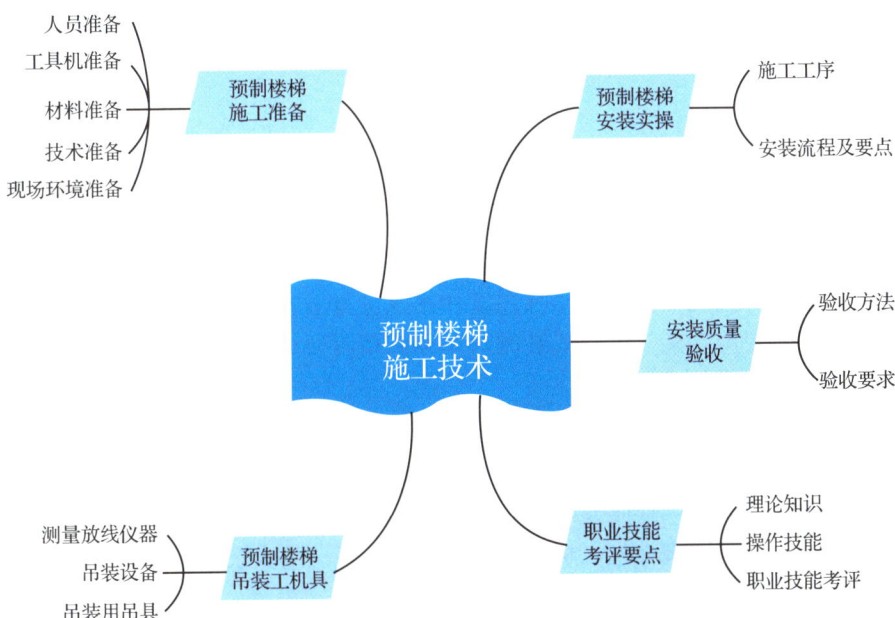

引言

预制钢筋混凝土楼梯（简称预制楼梯）是装配式建筑中常用的构件之一，它在构件厂生产，运至施工现场安装，安装完成后即可立即作为现场施工通道使用，方便、快捷。预制楼梯生产中，预埋件可提前埋设，栏杆、扶手的连接构造通过定型模具与防滑条、滴水线等构造一次浇筑成型，减少现场楼梯二次处理工艺；而且预制楼梯较现浇楼梯质量高、观感好，具有清水混凝土的美观效果。

预制楼梯安装仅需8分钟

预制楼梯根据样式不同，可分为双跑楼梯、剪刀楼梯；按结构形式，可分为板式楼梯和梁板式楼梯；按梯段截面形式，可分为不带平板型楼梯、低端带平板型楼梯、高端带平板型楼梯、高低端均带平板型楼梯、中间带平板型楼梯。

任务 8.1　预制楼梯安装工艺

预制楼梯安装工艺主要包括吊装和节点处理。预制楼梯安装时需要从平放状态调整为正常使用倾角状态，因此需要根据楼梯高度和吊点位置选择合适长度的吊索。另外，楼梯安装完成后即具备使用功能，因此安装时对其标高精度要求较高，避免施工误差导致楼梯位置有错台，影响正常使用。

8.1.1　施工准备

施工准备按照生产要素（人、机、料、法、环）可分为人员准备、工机具准备、材料准备、技术准备、现场环境准备。

1. 人员准备

预制楼梯吊装主要工种见表 8-1。

表 8-1　预制楼梯吊装主要工种

序号	工种类型	工作职责范围	备注
1	测量员	预埋件测量定位，标高控制	
2	信号工	负责楼梯安装时起重机指挥	
3	吊装工	负责楼梯的捆绑、起吊、就位	
4	泥工	负责楼梯的节点处理	

2. 工机具准备

预制楼梯吊装所需工机具见表 8-2。

表 8-2　预制楼梯吊装所需工机具

序号	工机具名称	作用	备注
1	塔式起重机	预制楼梯吊装的主要机械	

续表

序号	工机具名称	作用	备注
2	吊具、锁具	固定预制楼梯构件	
3	水准仪	标高测量工具	
4	经纬仪	平面测量工具	
5	卷尺	普通测量工具	

3. 材料准备

预制楼梯吊装所需主要材料见表8-3。

表8-3　预制楼梯吊装所需主要材料

序号	材料名称	使用部位及作用	备注
1	预制楼梯	楼梯踏步的承重构件	
2	预埋螺栓	楼梯的定位及连接构件	
3	水泥砂浆	预制楼梯标高调平	
4	PE棒	封堵耐磨作用	
5	CGM灌浆料	灌注预制螺栓孔	
6	聚苯板	预制楼梯与现浇结构填充	
7	密封胶棒	面层封堵，起到防水作用	
8	油毡	滑动支座的滑动面	
9	垫木	预制楼梯存放的底座	

4. 技术准备

（1）施工前应对楼梯图纸进行复核，对有争议部分提出图纸会审申请，经设计答疑后形成图纸会审记录。图纸复核主要包括以下内容。

① 预制楼梯的几何尺寸：楼梯踏步的总高度与层高需一致，楼梯踏步的总宽度与预留孔洞宽度需一致；预制楼梯的休息平台需满足消防疏散通道宽度要求。

② 预制楼梯的标高：预制楼梯的标高一般为建筑完成面标高，有特殊要求的面层应预留相应的建筑做法厚度，确保预制楼梯标高、休息平台标高与电梯前室标高一致，此处为设计时经常出现问题的地方。

③ 预制楼梯的混凝土强度等级：预制楼梯的混凝土强度等级一般与楼层混凝土强度等级相同，具体需由设计明确。

④ 预制楼梯的使用部位：预制楼梯的使用部位一般为标准层，地下室及顶层因层高不一致，通常设计为现浇楼梯，预制楼梯的具体使用部位以图纸为准。

（2）施工方案是现场施工的指导性文件，预制楼梯安装施工前应编制施工方案，施工方案应贴合现场，并能够指导现场施工；施工方案编制后应完成方案审批。技术负责人及方案编制人应对项目管理人员进行方案交底。施工方案一般包含以下内容。

① 整体进度计划，包括结构总体施工进度计划、构件生产计划、构件安装进度计划、原材料采购计划、设备进场计划等。

② 预制构件运输，包括车辆数量、运输路线、现场装卸方法。

③ 施工场地布置，包括场内运输通道、吊装设备布置、吊装方案、构件堆放场地。

④ 构件进场验收及安装，包括构件进场验收要求、测量放线、安装工艺及要求、成品保护及修补措施。

⑤ 施工安全，包括吊装安全措施、安全事故防范措施和处理方案。

⑥ 质量管理，包括构件安装的专项施工质量管理与验收。

⑦ 安全文明绿色施工与环境保护措施。

⑧ 应急预案。

图 8-1　构件安装前技术交底

（3）安装前应进行技术交底，技术交底文件编制人应依据经项目技术负责人审批通过的技术交底文件对班组长及工人进行交底，涉及安全的必须经安全员签字。技术交底（图 8-1）是施工现场管理极为重要的一项工作，是施工策划的延续和完善，也是工程质量和安全生产预控的关键之一。其目的是使参与建筑工程施工的技术人员与作业人员了解所承担的工程项目的特点、设计意图、技术要求、施工工艺及应注意的问题；了解工程的特定施工条件、施工组织及关键技术措施；系统掌握工程施工过程全貌和施工的关键部位；了解所要完成的分部分项工程的具体工作内容、操作方式、施工工艺、质量标准和安全注意事项；等等。技术交底要做到任务明确、施工有序，减少各种质量通病，提高施工质量。

预制楼梯安装前的技术交底主要包括以下内容。

① 安装工艺流程，明确预制楼梯的安装顺序、验收停检点、技术间歇及技术标准。

② 质量标准，明确预制楼梯的质量标准，如调平误差范围等。

③ 安全控制措施，班前由专人检查并记录当日的工作情况；高空作业用工具必须采取防坠落措施，严防安全事故的发生；并对作业区进行隔离，建立可靠的通信指挥网，保证吊装期间通信联络畅通无阻。

④ 工人进场前应进行入场教育，未进行入场教育不得进入场内施工作业。

5. 现场环境准备

（1）塔式起重机吊装性能满足预制楼梯起吊质量的要求，且预制楼梯存放在塔式起重机有效吊装范围内。

（2）楼梯两端支座（休息平台）混凝土浇筑完成，强度要达到安装楼梯的要求，且预埋螺栓位置准确，满足楼梯吊装精度要求。

（3）现场天气状况良好，无 5 级以上大风。

8.1.2　施工工序

预制楼梯的施工工序为：预制楼梯进场验收→测量放线，校核预埋螺栓位置→安装吊具→预制楼梯试吊及吊装→预制楼梯安装就位→水平调整、竖向校正→摘钩→封堵处理→质量验收→成品保护。

任务 8.2　预制楼梯吊装工机具

8.2.1　预制楼梯安装测量放线仪器

预制楼梯安装测量放线仪器见前文图 3-8，这里不再赘述。

8.2.2　吊装设备

一般情况下，预制楼梯自重较大，人工很难完成其吊装工作，需要采用大型机械吊装设备来完成。吊装设备通常可选择汽车起重机和塔式起重机。

在实际施工过程中，应根据工程特点合理地选用吊装设备，使其优缺点互补，更好地完成预制楼梯的装卸、运输、吊装安装工作，取得最佳的经济效益。在装配整体式混凝土结构施工中，对于吊装设备的选择，通常会根据设备造价、合同工期、施工现场环境、建筑高度、吊运构件质量等因素综合考虑确定。

在设计中，预制楼梯的质量基本控制在 5t 以下，塔式起重机型号一般选择 TC6015～TC7035，与同类型现浇混凝土建筑所用塔式起重机型号相比，装配式混凝土建筑所用塔式起重机型号普遍更大。

图 8-2 所示为塔式起重机吊装作业。

图 8-2　塔式起重机吊装作业

8.2.3　预制楼梯吊装用吊具

预制楼梯吊装用吊具比其他构件吊装用吊具主要多了吊装铁链（图 8-3），其他吊具类型可参考前文相关内容。

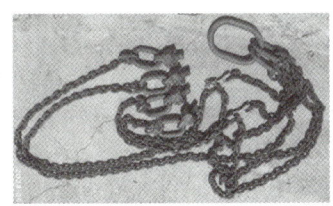
（a）吊装铁链详图

（b）吊装铁链施工图

图 8-3　吊装铁链

成品楼梯堆放吊装

任务 8.3 预制楼梯安装实操

8.3.1 预制楼梯进场验收

图 8-4 预制楼梯进场后举牌验收

（1）预制楼梯进场后应按照要求进行质量验收，验收主要内容如下。
① 质量证明文件。
② 外观尺寸。
③ 外观质量。
④ 混凝土强度。
⑤ 预留预埋。
（2）预制楼梯进场后要举牌验收，如图 8-4 所示，并且相关人员要在入场报审资料上签字。

8.3.2 测量放线、固定预埋螺栓

预制楼梯在施工前应对支座处预埋螺栓进行测量定位，然后开洞，固定预埋螺栓。混凝土浇筑时应控制好预埋螺栓位置及垂直度，具体施工如图 8-5～图 8-7 所示。

图 8-5 预埋螺栓定位

图 8-6 混凝土浇筑后预埋螺栓照片

图 8-7　支座调平处理

8.3.3　安装吊具

预制楼梯安装吊具相关内容如图 8-8～图 8-11 所示。

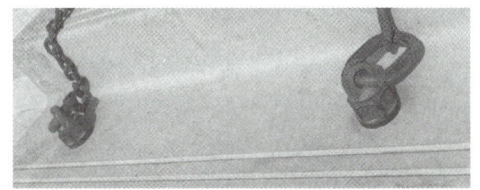

图 8-8　吊具与预埋吊点连接

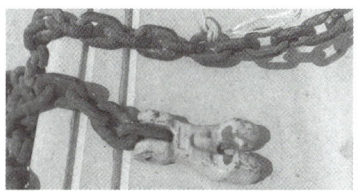

图 8-9　吊装铁链与卡具

图 8-10　吊装铁链与卡具连接

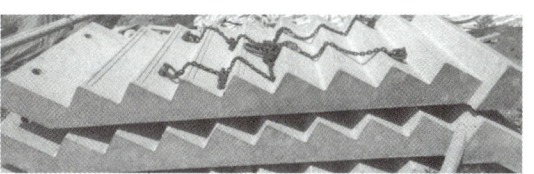

图 8-11　预埋吊点与吊具连接完成

想一想

除选用合适长度的吊装铁链来保证预制楼梯准确安装外，还有没有其他方法实现楼梯倾斜角度的微调？

预制楼梯板安装

8.3.4　试吊及吊装

图 8-12 所示为试吊检查吊点情况，图 8-13 所示为预制楼梯吊装。

图 8-12　试吊检查吊点情况

图 8-13　预制楼梯吊装

8.3.5　封堵

待完成上述步骤后，按照预制楼梯连接节点构造做法，采用灌浆料对底缝、侧缝及预留钢筋孔缝隙进行灌填。

8.3.6　成品保护

预制楼梯在运输、堆放、安装、施工过程中及安装完成后应做好成品保护，成品保护措施见图 8-14 和图 8-15，并应符合下列要求。

（1）预制楼梯在运输过程中宜在构件与刚性搁置点处填塞柔性垫片。

（2）安装完成后，楼梯踏步口宜采用木条、铝条或其他措施进行保护。

（3）预制楼梯上不得后打膨胀螺栓，不得开槽、开孔、打洞。

图 8-14　利用废旧模板进行成品保护　　图 8-15　利用 PVC 地板革进行成品保护

想一想

预制楼梯施工如果不做成品保护,或者成品保护没有做好,将会给现场施工带来哪些问题?

预制楼梯安装视频

任务 8.4　预制楼梯安装质量验收

预制楼梯安装质量验收是质量控制的重要环节，一般分为三部分：进场验收，吊装前验收，吊装后验收。

8.4.1　进场验收

预制楼梯进场验收是重要的验收组成部分，需组织现场质检员、专业监理工程师、施工员参加验收工作，进场验收主要检查如下内容。
（1）预制楼梯质量证明文件和出厂标识、质检标识等。
（2）预制楼梯的外观质量、尺寸偏差、钢筋配置、预留预埋情况。
（3）现场抽检（回弹仪回弹）其混凝土强度，混凝土强度必须达到设计强度。
（4）吊装预留洞、销键预留洞、栏杆预留洞（设计有要求时）位置及尺寸。
预制楼梯进场验收项见表 8-4。

表 8-4　预制楼梯进场验收项

项目		允许偏差/mm	检验方法
预留孔	中心线位置	5	尺量
	孔尺寸	±5	
预留洞	中心线位置	10	尺量
	洞口尺寸、深度	±10	
预埋件	中心线位置	5	尺量
	预埋板与混凝土面平面高差	±5	

注：检查中心线位置偏差时，沿纵横两个方向量测，并取其中偏差较大值。

8.4.2　吊装前验收

预制楼梯吊装前验收需组织现场质检员、专业监理工程师、施工员参加验收工作，吊装前验收主要检查如下内容。
（1）预埋螺栓的位置及高度。
（2）支座端的砂浆找平及滑动支座的油毡铺设情况。
预制楼梯吊装前验收项见表 8-5。

表 8-5　预制楼梯吊装前验收项

项目		允许偏差/mm	检验方法
预埋件中心位置	预埋螺栓	5	尺量
砂浆找平平整度	支座位置平整度	3	尺量（依据方案）

8.4.3 吊装后验收

预制楼梯吊装后验收主要检查如下内容。
（1）预制楼梯的搁置长度。
（2）预制楼梯的标高、构件位置。
（3）销键预留洞注浆施工时，监理应进行旁站监督，并按规定进行隐蔽工程验收。
（4）外观验收时，应重点验收吊装预留洞封堵、梯梁与梯段间缝隙封堵、注胶封堵及梯段下部缝隙封堵观感质量。

预制楼梯吊装后验收项见表 8-6。

表 8-6 预制楼梯吊装后验收项

项目		允许偏差/mm	检验方法
构件中心线对轴线位置	水平构件（梁、板、楼梯）	±5	尺量检查
构件标高	梁、板底面或楼梯顶面	±5	水准仪或尺量检查
构件搁置长度	梁、板、楼梯	±10	尺量检查
支座、支垫中心位置	梁、板、楼梯	±10	尺量检查

任务 8.5　职业技能考评要点

8.5.1　理论知识

预制楼梯安装专业技术人员应具备法律法规与标准、识图、材料、工具设备、构件装配技术、施工组织管理、质量检查、安全文明施工、信息技术与行业动态的相关理论知识，具体应参照表 8-7 的相关要求。

表 8-7　预制楼梯安装专业技术人员应具备的理论知识

项次	分类	理论知识
1	法律法规与标准	建设行业相关法律法规
		与本工种相关的国家、行业和地方标准
2	识图	建筑识图基础知识
		构件装配施工图识图知识
		建筑、结构、安装施工图识图知识
		支撑布置图识图知识
3	材料	预制构件的力学性能
		支撑及限位装置的种类、规格等基础知识
		构件存放知识
		构件存放期间及装配后的保护知识
		相关工序的成品保护
4	工具设备	构件起吊常用器具的种类、规格、基本功能、适用范围及操作规程
		构件装配常用机具的种类、规格、基本功能、适用范围及操作规程
		各类支撑架的维护及保养知识
		起重机械基础知识
		安全防护工具的种类、规格、基本功能、使用范围及操作规程
5	构件装配技术	测量放线基础知识及操作要求
		构件进场验收知识
		构件起吊基础知识
		构件装配前的准备工作
		构件装配的自然环境要求
		构件装配的工作面要求
		构件装配的基本程序
		限位装置安装及拆除知识
		构件就位的程序及复核方法

续表

项次	分类	理论知识
		构件干式及湿式连接的操作方法
		支撑装置搭设及拆除知识
		支撑与限位装置复核方法
		支撑与限位装置受力变形及倾覆知识
6	施工组织管理	构件装配方案
		进度管理基础知识
		技术管理基础知识
		质量管理基础知识
		工程成本基础知识
7	质量检查	构件装配工程自检与交接检验的方法
		构件装配工程的质量验收与评定
8	安全文明施工	安全生产常识、安全生产操作规程
		安全事故的处理程序
		突发事件的处理程序
		文明施工与环境保护基础知识
		职业健康基础知识
		建筑消防基础知识
9	信息技术与行业动态	装配式建筑信息技术的相关知识
		装配式混凝土建筑发展动态及趋势
		预制构件安装工程前后工序相关知识

8.5.2 操作技能

预制楼梯安装专业技术人员应具备构件进场、装配准备、施工组织、构件就位、临时支撑搭拆、节点连接、施工检查、成品保护、班组管理、技术创新的相关操作技能，具体应符合表 8-8 的规定。

表 8-8　预制楼梯安装专业技术人员应具备的操作技能

项次	分类	操作技能
1	构件进场	能够进行构件进场验收
		能够进行构件存放
		能够进行构件挂钩及试吊
		能够进行构件存放方案优化
2	装配准备	能够根据图纸及构件标识正确识别构件的类型、尺寸和位置
		能够按构件装配顺序清点构件
		能够准备和检查构件装配所需的工机具、支撑架及辅料

续表

项次	分类	操作技能
		能够按构件装配要求清理工作面
		能够按施工要求对已完结构进行检查
		能够介入设计、生产阶段,并提出合理化建议
		能够进行构件装配工程施工作业交底
		能够对构件装配方案提出合理化建议
		能够编制一般构件安装方案
		能够审核构件安装方案并进行合理优化
3	施工组织	能够编制并优化前期方案
		能够组织一般构件安装作业
		能够组织危险性较大的构件安装作业
4	构件就位	能够进行预埋件与构件预留孔洞的对位
		能够协助构件吊落至指定位置
		能够复核并校正构件的安装偏差
5	临时支撑搭拆	能够选择适宜的临时支撑
		能够按施工要求搭设临时支撑
		能够复核及校正临时支撑的位置
		能够判断临时支撑拆除的时间
		能够完成临时支撑拆除作业
6	节点连接	能够对构件节点进行干式连接
		能够按湿式连接要求处理湿式连接工作面
7	施工检查	能够对预制构件装配工程的材料和机具进行清理、归类、存放
		能够对构件装配工程进行质量自检
		能够组织施工班组进行质量自检与交接检验
8	成品保护	能够对前道工序的成品进行保护
		能够对存放的构件进行包裹、覆盖
		能够对装配后构件进行成品保护
9	班组管理	能够提出安全生产建议,并处理安全隐患
		能够提出构件装配工程安全文明施工措施
		能够进行构件装配工程的质量验收和质量评定
		能够处理施工中的质量问题并提出预防措施
10	技术创新	能够推广应用构件装配工程新技术、新工艺、新材料和新设备
		能够结合信息技术进行构件装配工程施工工艺、管理手段创新
		能够对与本工种相关的工器具、施工工艺进行优化与革新

8.5.3 职业技能考评

预制楼梯安装专业技术人员能力评价应包括理论知识评分和操作技能评分两部分内容，具体应符合表 8-9 的规定。

表 8-9 预制楼梯安装专业技术人员各等级技能分值

项次	分类	技能分值				
		一级技能	二级技能	三级技能	四级技能	五级技能
理论知识	法律法规与标准	5	5	5	5	5
	识图	10	10	10	10	10
	材料	15	10	10	10	10
	工具设备	15	15	10	10	10
	构件装配技术	30	30	30	30	25
	施工组织管理	0	5	10	10	15
	质量检查	10	10	10	10	10
	安全文明施工	10	10	10	10	10
	信息技术与行业动态	5	5	5	5	5
	小计	100	100	100	100	100
操作技能	构件进场	15	10	10	10	10
	装配准备	25	20	15	15	15
	施工组织	0	0	5	5	10
	构件就位	15	15	10	10	10
	临时支撑搭拆	10	15	10	10	5
	节点连接	5	10	10	10	5
	施工检查	15	15	15	15	15
	成品保护	15	15	10	10	10
	班组管理	0	0	10	10	10
	技术创新	0	0	5	5	10
	小计	100	100	100	100	100

模 块 小 结

本模块结合预制楼梯安装工艺，重点介绍了预制楼梯安装流程、吊装工机具、安装过程、安装质量验收等内容。通过本模块的学习，学生应掌握预制楼梯安装知识，具备相应的操作技能，同时培养团队协作能力、质量意识、安全意识和精益求精的工匠精神。

练 习 题

一、选择题

1．《预制钢筋混凝土板式楼梯》（15G367—1）图集适用于非抗震设计和抗震设防烈度为（　　）地区的多高层剪力墙结构体系的住宅。

　　A．6°、7°　　　　B．7°　　　　C．8°　　　　D．6°、7°、8°

2．预制楼梯吊装时，根据已放出的楼梯控制线，将构件进行精准定位，定位时先保证楼梯两侧准确定位，再使用（　　）调节楼梯水平。

　　A．水平尺和倒链　　　　　　　　B．经纬仪

　　C．水准仪　　　　　　　　　　　D．斜撑

3．下列选项中不符合装配式混凝土结构预制构件的堆放要求的是（　　）。

　　A．构件堆放场地应压实平整，周围应设排水沟

　　B．构件应按设计支承位置堆放平稳，底部应设置垫木

　　C．重叠堆放的构件应采用垫木隔开，上下垫木应在同一垂线上，楼梯堆放高度不宜超过 8 层，堆垛间应留 2m 宽的通道

　　D．装配式墙板应采用插放法或背靠法堆放，堆放架应经设计计算确定

4．装配式混凝土结构安装施工前，应（　　）。

　　A．进行测量放线、设置构件安装定位标识

　　B．复核构件装配位置、节点连接构造及临时支撑方案

　　C．检查复核吊装设备及吊具是否处于安全操作状态

　　D．核实现场环境、天气、道路状况等满足吊装施工要求

5．预制楼梯安装就位后，临时固定措施的拆除应在装配式混凝土结构能达到后续施工（　　）要求后进行。

　　A．承载力　　　　B．刚度　　　　C．稳定性　　　　D．强度

二、填空题

1．预制楼梯梯段板支座处为销键连接，上端支承处为_____，下端支承处为_____，梯段板按简支计算模型考虑，可不参与结构整体抗震计算。

2．预制楼梯进场后应按照要求进行质量验收，验收主要内容为_____、_____、_____、混凝土强度回弹、预留预埋检查。

3．预制楼梯根据样式不同，可分为_____、_____；根据结构形式不同，可分为_____和_____。

4．预制楼梯的休息平台净宽一般不小于____m，以满足消防疏散通道宽度要求。

5．预制楼梯吊装前验收需组织_____、_____、_____进行。

三、思考题

1．预制楼梯与现浇楼梯相比，有哪些受力特点及优点？

2．预制楼梯安装施工准备工作有哪些？

3．塔式起重机的位置与预制楼梯堆放场地及安装位置有什么关系？

4．若预制楼梯安装完成后高于设计标高 5mm，则后续休息平台及电梯前室地面标高应如何处理？

在线答题

活页卡片

1. 构件进场验收卡

构件进场验收卡包括预制楼梯外观质量缺陷验收卡（表 8-10）和预制楼梯尺寸允许偏差验收卡（表 8-11）。

表 8-10　预制楼梯外观质量缺陷验收卡　　验收人：　　校核人：

名称	现象	严重缺陷	一般缺陷	进场构件验收结果
露筋	构件内钢筋未被混凝土包裹而外露	纵向受力钢筋有露筋	其他钢筋有少量露筋	
蜂窝	混凝土表面缺少水泥砂浆而形成石子外露	构件主要受力部位有蜂窝	其他部位有少量蜂窝	
孔洞	混凝土中孔穴深度和长度均超过保护层厚度	构件主要受力部位有孔洞	其他部位有少量孔洞	
夹渣	混凝土中夹有杂物且深度超过保护层厚度	构件主要受力部位有夹渣	其他部位有少量夹渣	
疏松	混凝土中局部不密实	构件主要受力部位有疏松	其他部位有少量疏松	
裂缝	缝隙从混凝土表面延伸至混凝土内部	构件主要受力部位有影响结构性能或使用功能的裂缝	其他部位有少量不影响结构性能或使用功能的裂缝	
连接部位缺陷	构件连接处混凝土缺陷及连接钢筋、连接件松动，插筋严重锈蚀、弯曲，灌浆套筒堵塞、偏位，灌浆孔洞堵塞、偏位、破损等	连接部位有影响结构传力性能的缺陷	连接部位有基本不影响结构传力性能的缺陷	
外形缺陷	缺棱掉角、棱角不直、翘曲不平、飞出凸肋等，装饰面砖黏结不牢、表面不平、砖缝不顺直等	清水或具有装饰的混凝土构件表面存在影响使用功能或装饰效果的外形缺陷	其他混凝土构件有不影响使用功能的外形缺陷	
外表缺陷	构件表面麻面、掉皮、起砂、沾污等	具有重要装饰效果的清水混凝土构件有外表缺陷	其他混凝土构件有不影响使用功能的外表缺陷	

表 8-11　预制楼梯尺寸允许偏差验收卡　　　　验收人：　　校核人：

项目		允许偏差	检验方法	检查验收结果
预留孔	中心线位置	5	尺量	
	孔尺寸	±5		
预留洞	中心线位置	10	尺量	
	洞口尺寸、深度	±10		
预埋件	中心线位置	5	尺量	
	预埋板与混凝土面平面高差	±5		

2．预制楼梯安装工艺流程卡（图 8-16）

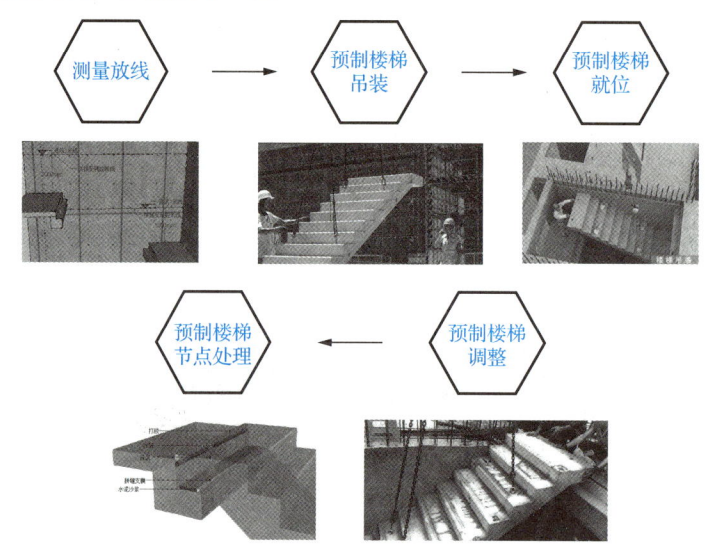

图 8-16　预制楼梯安装工艺流程卡

3．构件安装要点明白卡

（1）选用塔式起重机需要考虑塔式起重机性能是否满足预制楼梯质量要求，根据预制楼梯质量，提前准备好各种吊具。

（2）安装作业开始之前，应对安装作业区进行围护并做出明显的标识，拉警戒线，根据危险源级别安排旁站，严禁与安装作业无关的人员进入。

（3）施工作业使用的专用吊具、定型工具式支撑、支架等，应进行安全验算，使用中进行定期或不定期检查，确保其处于安全状态。

（4）预制楼梯起吊后，应先将预制楼梯提升 300mm 左右，停稳楼梯，检查钢丝绳、吊具和预制楼梯状态，确认吊具安全且楼梯平稳后，方可缓慢提升楼梯。

（5）起重机吊装区域内，非作业人员严禁进入，吊运预制楼梯时，楼梯下方严禁站人，应待预制楼梯降落至距工作面 1m 以内方准作业人员靠近，就位固定后方可脱钩。

（6）高空应通过缆风绳改变预制楼梯方向，严禁高空直接用手扶预制楼梯。

（7）遇到雨、雾、雪天气，或者风力大于 5 级时，不得进行吊装作业。

（8）采用吊装装置吊运预制楼梯时，在没有对预制楼梯进行定位固定前，不准松钩。

（9）现场应配备充足的固定配件安装操作工具，楼梯就位后应及时进行固定。

4．构件质量验收卡

依据表 8-12，对实操任务进行质量验收。

表 8-12　构件质量验收卡　　　　　　　　　　验收人：　　　　校核人：

检验项目		允许偏差/mm	检验方法	检查结果
长度		-5，+10	尺量	
宽度		±5	尺量一端或中部	
高度（厚度）		±5	尺量	
表面平整度		≤5	靠尺和楔形塞尺	
对角线差		≤10	尺量两个对角线	
主钢筋保护层	梯段板	-3，+5	用尺或专用仪器测量	
踏步高		±5	尺量一端或中部	
踏步宽		±3	尺量	
预埋件中心线偏移		10	尺量纵、横方向中心线	
预埋件高度位置偏差		≤3	在构件厚度方向用尺量预埋件中部	
预留孔中心线位置		≤5	尺量	
预留洞中心线位置		≤15	尺量	
侧向弯曲		<L/750mm	拉线，用尺测量侧向弯曲最大值处	
翘曲		<L/750mm	调平尺	

5．实操任务卡

（1）按照给定的预制楼梯位置进行预制楼梯的安装实操训练。
（2）完成预制楼梯作业前的构件质量验收，并做好验收记录。
（3）按照预制楼梯安装作业要求和流程完成预制楼梯安装作业。
（4）完成预制楼梯安装质量验收，并做好验收记录。

> **注意**
>
> 各小组根据实操任务，通过仿真练习等方式掌握操作流程；实操过程中需合理分工、通力合作，并轮流操作。全程注意操作安全，保证构件安装质量，最终完成实操任务。

实操任务 1： 双跑预制楼梯吊装。该楼梯为双跑楼梯，楼梯型号为 ST-29-26，吊点采用预埋吊钉。双跑楼梯图纸如图 8-17 所示。

实操任务 2： 剪刀预制楼梯吊装。该楼梯为剪刀楼梯，楼梯型号为 JT-29-25，吊点采用预埋吊钉。剪刀楼梯图纸如图 8-18 所示（为降低楼梯自重，减小塔式起重机型号规格，该剪刀楼梯设计时选择了中间断开，具体见图 8-18），对其进行实操训练。

预埋构件统计表

预埋金属件或相关部件	标识	单块构件内数量
2.5吊钉 L=170		6
栏杆预留钢锚板		4

预制楼梯明细表

栋号	混凝土等级	预制楼层	每层预制数量	单栋预制总数量
5#	C30	4层~18层	2	30

钢筋明细表

编号	数量	规格	形状	钢筋名称
①	7	Φ10	2940 330	下部纵筋
②	7	Φ8	3000	上部纵筋
③	22	Φ8	90 1290 90	上、下分布筋
④	6	Φ12	1290	边缘纵筋1
⑤	9	Φ8	360 140	边缘箍筋1
⑥	6	Φ12	1190	边缘纵筋2
⑦	9	Φ8	340 140	边缘箍筋2
⑧	8	Φ10	110 270	加强筋
⑨	8	Φ8	100 350 210 100	吊点加强筋
⑩	2	Φ8	1190	吊点加强筋
⑪	2	Φ14	150 2940 275	边缘加强筋
⑫	2	Φ14	2940 370	边缘加强筋

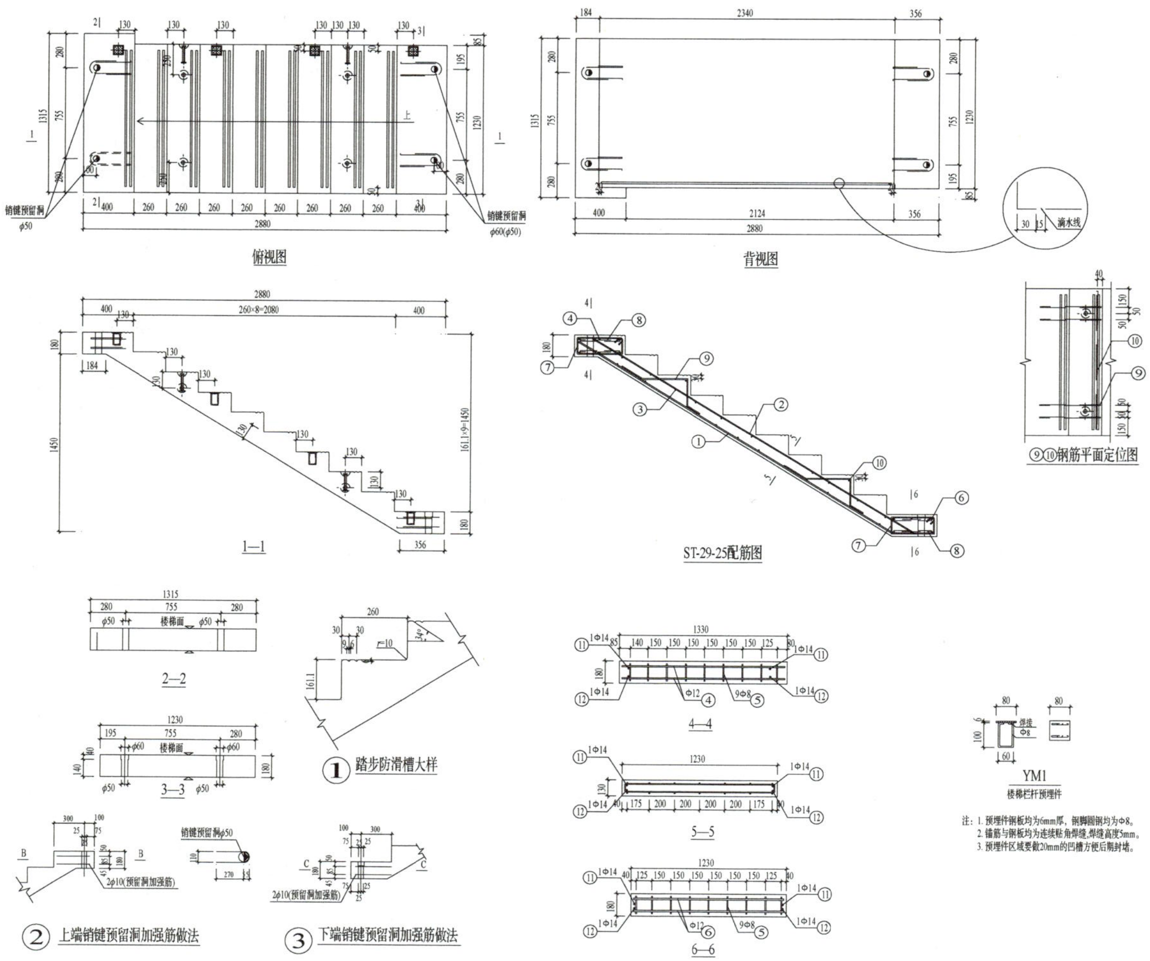

图 8-17 双跑楼梯图纸

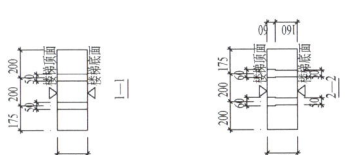
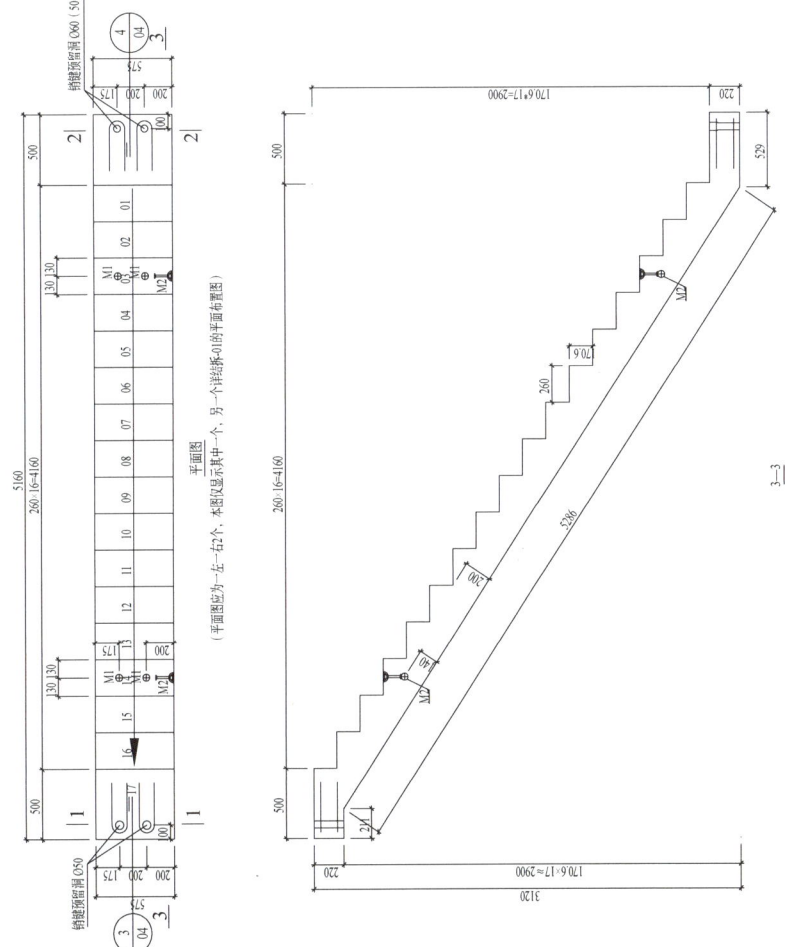

图 8-18 剪刀楼梯图纸

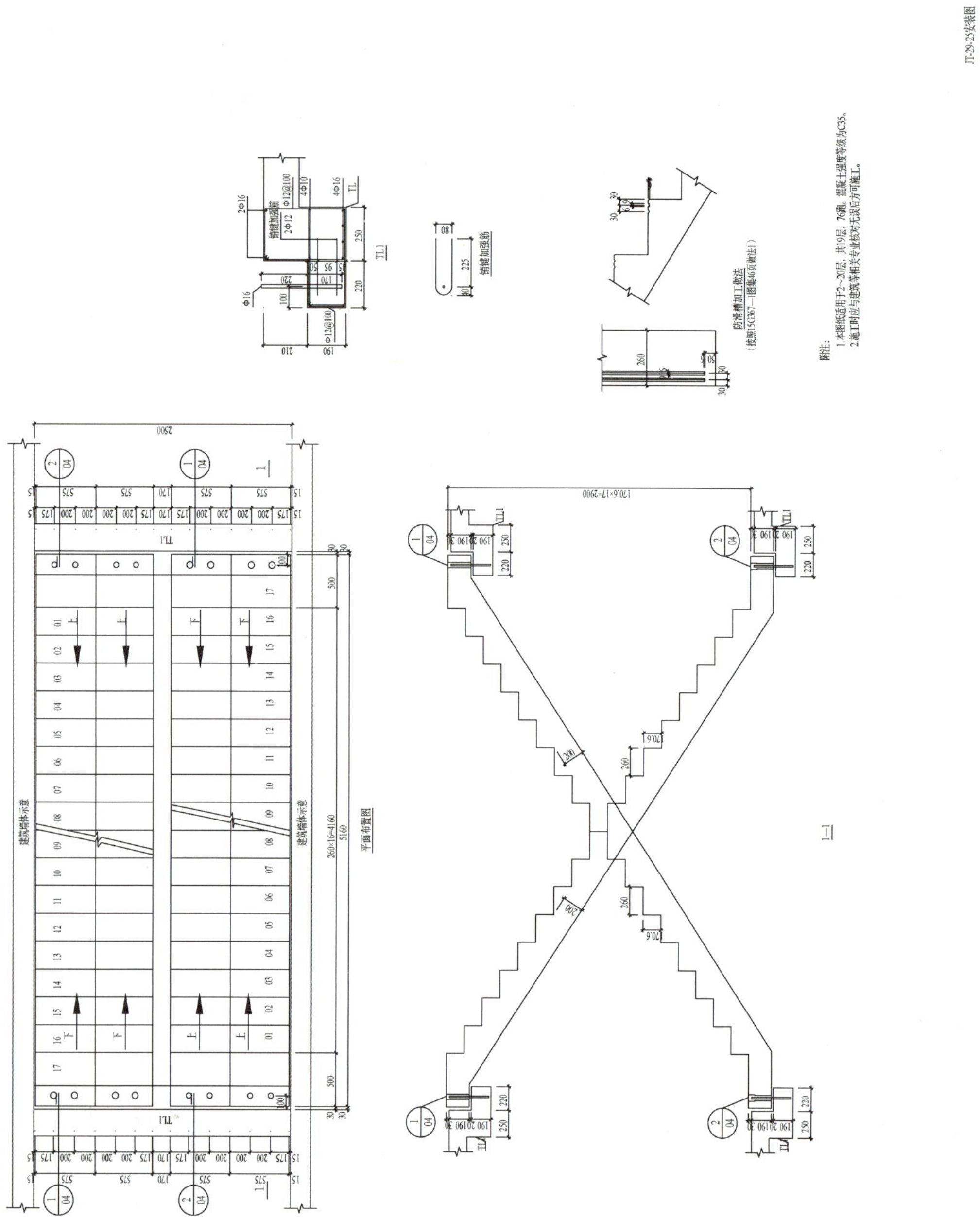

图 8-18 剪刀楼梯图纸（续）

预制楼梯吊装实操任务书+指导书

附录 1　构件装配工职业技能等级

构件装配工是在装配式混凝土建筑施工过程中，从事预制混凝土构件进场验收、存放和安装作业的专业技能人员，按照掌握的理论知识和操作技能的不同分为五个等级：一级、二级、三级、四级和五级，从一级到五级对专业人员技术能力要求逐渐提高。

（1）装配工的职业技能等级应符合附表 1-1 规定的专业技能要求。

附表 1-1　装配工技能等级划分及专业技能要求

职业技能等级	专业技能要求
一级技能	能独立完成本职业的常规工作，能识别常见的工程材料，能操作简单的机械设备并进行例行保养
二级技能	能独立完成本职业的常规工作，能与他人合作完成技术较为复杂的工作，能区分常见的工程材料，能操作常用的机械设备及进行常见故障的维修
三级技能	能独立完成本职业的常规工作及技术较为复杂的工作，能独立处理工作中出现的问题，能指导和培训本等级以下技术工人，能按照设计要求选用合适的工程材料，能操作较为复杂的机械设备及进行常见故障的维修
四级技能	掌握本职业的关键技术技能，能独立完成常规工作及技术较为复杂的工作，能独立处理和解决技术或工艺难题，在技术技能方面有创新，能指导和培训本等级以下技术工人，具有一定的技术管理能力，能按照生产或施工要求选用合适的工程材料，能操作较为复杂的机械设备及进行常见故障的维修
五级技能	熟练掌握本职业的关键技术技能，能独立完成常规工作及技术较为复杂的工作，能独立处理和解决高难度的技术或工艺难题，在技术攻关和工艺革新方面有创新，能组织开展技术改造、技术革新活动，能组织开展系统的专业技术培训，具有技术管理能力

（2）装配工各职业技能等级应符合附表 1-2 规定的经历要求。

附表 1-2　装配工技能等级划分及经历要求

职业技能等级	经历要求
一级技能	具有初中及以上文化程度，从事本职业技能工作 1 年及以上
二级技能	达到一级技能要求后，从事本职业技能工作 1 年及以上
	取得中等职业学校本专业或相关专业毕业证书

续表

职业技能等级	经历要求
三级技能	达到二级技能要求后，从事本职业技能工作 2 年及以上
	取得高等职业学院本专业或相关专业毕业证书
	取得中等职业学校本专业或相关专业毕业证书，从事本职业技能工作 1 年及以上
四级技能	达到三级技能要求后，从事本职业技能工作 2 年及以上
	取得高等职业学院本专业或相关专业毕业证书，从事本职业技能工作 1 年及以上
五级技能	达到四级技能要求后，从事本职业技能工作 3 年及以上
	取得高等职业学院本专业或相关专业毕业证书，达到四级技能要求后，从事本职业技能工作 2 年及以上

（3）职业技能的理论知识和操作技能所占比例应符合附表 1-3 的规定。

附表 1-3　理论知识和操作技能所占比例　　　　　单位：%

项目	一级技能	二级技能	三级技能	四级技能	五级技能
理论知识	20	30	40	50	60
操作技能	80	70	60	50	40
合计	100	100	100	100	100

附录 2　某装配整体式剪力墙结构项目案例

1. 工程概况

本工程为某住宅项目 13#楼，总建筑面积为 10271.55m^2，地下 2 层，地上 27 层，建筑总高度为 78.53m。地下 2 层及地上 1~4 层为现浇剪力墙结构，地上 5~27 层采用装配整体式剪力墙结构，上下墙体连接采用钢筋套筒灌浆连接。

2. 本工程结构特点

本工程采用装配整体式剪力墙结构，预制构件包括预制保温一体化外墙板、内墙板、叠合板、预制钢筋混凝土楼梯（简称楼梯）、预制隔墙、PCF 板及外装饰板等。竖向节点采用现浇方式，使柱与预制墙体连接成整体，上下墙体采用钢筋套筒灌浆方式连接成整体，使整个体系形成统一的受力体系。现浇节点主要有"一"字形、T 形、L 形等。

本工程单层预制构件有预制保温一体化外墙板 21 块、内墙板 31 块、预制隔墙 32 块、叠合板 32 块、楼梯 2 个、PCF 板及外装饰板若干，吊装作业量大。构件间连接主要采用钢筋套筒灌浆及现浇节点方式等。

构件拆分平面图如附图 2-1 所示，预制保温一体化外墙板如附图 2-2 所示，叠合板平面布置图如附图 2-3 所示。

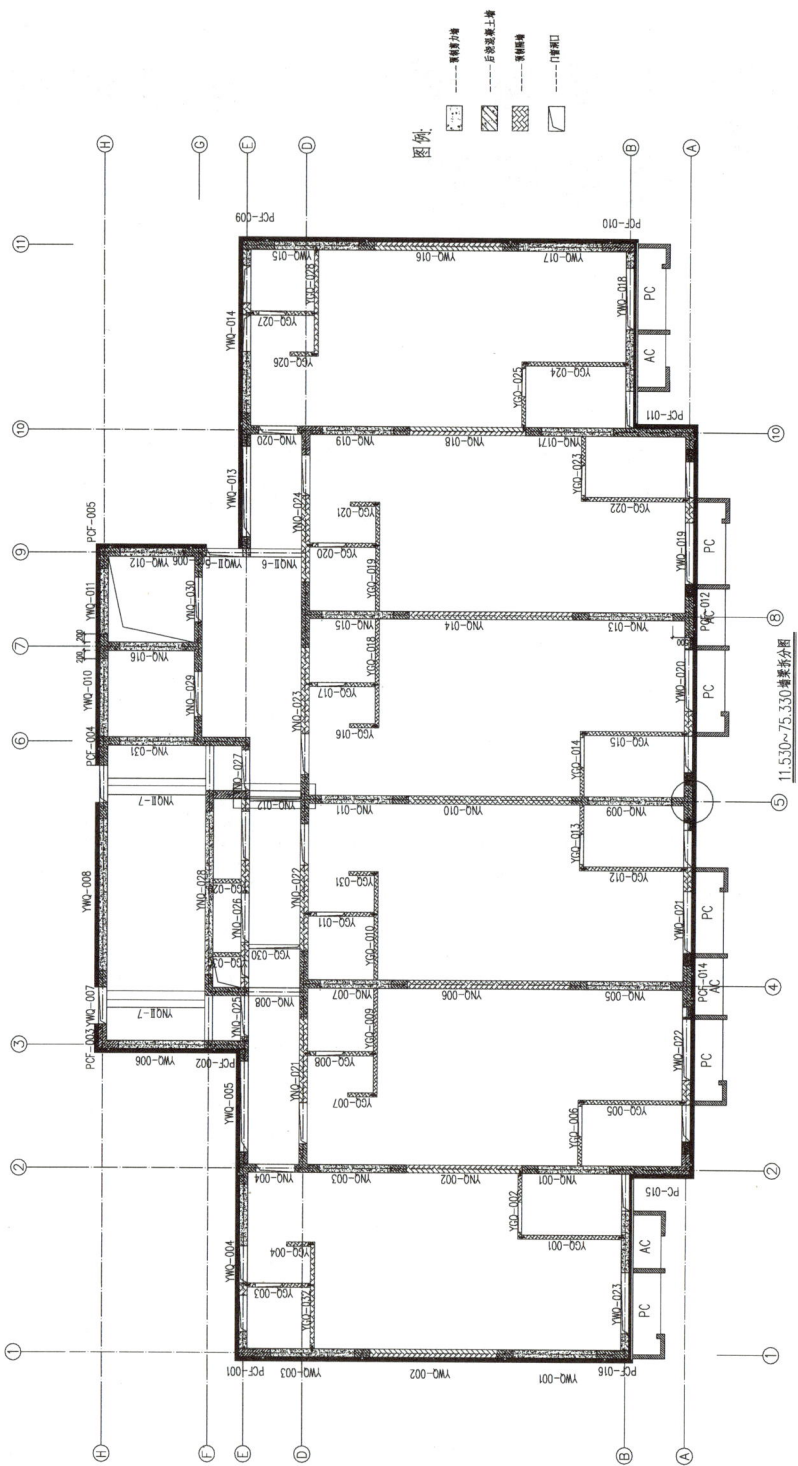

附图 2-1 构件拆分平面图

附录 2　某装配整体式剪力墙结构项目案例

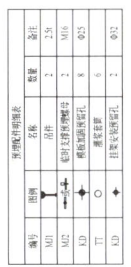

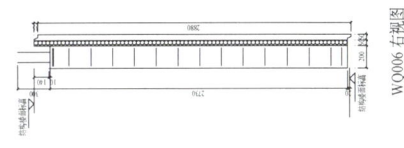
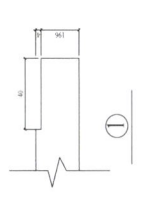
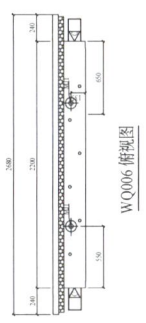
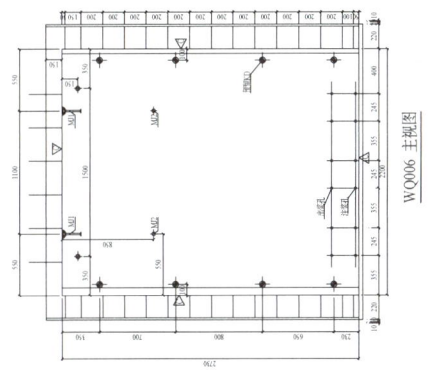
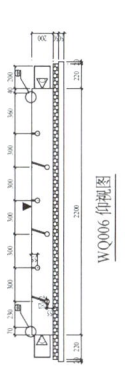

附图 2-2　预制保温一体化外墙板

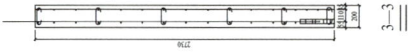

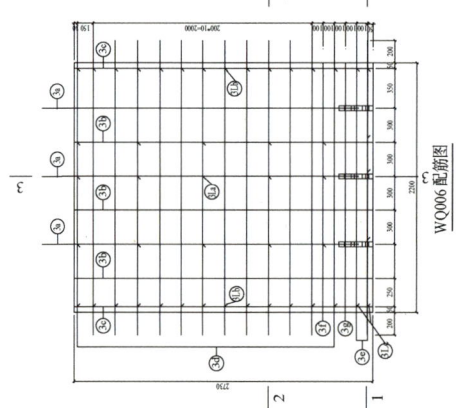

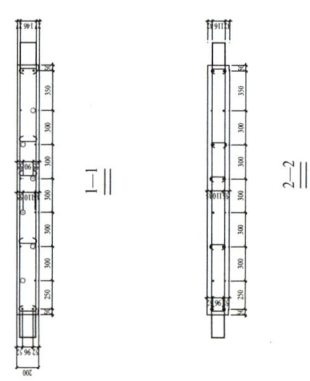

(b)

附图 2-2 预制保温一体化外墙板（续）

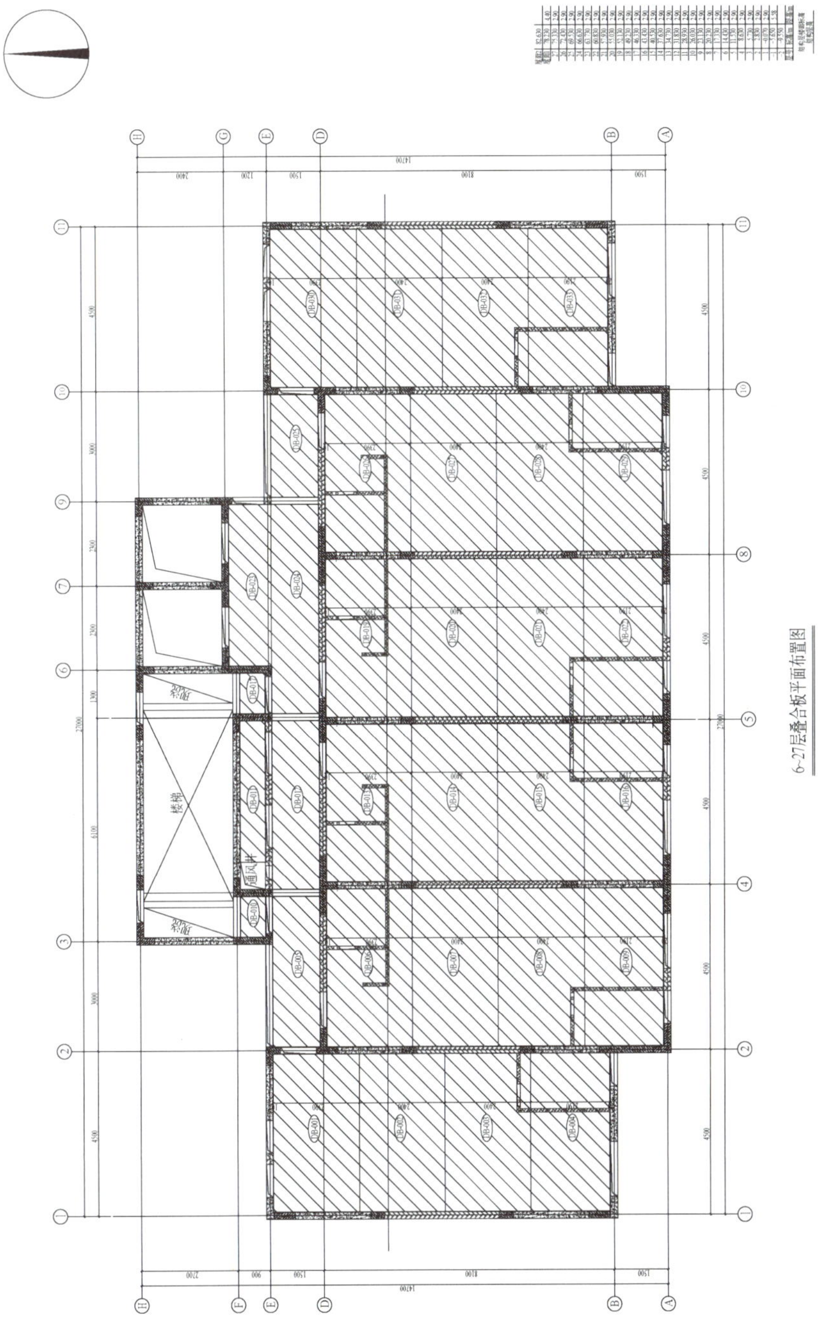

附录 2 某装配整体式剪力墙结构项目案例

附图 2-3 叠合板平面布置图

F-7

3. 工艺流程

本工程采用装配整体式剪力墙结构，依照构件拆分及连接节点构造确定施工工艺流程，如附图 2-4 所示，在完成下层预制构件吊装及现浇节点、叠合层混凝土浇筑后，再向上施工上一层结构。

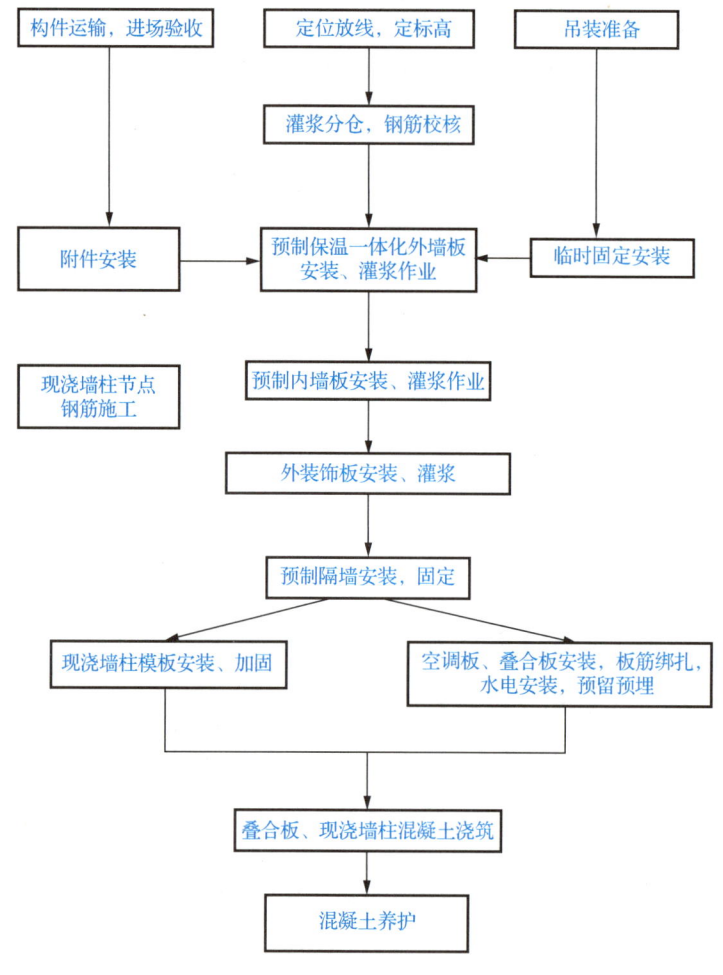

附图 2-4　施工工艺流程

4. 施工策划

4.1 施工现场平面布置

根据构件拆分数量及安装顺序、安装进度计划，布置施工现场平面图（附图 2-5）。现场布置塔式起重机 1 台，构件堆放场地及样板展示区面积总计约 $500m^2$，现场工具及材料配件库房面积为 $24m^2$，配套设置配电、给水、消防等临时设施，满足工程施工需求，生活和办公设施布置在现场作业区外。

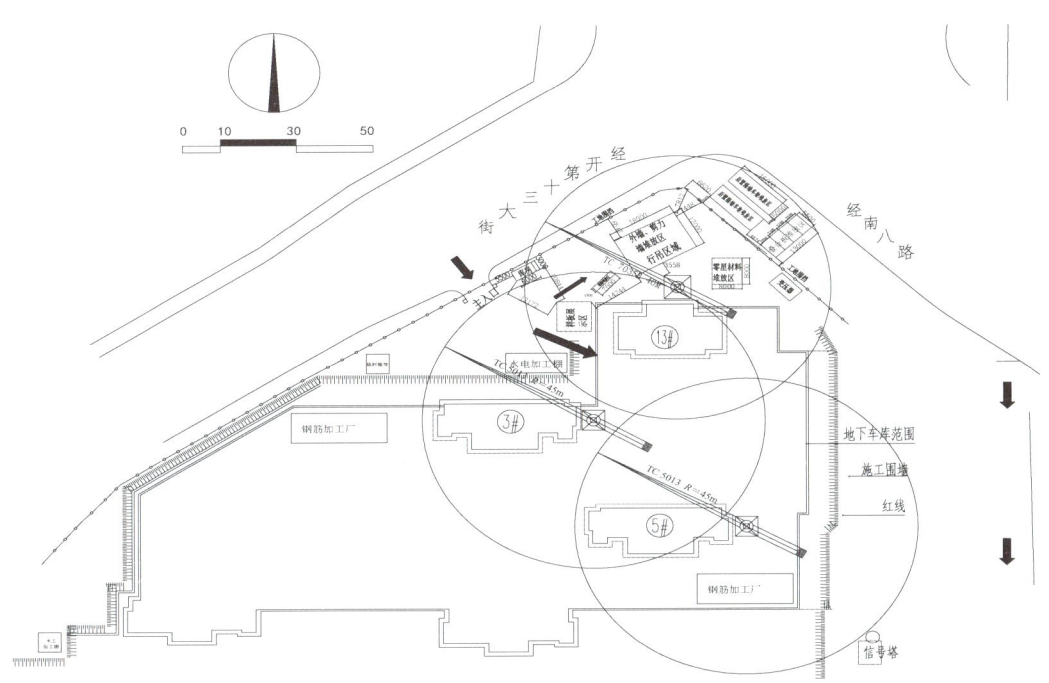

附图 2-5 13#楼施工现场平面图

构件堆放场地设计原则如下。

（1）根据塔式起重机位置和现场条件，选择预制构件堆放场地位置。

（2）预制构件堆放场地按构件吊装位置及构件类型进行划分，主要分为剪力墙堆放场、叠合板堆放场、外装饰板、PCF 板、楼梯堆放场等，用黄色油漆涂刷分隔线，标注各区域构件编号，使构件编号与实物一一对应，提高吊装的准确性，便于堆放和吊装。

（3）根据构件自身特点选择不同堆放形式，预制墙板采用堆放架立放，叠合板类构件采用叠放，叠放层数不超过 6 层。

4.2 构件堆放场地设计

本工程施工预制构件种类较多，单层预制构件有预制保温一体化外墙板 21 块、内墙板 31 块、预制隔墙 32 块、PCF 板 13 块、外装饰板 22 块、叠合板 32 块、楼梯 2 个。由于构件进场卸车及现场施工吊装主要依靠塔式起重机进行，为满足 7 天施工一层的要求，减少卸车占用塔式起重机时间，降低卸车对正常施工作业的影响，卸车主要安排在晚上进行。同时现场场地比较紧张，需要合理规划各种构件临时堆放场地，且要满足可堆放 1.5 层构件的要求，以满足施工作业的需求。

5. 施工前准备工作

施工前准备工作包括施工技术、施工材料、施工场地、施工队伍、作业条件及施工设备等方面的准备，要求做到施工现场五通（给水通、电通、道路通、通讯通、排水通）、一平（场地平整）、五落实（技术、劳动组织、材料、机具、现场设施落实）。

5.1 技术准备

5.1.1 编制装配式结构专项方案

施工前，根据图纸和合同要求做好本工程装配式结构专项方案，该方案包括但不限于以下内容。

(1) 整体进度计划,包括结构总体施工进度计划、构件生产计划、构件安装进度计划、原材料采购计划、设备进场计划。

(2) 预制构件运输,包括车辆数量、运输路线、现场装卸方法。

(3) 施工场地布置,包括场内运输通道、吊装设备、吊装方案、构件堆放场地。

(4) 构件安装,包括测量放线、节点施工、防水(局部保温)施工、成品保护及修补措施。

(5) 施工安全,包括吊装安全措施、专项施工安全措施。

(6) 质量管理,包括构件安装的专项施工质量管理。

(7) 绿色施工与环境保护措施。

5.1.2 商务准备

根据施工图、预算定额、施工组织设计、施工定额等文件,编制施工图预算和施工预算,为施工作业计划的编制、机具配置计划和材料进场计划的编制、施工任务单的签发提供依据。

5.1.3 测量准备

根据提供的红线桩、水准点,测设符合本工程的现场测量控制网及高程控制网。各控制网均做加固处理,必要时需加以保护,以防破坏,利用控制网控制和校正建筑物的轴线、标高等,确保工程质量。

5.2 材料准备

(1) 建筑材料的准备。按照施工进度计划要求,按材料名称、规格,编制出材料需求量计划,为组织备料提供依据。确定仓库、堆放构件场地所需的面积,保证施工时材料能及时供应,不耽误施工进度。

(2) 各类工具准备。准备检查预制构件混凝土强度所用工具,准备保护附件、预埋件、预埋吊件等的工具。

(3) 吊具应符合国家现行相关标准的有关规定,使用专用工具式吊梁和带滑轮的吊架。改造、修复和新购置的吊具,应按国家现行相关标准的有关规定进行设计验算或试验检验,经验证合格后方可使用。

(4) 安装用材料及配件、灌浆料等应符合相应标准,按照国家现行相关标准的规定进行进场验收,未经检验或不合格的产品不得使用。

5.3 现场准备

(1) 按照设计单位提供的建筑总平面图及给定的永久性平面坐标控制网和水准控制基桩,进行施工测量,建立工程测量控制网,并做好保护以防其他物体破坏测量控制点。

(2) 对现场的安装机械和电路等,在进场之前做好测试与维修工作,确保所有进场设备能够顺利运转。

(3) 预制构件进场前,做好构件场地的平整、硬化及堆放架的布置固定等工作。

5.4 队伍的组织准备

(1) 按工程的施工阶段,列出各工种劳动力计划(附表 2-1),并绘制劳动力分布图。集结施工力量,按照开工日期和各工种劳动力计划,组织劳动力进场。

附表 2-1　各工种劳动力计划

序号	工种	人数	备注
1	起重信号工	2	
2	安装工	4	
3	钢筋工	2	
4	混凝土工	2	
5	水电工	4	
6	塔式起重机司机	2	
7	注浆工	4	
8	合计	20	

（2）向施工班组、工人进行施工组织设计交底、施工方案交底、施工计划交底和分项工程技术交底，以保证工程严格地按照设计图纸、施工组织设计、安全操作规程和施工验收规范等要求进行施工。

（3）吊装前的人员培训。

① 根据构件的受力特征进行专项技术交底与培训，确保构件吊装状态符合设计要求，防止构件在吊装过程中发生损坏。

② 根据构件的安装方式，准备必要的连接工具，确保安装快捷，连接可靠。

③ 根据构件的连接方式，进行连接钢筋定位、套筒灌浆连接、螺栓连接、焊接连接等工艺的培训，规范操作顺序，增强连接施工人员的操作质量意识。

④ 要进行安全、防火和文明施工等方面的教育，并安排好职工的生活。

5.5 作业条件准备

（1）向各施工班组进行计划交底和技术交底，下达工程施工任务单，使各施工班组明确任务、质量、安全、进度等的要求。

（2）做好工作面的准备工作，检查垂直和水平运输是否畅通，操作场所是否清理干净等。

（3）检查材料、构件的质量、规格、数量是否与设计相符，并将其运至施工指定的地点。

（4）检查前一道工序的质量，合格后，才能进行下一道工序的施工，并且要办理好验收手续。

（5）编制施工计划，安排好施工程序，协调好各工序及各专业间的配合工作。

5.6 机具、设备准备

（1）根据施工组织设计中确定的施工方法，施工机具、设备的要求和数量，以及施工进度的安排，编制施工机具、设备需用量计划（本工程所用主要施工机具、设备详见附表 2-2），确保施工机具、设备需用量计划的落实，保证机具、设备按期进场。

（2）根据施工机具、设备需用量计划，按施工现场平面图的要求，组织施工机具、设备进场，施工机具、设备进场后，按规定地点和方式布置，并进行相应的保护和试运转等工作。

（3）施工机具、设备安装就位后，应对其进行试运转，并且经公司有关部门及安全监管监察部门、技术监督部门的验收合格后，方可使用。

（4）施工机具、设备应做好维护保养，定期对施工机具、设备进行检查，发现问题立即维修，确保施工机具、设备安全正常运行。

附表 2-2　主要施工机具、设备需用量计划

序号	名称	规格	单位	数量	功率/kW	备注
1	塔式起重机	TC7035B-16	台	1	86	租赁
2	施工电梯	SCD200/200DJ	台	1	44	租赁
3	插入式振动器	HZ-50A	套	2	1.1	自有
4	钢丝绳 6×37+1ϕ22mm	6m、3m、1.5m	根	8		自有
5	吊装梁		根	2		自有
6	索具		个	6		自有
7	U形卸扣	5t	套	20		自有
8	电焊机	400A	台	2		自有
9	PPR管热熔机		台	2		自有
10	弯管器		台	2		自有
11	斜支撑	2.5m	根	400		自有
12	对讲机	GP329/339	个	10		自有
13	靠尺	L=2.2～2.5m	把	2		自有
14	水准仪		台	1		自有
15	经纬仪		台	1		自有
16	激光准直仪		台	1		自有
17	回弹仪		台	1		自有
18	激光测距仪		台	1		自有
19	吊链		台	6		自有
20	镜子		面	2		自有
21	卷尺	50m	把	2		自有
22	注浆机		台	1		自有

5.7 构件运输和堆放

5.7.1 构件运输

（1）预制混凝土构件厂内起吊、运输时，混凝土强度应符合设计要求。

（2）构件支承的位置和方法，应根据其受力情况确定，但不得超过构件承载力或引起构件损伤。

（3）构件出厂前，应将杂物清理干净。

（4）叠合板运输时应沿垂直受力方向设置支撑，叠合板应分层平放，每层间的支撑应上下对齐，叠放层数不应大于6层；楼梯、预制内外墙板运输时应立放；PCF板及外装饰

板应加强运输保护，防止运输过程中产生损坏。

（5）预制构件采用汽车运输，根据构件特点设计专用运输架，并采取钢丝绳加紧固器等措施绑扎牢固，防止构件移动或倾倒；相邻两墙板间应放置木方，对构件边部或与吊索接触处的混凝土，应采用衬垫加以保护，防止构件运输受损。预制内外墙板运输架如附图2-6所示。

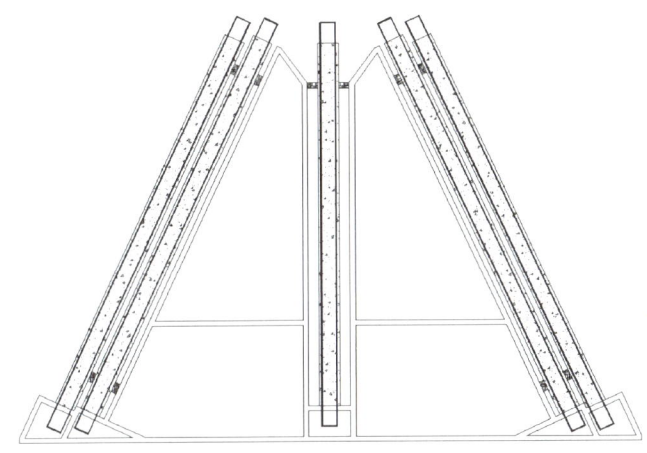

附图2-6 预制内外墙板运输架

（6）构件运输前，根据运输需要选择合适、平整坚实路线，车辆启动应慢、行驶速度均匀，严禁超速、猛拐和急刹车。

（7）在停车吊装的工作范围内不得有障碍物，并应有可满足预制构件周转使用的场地。

（8）预制构件的进场及运输应有详细的计划，以便满足正常施工进度的需求。构件运输要按照图纸设计和施工要求，依据编号运达现场，并根据工程现场施工进度情况及预制构件吊装的顺序，确定好每层吊装所需的预制构件类型及此类构件在车上的安放位置，以便现场按照吊装顺序施工。

5.7.2 预制构件验收

（1）驻预制工厂工作人员应当在工厂做好质量把关工作，主要把关内容是预制构件的几何尺寸、钢材及混凝土等材料的质量，以及构件外观观感质量及安装配件的预留位置和预埋套筒的有效性。

（2）进入现场的预制构件应具有出厂合格证及相关质量证明文件，产品质量应符合设计及相关技术标准要求。

（3）预制构件应在明显部位标明生产单位、项目名称、构件型号、生产日期、安装方向及质量合格标志。

（4）预制构件吊装预留吊环、预埋件应安装牢固、无松动。

（5）预制构件的预埋件、外露钢筋及预留孔洞等规格、位置和数量应符合设计要求。

（6）预制构件的外观质量不应有严重缺陷。对出现的一般缺陷，应按技术处理方案进行处理，并重新检查验收。

（7）预制构件不应有影响结构性能和安装、使用功能的尺寸偏差。对超过尺寸允许偏差且影响结构性能和安装、使用功能的部位，应按技术处理方案进行处理，并重新检查验收。

（8）预制构件与现浇结合的部位应按设计要求留置键槽或者粗糙面，以保证预制构件与现浇混凝土的有效结合。

（9）预制内外墙板尺寸允许偏差及检验方法，应符合附表 2-3 的相关规定。

附表 2-3 预制内外墙板尺寸允许偏差及检验方法

项目		允许偏差/mm	检验方法
预留钢筋	中心位置	3	钢尺或测距仪检查
	外露长度	±3	钢尺或测距仪检查
两侧 100mm 范围内平整度		2	2m 靠尺和塞尺检查
长度		±3	钢尺或测距仪检查
宽度、高（厚）度		±3	钢尺或测距仪量一端及中部，取其中较大值
侧向弯曲		$L/1000$ 且 $\leqslant 3$	拉线，用钢尺或测距仪量最大侧向弯曲处
预埋件	中心位置	3	钢尺或测距仪检查
	安装平整度	3	靠尺和塞尺检查
预埋线盒、预留孔洞位置		3	钢尺或测距仪检查
预留螺母	中心位置	3	钢尺或测距仪检查
	螺母外露长度	-3，0	钢尺或测距仪检查
对角线差		5	钢尺或测距仪测量两个对角线
表面平整度		3	2m 靠尺和塞尺检查
翘曲		$L/1000$	调平尺在两端量测

注：1. L 为构件长度（mm）。
2. 检查中心位置时，应沿纵横两个方向量测，并取其中较大值。

（10）预制叠合板尺寸允许偏差及检验方法应符合附表 2-4 的相关规定。

附表 2-4 预制叠合板尺寸允许偏差及检验方法

项目		允许偏差/mm	检验方法
桁架钢筋高度		0，3	钢尺或测距仪检查
长度		±3	钢尺或测距仪检查
宽度、高（厚）度		±3	钢尺或测距仪检查
侧向弯曲		$L/1000$ 且 $\leqslant 8$	拉线，用钢尺或测距仪量最大侧向弯曲处
对角线差		5	钢尺或测距仪测量两个对角线
表面平整度		3	2m 靠尺和塞尺检查
预埋线盒	中心位置	3	钢尺或测距仪检查
	安装平整度	3	靠尺和塞尺检查
预埋吊环	中心位置	3	钢尺或测距仪检查
	外露长度	-10，0	钢尺或测距仪检查

续表

项目		允许偏差/mm	检验方法
预留钢筋	中心位置	3	钢尺或测距仪检查
	外露长度	0, 5	钢尺或测距仪检查
预留孔洞位置		3	钢尺或测距仪检查

注：1. L 为构件长度（mm）。
  2. 检查中心位置时，应沿纵横两个方向量测，并取其中较大值。

（11）楼梯尺寸允许偏差及检验方法应符合附表2-5的相关规定。

附表2-5 楼梯尺寸允许偏差及检验方法

项目		允许偏差/mm	检验方法
长度		±3	钢尺或测距仪检查
侧向弯曲		$L/1000$ 且≤5	拉线，用钢尺或测距仪量最大侧向弯曲处
宽度、高（厚）度		±3	钢尺或测距仪量一端及中部，取其中较大值
销键预留洞位置		3	钢尺或测距仪检查
预埋螺母	中心位置	3	钢尺或测距仪检查
	螺母外露长度	-3, 0	钢尺或测距仪检查
预埋件	中心位置	3	钢尺或测距仪检查
	安装平整度	3	靠尺和塞尺检查
对角线差		5	钢尺或测距仪测量两个对角线
表面平整度		3	2m靠尺和塞尺检查
翘曲		$L/1000$	调平尺在两端量测
相邻踏步高低差		3	钢尺或测距仪检查

注：1. L 为构件长度（mm）。
  2. 检查中心位置时，应沿纵横两个方向量测，并取其中较大值。

5.7.3 预制构件存放

预制构件堆放场地设置在13#楼西北侧，分为墙板堆放区和叠合板堆放区，其中墙板堆放区面积为240m²，叠合板堆放区面积为60m²，预制构件堆放场总面积约为300m²，基本满足正常施工构件堆放要求。

（1）堆放构件的场地应平整坚实，并应有排水措施，沉降差不应大于5mm。

（2）预制构件运至现场后，根据施工现场平面图进行构件存放，构件存放应按照吊装顺序、构件型号等堆放在塔式起重机有效吊装范围内。

（3）不同构件堆放场地之间设宽度为1.2m的通道，方便工人卸车及吊装。

（4）预制内外墙板插放于墙板专用固定架内，固定架采用型钢焊接成形，通过地锚固定，墙板插放时根据墙板的吊装编号，从外至内依次插放。固定架及现场预制内外墙板堆放如附图2-7所示。

附图 2-7　固定架及现场预制内外墙板堆放

（5）叠合板采用叠放方式存放时，叠合板底部应垫型钢或方木，以保证最下部叠合板离地 10cm 以上；上下层叠合板之间宜沿垂直受力方向设置方木支撑，每层间的支撑应上下对齐，叠放层数不应大于 6 层；叠合板叠放时，应按吊装顺序，从上到下依次叠放。叠合板叠放如附图 2-8 所示。

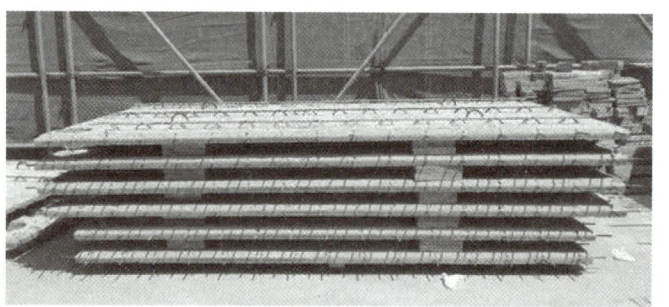

附图 2-8　叠合板叠放

（6）构件直接堆放时，必须在构件上加设枕木。场地上的构件应采取防倾覆措施，运输及堆放支架数量要满足周转使用要求；构件堆放好以后要采取临时固定措施。

（7）楼梯堆放时应采用平放方式。楼梯现场堆放如附图 2-9 所示。

附图 2-9　楼梯现场堆放

5.7.4 运输道路与预制构件堆放场地

预制构件运输道路应考虑构件运输车辆的通行,故应进行专门设置。预制构件运输道路做法示意图如附图 2-10 所示。

按照预制构件堆放场地承载能力及文明施工要求,现场裸露的土体(含脚手架区域)需进行场地硬化,做法如附图 2-11 所示。

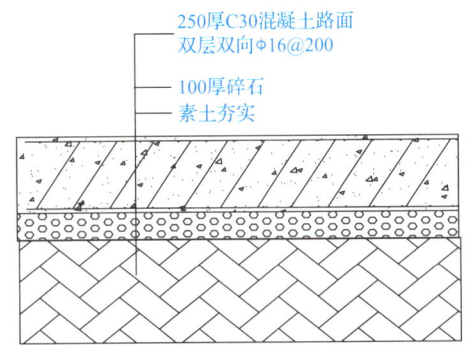 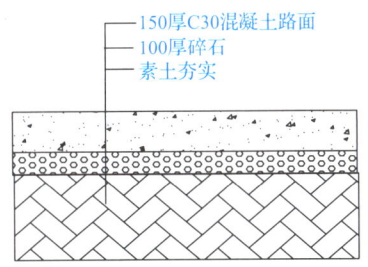

附图 2-10 预制构件运输道路做法示意图　　附图 2-11 预制构件堆放场地硬化做法示意图

5.8 吊装准备

预制构件运抵施工现场后,即需进行吊装作业。由于起吊设备性能、构件安装与制作状态、作业环境不同,因此需要重新确定起吊点位置及选择起吊方式。

(1)需将起吊点设置于预制构件重心位置,避免构件吊装过程中由于自身受力状态不平衡而导致构件旋转。

(2)当预制构件生产状态与安装姿态一致时,尽可能将施工起吊点与构件生产脱模起吊点相统一。

(3)当预制构件生产状态与安装姿态不一致时,尽可能将脱模起吊点设置于安装后不影响观感部位,设计成便于移除的形式,避免对构件观感造成影响。

(4)考虑可能存在的预制构件由于吊装受力状态与安装受力状态不一致而导致不合理受力开裂损坏问题,设置吊装临时加固措施,避免构件损坏。

(5)应根据预制构件形状、尺寸及质量,选择适宜的吊具。在吊装过程中,吊索水平夹角不宜小于60°,不应小于45°;尺寸较大或形状复杂的预制构件应选择设置分配梁或分配桁架的吊具,并应保证吊车主钩位置、吊具及构件重心在竖直方向重合。

5.9 预制墙板安装前准备

5.9.1 预制墙板钢筋定位

预制墙板预留插筋定位顶板混凝土浇筑前应使用定位控制钢板辅助钢筋定位,预制墙板吊装前应校核定位钢筋位置,保证预制墙板吊装就位准确。定位控制钢板根据预制墙板钢筋位置,加工出比钢筋直径大 2mm 的孔洞,确保定位钢筋位置准确。

为使混凝土浇筑时方便灌入和振捣,定位控制钢板设置直径为 100mm 的灌入振捣口。在浇筑混凝土前将插筋露出部分包裹胶带,避免浇筑混凝土时污染钢筋接头。

在预制墙板吊装前去除插筋露出部分的保护胶带,并使用钢筋定位工具对插筋位置及垂直度再次进行校核,保证预制墙板吊装一次完成。

5.9.2 预制墙板套筒灌浆连接准备工作

（1）在预制墙板灌浆施工之前对操作人员进行培训，通过培训增强操作人员对灌浆质量重要性的认识，明确该操作行为具有一次性、不可逆的特点，从思想上重视其所从事的灌浆操作；另外，通过灌浆作业的模拟操作培训，规范灌浆作业操作流程，使操作人员熟练掌握灌浆操作要领及其控制要点。

（2）灌浆料的运输与存放。

现场存放灌浆料时需搭设专门的灌浆料储存仓库，要求该仓库防雨、通风，仓库内搭设灌浆料存放架（离地一定高度），使灌浆料处于干燥、阴凉处。

（3）灌浆操作时需要准备的机具有量筒、桶、搅拌机、灌浆筒、电子秤等，根据墙板灌注数量，配置一定量的灌浆料。

（4）预制墙板与现浇结构结合部分表面应清理干净，不得有油污、浮灰、黏结物、木屑等杂物，并且将构件表面处剔毛且不得有松动的混凝土碎块和石子；与灌浆料接触的构件表面要用水润湿且无明显积水，保证灌浆料与其接触构件接缝严密，不漏浆。

（5）灌浆作业分区。预制墙板钢筋利用套筒灌浆连接，吊装之前在预制墙板和现浇墙板之间留置 20mm 厚的灌浆区。套筒灌浆连接时，由于需灌浆面积较大、灌浆量较多、灌浆所需操作时间较长，而灌浆料初凝时间较短，随操作时间延长，其可操作性快速下降，无法保证灌浆饱满充实，故需对一个较大的灌浆结构进行人为分区操作，保证其灌浆操作的可行性。

（6）在预制墙板吊装就位前，先在预制墙板安装位置四周，用灌浆料做灌浆分区带并兼作控制预制墙板标高的灰饼。将灌浆区域分段，并且保证每个分区使用两到三筒的灌浆料量，通过计算灌浆分区留置体积得出每个分区中灌浆料的所需量，估算在保证灌浆料流动性前提下可以在多长时间内将该分区灌满。灌浆分区施工完毕 4 小时后，灌浆料灰饼达到一定强度方可吊装预制墙板就位，就位后对墙体四周进行封堵，防止漏浆。待封堵浆料强度达到要求后开始进行下一步灌浆操作。灰饼制作时要采用模板控制好灰饼高度及灰饼平整度，保证预制墙板下留置灌浆缝高度，使后续吊装施工能顺利进行。

6. 预制构件安装

6.1 吊装机具、设备选择

6.1.1 塔式起重机选择

根据现场场地条件，为了同时满足结构吊装及预制构件进场卸车的要求，结合构件平面布置图及构件拆分平面图等，计算出预制构件吊装最不利工况的作业半径为 26.13m，质量为 5.1t，预制构件卸车最不利工况的作业半径为 37.97m，质量为 1.6t，因此选用一台 TC7035B-16 型塔式起重机（最大起重力矩 3840kN·m），最大工作幅度 40m，最小工作幅度 3.5m，起升倍率为 4。

13#楼建筑高度为 78.53m，塔式起重机基础顶标高为-9.6m，塔式起重机独立起升高度为 61.5m，根据施工需要确定安装高度为 100m，根据该型号塔式起重机性能，选用附着式进行安装，需附墙二道，第一道附墙位置选择在 12 层结构面（标高 31.9m），第二道附墙位置选择在 20 层结构面（标高 55.1m）。根据图纸确定最不利工况为①～②轴交Ⓐ轴外墙（编号 YWQ-023），构件质量 5.1t（带飘窗外墙），作业半径 26.13m，塔式起重机参数见附表 2-6。

附表 2-6 塔式起重机参数

吊装工况	构件质量/t	作业半径/m	起重臂长/m	额定起重量/t
①～②轴交Ⓐ轴	5.1	26.13	40	8

6.1.2 吊具选用

吊具选用见附表 2-7。

附表 2-7 吊具选用表

序号	名称	型号	单位	数量
1	吊装梁	工字钢	根	2
2	索具	5t	个	6
3	钢丝绳	6×37	根	8
4	电动扳手		把	2
5	对讲机		部	8
6	水平仪		台	1

（1）钢丝绳选用 6×37 类。钢丝绳直径选用计算过程如下：$S=Q/N\times1/\sin\beta=51\text{kN}/2\times1/\sin90°=25.5\text{kN}$（$Q$ 为吊物重量，N 为钢丝绳数量，S 为每根钢丝绳拉力，β 为 90°），起重用钢丝绳的安全系数 K 值取 6，$P\geqslant SK$ [P 为钢丝绳的破断拉力（kN）]，$P\geqslant 25.5\text{kN}\times6=153\text{kN}$，通过查资料可知选用直径为 17.5mm 的钢丝绳（破断拉力为 189.5kN）。钢丝绳主要用于尺寸较小的预制隔墙、外装饰板等的吊装作业。

（2）内墙和外墙采用吊装梁和索具进行吊装，具有较好的稳定性和安全性。

附图 2-12 所示为内墙和外墙吊装索具及吊装梁，附图 2-13 所示为内墙和外墙吊装示意图。

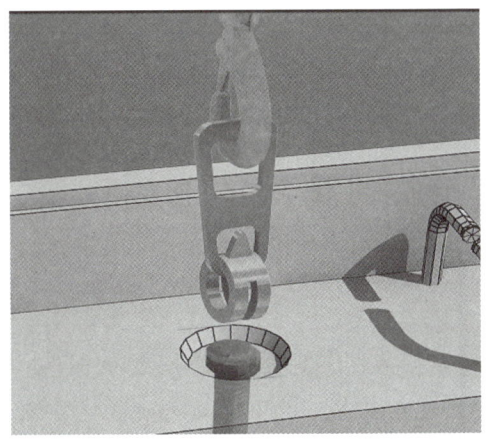
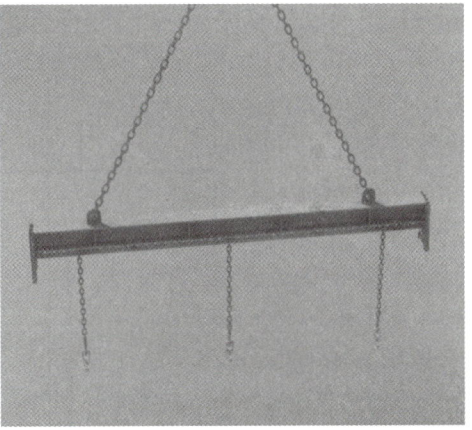

附图 2-12 内墙和外墙吊装索具及吊装梁

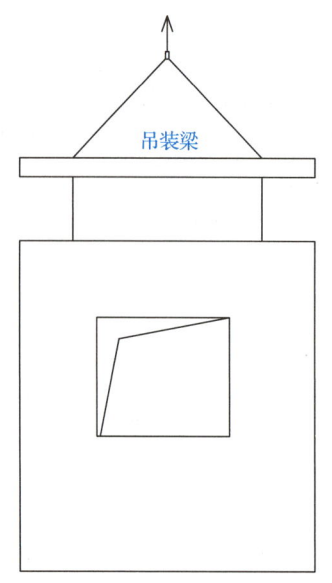

附图 2-13　内墙和外墙吊装示意图

6.2　结构安装

6.2.1　构件编号

每个预制构件在进场前根据构件拆分平面图（附图 2-1）、叠合板平面布置图（附图 2-3）编号做好标记，吊装作业时工人可以依据标记进行吊装，这样可直观显示出构件位置，便于安装工和起重信号工操作，减少误吊概率。吊装前在预制构件上将各个截面的控制线提前放好，可节省吊装、调整时间，并有利于质量控制。

6.2.2　套筒灌浆连接钢筋定位措施

1．转换层钢筋预留

13#楼 1～4 层及地下室为现浇结构，即现浇施工至结构标高 8.63m 时，该层剪力墙体内需插入与第 5 层预制墙板套筒相连接的钢筋，钢筋直径为 16mm，且需高出第 4 层楼板 150mm，如附图 2-14 所示。

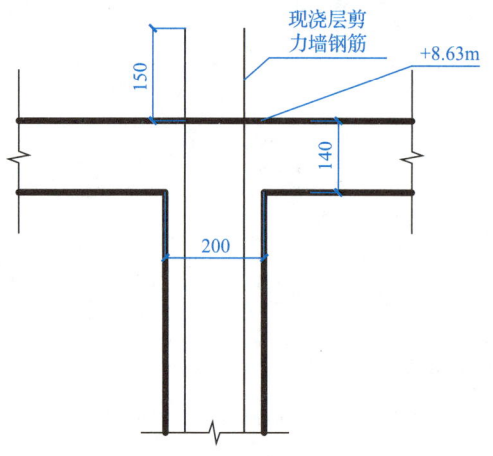

附图 2-14　转换层套筒灌浆连接钢筋出墙示意

钢筋定位控制钢板在工厂严格按照图纸尺寸进行加工，通过精密设备开孔，并在进场前进行质量验收，不合格的钢筋定位控制钢板将退还工厂，重新加工。

安装精度方面，使用红外线仪器精确定位，并由质检员逐个验收，确保安装合格之后再浇筑混凝土。

2．钢筋定位控制钢板制作

根据图纸上的钢筋定位尺寸，在加工区制作钢筋定位控制钢板，钢筋定位控制钢板使用 5mm 厚钢板制作。

3．钢筋定位控制钢板定位与固定

钢筋定位控制钢板定位时，专职测量放线员使用经纬仪和全站仪投放定位线，并用油漆做好标记，确保钢筋定位控制钢板定位准确，并及时复核放线的准确性。在施工前将各个型号的墙体钢筋定位控制钢板逐个分门别类，并进行编号，以确保工人施工过程中方便准确地安放。按照图纸尺寸，在钢筋定位控制钢板表面标记轴线及轴线编号，安放时将钢筋定位控制钢板表面的轴线与纵横轴线相对应，保证钢筋定位控制钢板定位准确。钢筋定位控制钢板如附图 2-15 所示。

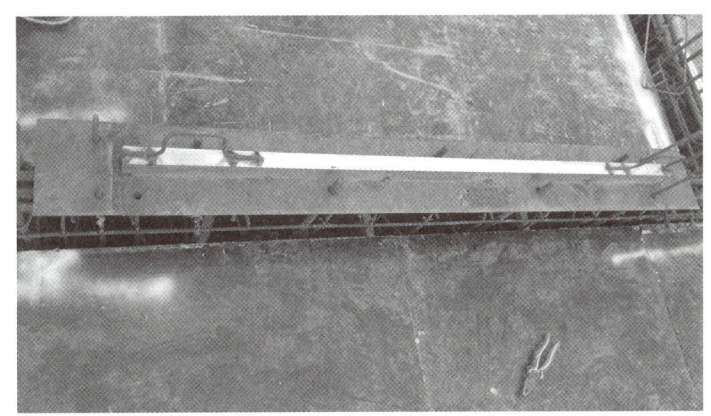

附图 2-15　钢筋定位控制钢板

在管理上，相关管理人员注意交底及保证钢筋定位控制钢板安放后不移位，混凝土浇筑过程中要对其进行跟踪复测，及时调整。钢筋定位控制钢板拆除需要在叠合板现浇部分混凝土浇筑完毕并且本层的轴线及控制线都投放完毕之后进行，这样可方便钢筋定位控制钢板上的轴线跟楼面的轴线对照，进而核对钢筋定位控制钢板或钢筋是否偏位。

钢筋定位控制钢板应根据图纸统计各种类型，并且给每个钢筋定位控制钢板编一个序号，且此序号与对应构件编号相同，保证在施工过程中钢筋定位控制钢板不乱用、不混用。钢筋定位控制钢板要在加工区按照图纸尺寸加工准确，防止构件安装时钢筋不能顺利插入套筒中。

6.3　预制构件安装

本工程预制构件从地上第 5 层开始安装，即整体现浇施工至标高 8.63m 位置后开始进行装配施工。第 4 层为现浇施工与装配施工转换层，应在施工过程中控制好与上层墙体连接的钢筋的位置，采用钢筋定位控制钢板对钢筋进行固定。准备工作完成后在第 4 层顶面弹出墙体安装控制线，然后按照外墙板—内墙板—PCF 板、外装饰板—预制隔墙—叠合板—

楼梯等的顺序进行吊装，采取整体推进式吊装顺序，确保建筑整体的安全，外墙板和内墙板吊装完成后及时进行套筒灌浆作业。叠合板安装就位后应绑扎楼板上层钢筋，铺设管线，隐蔽工程完成后浇筑竖向现浇节点及叠合板上层混凝土。

6.3.1 内外墙板吊装

（1）构件吊装应采用慢起、快升、缓放的操作方式，保证构件平稳放置。

（2）构件吊装时，起吊、回转、就位与调整等阶段应有可靠的操作与施工措施，以防构件发生碰撞、扭转与变形。

（3）墙板安装前，需要对墙板标高支承垫片的位置进行测设。墙板安装定位线弹完后，开始对垫片位置进行测量。外墙板垫片位于外墙板轴线上，内墙板垫片靠边线放置，同一墙板下2组垫片对称错开放置，当墙板下垫片超过3组时，中间垫片比两边低1mm。垫片放置厚度按最少垫片数量搭配，有利于减少误差和节约垫片，大厚度垫片采用与现浇节点相同强度等级的混凝土进行预制及养护。

墙板标高调节所用不同厚度垫片如附图2-16所示。

附图 2-16　墙板标高调节所用不同厚度垫片

（4）第5层墙板吊装前，第4层剪力墙及板混凝土应浇筑完成。第4层板浇筑完成后及时进行板面清理，预留钢筋接头处清除浮浆，现浇节点部位做凿毛处理，保证上下层混凝土结合可靠。在第5层预制墙板安装前，对预留钢筋位置进行复核调整，以保证预制墙板安装时钢筋能与套筒位置完全对照。其余非现浇节点部位及现浇剪力墙位置钢筋应进行收头处理。

（5）根据结构及户型特点，先进行外墙板安装，后进行内墙板安装。内墙板安装时从西至东逐户进行。吊装预制墙板前先在下层墙板上放置用于调整墙板标高的垫片，测量合格后，开始安装上部墙板，待墙板垂直度及轴线、端线、标高均符合要求，以及斜支撑固定牢固后方可松钩。墙板吊装完成后及时进行墙边缝的封堵，待封堵料达到强度要求后开始进行套筒灌浆作业。

（6）预制墙板吊装通过预埋吊杆及专用吊钩进行，当预制墙板起吊至距地300mm时，停止提升，检查塔式起重机的刹车性能良好、吊具、索具可靠，预制墙板外观质量良好及吊环连接无误后可进行正式吊装，起吊要求缓慢匀速，保证预制墙板边缘不被损坏。

（7）预制墙板通过吊具起吊，平稳后再匀速转动吊臂，靠近建筑物后由起重信号工指挥塔式起重机缓慢地将预制墙板吊装至安装位置，然后缓慢降落，由吊装工人通过拉钩或绳索牵引构件，防止预制墙板转动。当预制墙板下落至作业层上方 600mm 左右时，停止下降，调整预制墙板位置，检查预制墙板方向是否正确，无误后方可缓慢降落。下落过程由安装人员扶持，缓缓下降墙板，使上层墙板下部套筒与下层墙板上部钢筋对正。

（8）吊装工人按照墙板定位线将墙板落在初步安装位置（整个调整过程吊具不可以脱钩，还必须承担构件质量）。墙板落到安装位置后进行临时固定，然后对墙板的垂直度及平面位置进行调整。平面位置的调整主要是墙板在平面上进行左右位置的调整，平面位置误差不得超过 2mm。

（9）墙板安装时的水平标高应根据设计要求进行控制，以上口水平及楼层水平弹线控制为重点，且在保证垂直度的情况下，尽量使外观保持一致。调整标高必须以墙板上的标高及水平控制线作为控制的重点，标高的允许误差为 2mm，每吊装 3 层必须整体校核一次标高、轴线的偏差，确保偏差控制在允许范围内。若出现超出允许的偏差，应由技术负责人与监理、设计、业主代表共同研究解决。

6.3.2 临时斜支撑安装

（1）标准层内墙板及外墙板安装时需采用临时斜支撑固定，临时斜支撑底部固定在叠合板上。墙板安装就位后立即安装墙板临时斜支撑，用螺栓将临时斜支撑的杆件安装在预制墙板及现浇板的螺栓连接件上，每面墙临时斜支撑数量不少于两个。外墙板的临时斜支撑安装在墙板的内侧面，内墙板的临时斜支撑安装在墙板的两侧，临时斜支撑与楼板面的夹角宜为 45°～60°。临时斜支撑如附图 2-17 所示。

附图 2-17 临时斜支撑

（2）通过临时斜支撑调节杆的可调节装置，可对墙板顶部的水平位移进行调节，进而对其垂直度进行调整，并用 2m 靠尺检查墙板垂直度，保证墙板的垂直度满足要求。

（3）安装固定外墙板的临时斜支撑调节杆、限位器应在与之相连接的现浇混凝土、套筒灌浆作业完成且达到设计强度要求后方可拆除。

（4）预制隔墙施工前，预制隔墙的永久固定件必须做好防火保护，并做好隐蔽验收。

6.3.3 空调板（外装饰板的一种）安装

（1）空调板设置在与楼承板相同标高的位置上，与上下层剪力墙及同层叠合板形成水平十字接头构造，空调板需要在叠合板现浇层浇筑前安装完成，并将预留锚固钢筋锚固在现浇暗梁及楼板内。

（2）竖向空调板下部通过套筒灌浆方式与水平空调板进行连接，上部采用角钢与上部

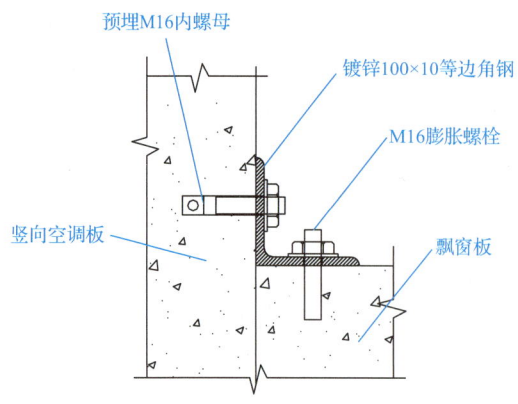

附图 2-18　竖向空调板上部连接示意图

飘窗板连接成一体，竖向空调板上部连接示意图如附图 2-18 所示。

6.3.4　楼梯安装

（1）根据施工图纸，弹出楼梯安装控制线，对控制线及标高进行复核。

（2）在楼梯梯段上下口梯梁处铺 20mm 厚水泥砂浆，坐浆找平，找平层灰饼标高要控制准确。

（3）楼梯采用水平吊装方式，将专用吊环与楼梯预埋吊装螺杆连接，确认牢固后方可继续缓慢起吊，待楼梯吊装至作业面上 500mm 处略作停顿，根据楼梯方向调整，就位时要缓慢操作，严禁快速猛放，以免造成楼梯震裂损坏。

附图 2-19　楼梯吊装过程

（4）楼梯吊装时，由于楼梯自身抗弯刚度能够满足吊运要求，故楼梯采用常规方式吊运（即吊索+吊钩）。为了保证楼梯准确安装就位，需控制楼梯两端吊索长度，要求楼梯两端部同时降落至休息平台上。

（5）楼梯基本就位后，根据控制线，利用撬棍微调、校正。楼梯吊装过程如附图 2-19 所示。

（6）楼梯端部按照图集《预制钢筋混凝土板式楼梯》（15G367—1）相关做法固定，详细做法见附图 2-20。

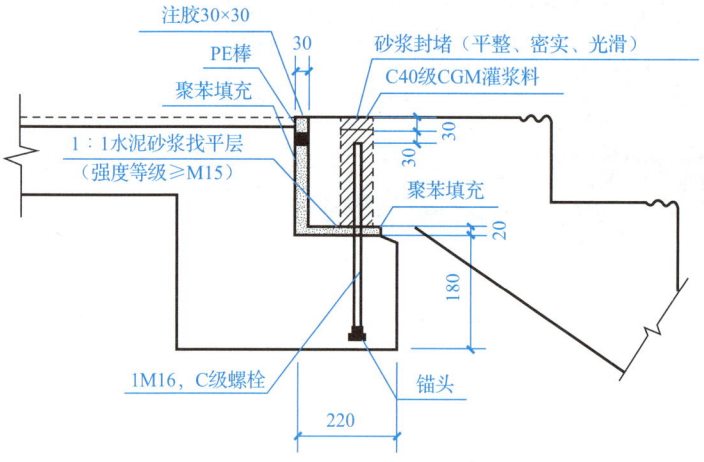

（a）剪刀楼梯固定铰端安装节点大样

附录 2　某装配整体式剪力墙结构项目案例

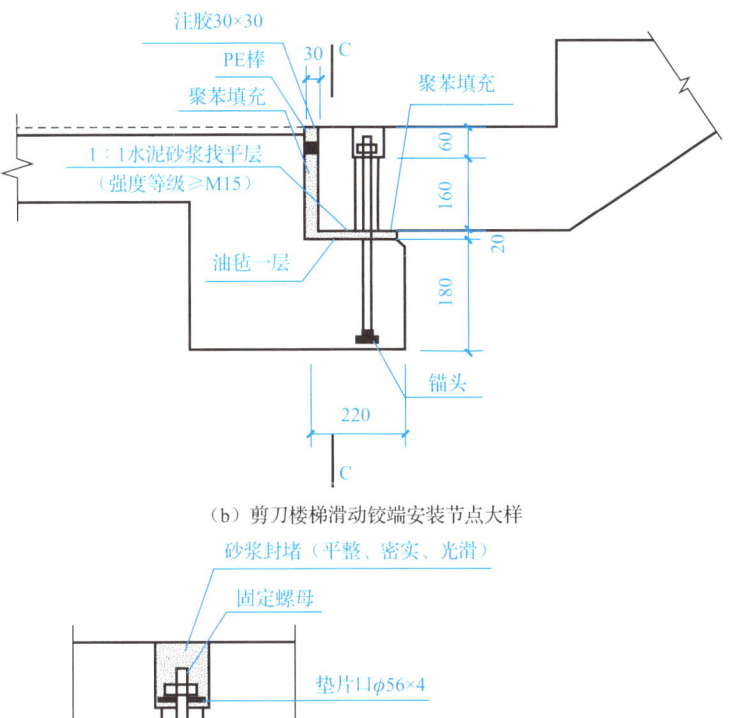

(b) 剪刀楼梯滑动铰端安装节点大样

(c) C—C 剖面图

附图 2-20　楼梯节点做法

6.3.5 叠合板吊装

1) 吊装准备

(1) 叠合板吊装前，内外墙板的套筒灌浆作业必须施工完成，且强度达到 35MPa，现浇节点钢筋绑扎作业完成，模板安装完成，预制隔墙吊装也已完成，且叠合板板底临时支撑搭设完成。

(2) 根据施工图纸，检查叠合板构件类型，确定安装位置，并对叠合板吊装顺序进行编号。

(3) 根据施工图纸，弹出叠合板的水平及标高控制线，同时对控制线进行复核，并将叠合板的边线弹好。

(4) 叠合板支撑采用可调节式三角架加独立支撑的方式，根据水平及标高控制线，在

附图 2-21 叠合板临时支撑体系

与叠合板连接的墙体上预留三角架孔,以安装支撑用三角架,三角架与墙体采用螺栓固定。在房间中间加设独立支撑,与三角架连成叠合板临时支撑体系,如附图 2-21 所示。

2)叠合板吊装要求

(1)叠合板根据设计要求设置 4~6 个吊点,吊装时采用叠合板专用吊装梁,通过板顶部预埋吊环进行。吊点在顶部合理对称布置,使叠合板的起吊钢丝绳垂直受力,防止叠合板吊装时折断。

(2)叠合板吊装过程中,在作业层上空 300mm 处略作停顿,根据叠合板位置及水电预埋对叠合板进行调整和定位。

(3)吊装过程中,注意避免叠合板上的预留钢筋与墙体的竖向钢筋碰撞,叠合板应稳停慢放,以免吊装放置时冲击力过大导致板面损坏,以及对已安装完成的内外墙板及隔墙产生扰动。

(4)叠合板应放置在临时支撑三角架上,并伸到墙体内不小于 10mm,叠合板与叠合板之间采用密拼方式连接,中间不留缝隙。

(5)叠合板就位校正时,采用楔形小木块嵌入调整,不得直接使用撬棍调整,以免出现板边损坏。

(6)叠合板安装完成后,及时对板与墙之间预留缝隙进行封堵,防止混凝土浇筑过程漏浆。

7. 套筒灌浆施工

7.1 套筒灌浆连接工艺流程图

套筒灌浆连接工艺流程图如附图 2-22 所示。

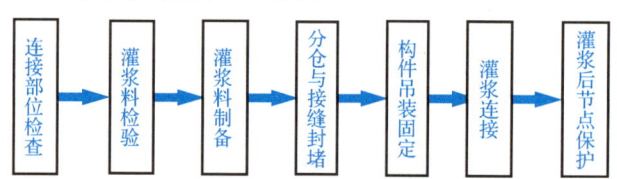

附图 2-22 套筒灌浆连接工艺流程图

7.2 套筒灌浆连接操作工艺及要求

1)连接钢筋检查

检验下层结构伸出的连接钢筋的位置和长度,位置和长度应符合设计要求。钢筋位置偏差不得大于 3mm(可用钢筋位置检验模板检测);钢筋不正时可用钢管套住扳正;钢筋长度偏差为 0~15mm;钢筋表面应干净,无严重锈蚀,无粘贴物,无灰浆。

2)构件连接面检查

构件水平接缝(灌浆缝)基面应干净,无油污等杂物。高温干燥季节应对构件与灌浆料接触的表面做润湿处理,但不得形成积水。冬季施工应控制好灌浆料温度,并做好现场温度监测,做好保温措施。温度低于灌浆作业要求的温度时应停止灌浆作业。

7.3 构件吊装固定

在安装基面上放置垫片(根据实际情况选用不同厚度垫片)并调平,构件吊装到位。

安装构件时,下方构件伸出的连接钢筋均应插入上方预制构件的连接套筒内(底部套筒孔可用镜子观察),然后放下构件,校正构件位置和垂直度后用临时支撑固定。

附图 2-23 所示为墙板吊装定位。

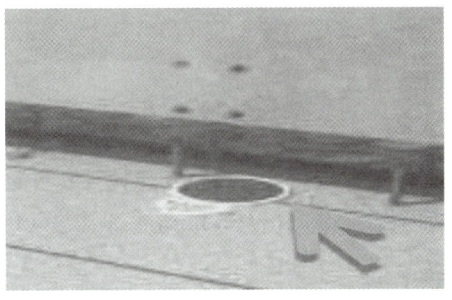

附图 2-23 墙板吊装定位

7.4 分仓与接缝封堵

(1)采用电动灌浆泵灌浆时,一般单仓长度不超过 1m,经过实体灌浆试验确定可行后,单仓长度可增大,但不宜超过 3m。仓体越长,灌浆阻力越大,灌浆压力越大,灌浆时间越长,对封缝的要求越高,灌浆不满的风险也越大。

采用手动灌浆枪灌浆时,单仓长度不宜超过 0.3m。

分仓隔墙宽度应不小于 2cm,为防止遮挡套筒孔口,分仓隔墙距离连接钢筋外缘应不小于 4cm。

分仓时两侧须添加内衬模板(模板通常为便于抽出的 PVC 管),将拌好的封堵料填塞充满模板,保证封堵料与上下构件表面结合密实,然后抽出内衬模板。

分仓后在构件对应位置做出分仓标记,记录分仓时间,便于指导灌浆。

附图 2-24 所示为灌浆分仓示意图。

(2)封堵:对构件接缝的外沿应进行封堵。根据构件特性可选用专用封缝料、密封条(必要时在密封条外部设角钢或木板支撑保护)或两者结合封堵。一定要保证封堵严密、牢固可靠,否则压力灌浆时一旦漏浆很难处理。封堵完毕,确认干硬强度达到要求(常温24小时,约 30MPa)后再灌浆。

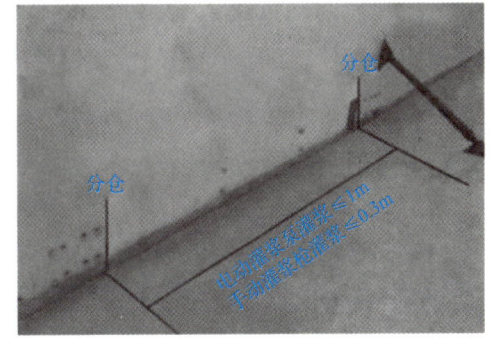

附图 2-24 灌浆分仓示意图

7.5 灌浆料制备

在装配式建筑施工中，套筒灌浆连接必须采用经过接头型式检验的匹配的灌浆套筒和灌浆料，并经检验合格后使用。

灌浆料如附图 2-25 所示。

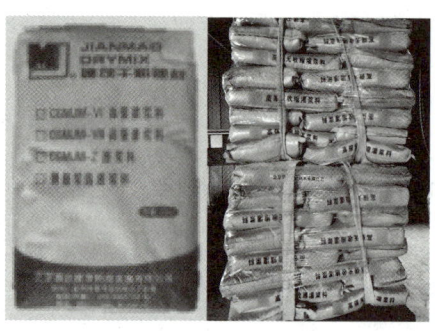

附图 2-25　灌浆料

1）施工准备

施工准备工作的内容有：准备灌浆料（打开包装袋检查灌浆料，灌浆料应无受潮结块或其他异常）、清洁水和施工器具。

施工器具包括：测温仪，电子秤和刻度杯，不锈钢制浆桶、水桶，手提变速搅拌机，灌浆枪或电动灌浆泵，流动度检测装置，圆截锥试模，玻璃板（500mm×500mm），钢板尺（或卷尺），强度检测装置，三联模 3 组。

采用电动灌浆泵时应有停电应急措施。

部分施工器具如附图 2-26 所示。

附图 2-26　部分施工器具

2）灌浆料制备要求

灌浆料制备时，要严格按本工程用产品出厂检验报告要求的水料比 13% 进行，即 13g 水+100g 干料，用电子秤分别称量干料和水的质量，也可用刻度杯计量水。

先将水倒入不锈钢制浆桶，然后加入约 70% 干料，用手提变速搅拌机搅拌 1～2min，大致均匀后，再将剩余干料全部加入，再搅拌 3～4min，至彻底均匀。

搅拌均匀后，静置 2～3min，使浆内气泡自然排出后再使用。

灌浆料制备过程如附图 2-27 所示。

附图 2-27　灌浆料制备过程

7.6 灌浆料检验

1）流动度检测

每班套筒灌浆连接施工前应进行灌浆料初始流动度检测，并记录有关参数，流动度检测合格方可使用。

环境温度超过产品使用温度上限（35℃）时，须做实际可操作时间检验，保证灌浆施工时间在产品可操作时间内完成。

流动度检测如附图 2-28 所示。

2）现场抗压强度检验

根据需要进行现场抗压强度检验。制作试件前，灌浆料需要静置 2~3min，使浆内气泡自然排出。

试件密封后要现场同条件养护。灌浆料试件现场制作图如附图 2-29 所示。

附图 2-28　流动度检测　　　　　附图 2-29　灌浆料试件现场制作图

7.7 灌浆连接

1）灌浆孔、出浆孔检查

在正式灌浆前，逐个检查各接头的灌浆孔和出浆孔（附图 2-30）内有无影响灌浆料流动的杂物，确保孔路畅通。

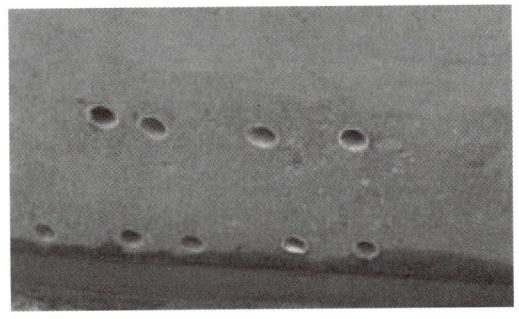

附图 2-30　灌浆孔和出浆孔

2）灌浆

用电动灌浆泵从接头下方的灌浆孔处向套筒内压力灌浆。

特别注意，灌浆料要在自加水搅拌开始 20~30min 内灌完，以尽量保留一定的操作应急时间。

灌浆过程中，应注意以下两项内容。

注意1：同一仓只能在一个灌浆孔灌浆，不能同时选择两个及以上孔灌浆。

注意 2：同一仓应连续灌浆，不得中途停顿；如果中途停顿，再次灌浆时，应保证已灌入的灌浆料有足够的流动性，还需要将已经封堵的出浆孔打开，待灌浆料再次流出后再逐个封堵出浆孔。

电动灌浆泵灌浆如附图 2-31 所示。

附图 2-31　电动灌浆泵灌浆

3）封堵出浆孔、灌浆孔，巡视构件接缝处有无漏浆

接头灌浆时，待接头上方的出浆孔流出灌浆料后，及时用专用橡胶塞封堵。灌浆泵（枪）撤离灌浆孔时，也应立即封堵灌浆孔。

通过水平缝连通腔一次向构件的多个接头灌浆时，应按灌浆料排出顺序，依次封堵出浆孔和灌浆孔，封堵时灌浆泵（枪）一直保持灌浆压力，直至所有出浆孔和灌浆孔出浆并封堵牢固。如有漏浆须立即补灌损失的灌浆料。

在灌浆完成、灌浆料凝固前，应巡视检查已灌浆的接头，如有漏浆及时处理。

出浆孔封堵如附图 2-32 所示。

附图 2-32　出浆孔封堵

4）接头充盈度检查

灌浆料凝固后,应进行接头充盈度检查,即取下灌浆孔、出浆孔封堵橡胶塞,检查孔内凝固的灌浆料上表面,灌浆料上表面应高于出浆孔下缘5mm以上,如附图2-33所示。

5）灌浆作业记录

灌浆完成后,填写灌浆作业记录表,发现问题的补救处理也要做相应记录。

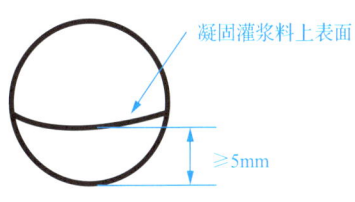

附图2-33 接头充盈度检查

7.8 灌浆后节点保护

灌浆后灌浆料同条件养护试件强度达到35MPa后,方可进入下一道工序施工（扰动）。一般情况下,环境温度在15℃以上时,24小时内构件不得受扰动;在5～15℃时,48小时内构件不得受扰动;在5℃以下时,须对构件接头部位加热保持在5℃以上至少48小时,其间构件不得受扰动。

8. 质量验收

8.1 构件进场与安装检验

（1）所有预制构件的外观质量不应有严重缺陷。对已经出现的严重缺陷,应按技术处理方案进行处理,并重新检查验收。

检验数量：全数检验。

检验方法：观察,检查技术处理方案。

（2）预制构件不应有影响结构性能和安装、使用功能的尺寸偏差。对超过尺寸允许偏差且影响结构性能和安装、使用功能的部位,应按技术处理方案进行处理,并重新检查验收。

检验数量：全数检验。

检验方法：量测,检查技术处理方案。

（3）预制墙板安装允许尺寸偏差及检验方法,当设计无具体要求时,应符合附表2-8的规定。

附表2-8 预制墙板安装允许尺寸偏差及检验方法

项目	允许偏差/mm	检验方法
单块墙板水平位置偏差	5	基准线和钢尺检查
单块墙板顶标高偏差	±3	水准仪或拉线、钢尺检查
单块墙板垂直度偏差	3	2m靠尺和塞尺检查
相邻墙板高低差	4	2m靠尺和塞尺检查
相邻墙板拼缝偏差	±3	钢尺检查
相邻墙板平整度偏差	4	2m靠尺和塞尺检查
建筑物全高垂直度	$H/2000$	经纬仪

（4）预制叠合板安装允许尺寸偏差及检验方法,当设计无具体要求时,应符合附表2-9的规定。

附表2-9　预制叠合板安装允许尺寸偏差及检验方法

项目	允许偏差/mm	检验方法
预制叠合板搁置长度偏差	0，3	基准线和钢尺检查
安装标高	±3	水准仪或拉线、钢尺检查
单块叠合板水平位置偏差	5	基准线和钢尺检查
相邻叠合板高低差	3	水准仪或拉线、钢尺检查
相邻叠合板平整度	4	2m靠尺和塞尺检查

（5）预制楼梯安装允许尺寸偏差及检验方法，当设计无具体要求时，应符合附表2-10的规定。

附表2-10　预制楼梯安装允许尺寸偏差及检验方法

项目	允许偏差/mm	检验方法
单块楼梯板水平位置偏差	5	基准线和钢尺检查
单块楼梯板标高偏差	±3	水准仪或拉线、钢尺检查
相邻楼梯板高低差	2	2m靠尺和塞尺检查

（6）预制构件拼缝处防水密封材料必须符合设计要求，并具有合格证及检测报告。必要时应提供防水密封材料进场复试报告。

拼缝处密封胶打注必须饱满、密实、连续、均匀、无气泡，宽度和深度符合要求，胶缝应横平竖直、深浅一致、宽窄均匀、光滑顺直。

8.2　套筒灌浆料

（1）套筒灌浆料技术性能应符合附表2-11的要求。

检验数量：全数检验。

检验方法：检查合格证、检测报告。

附表2-11　套筒灌浆料的技术性能

检测项目		性能指标	检验方法
流动性/mm	初始	≥300	尺量检查
	30min	≥260	
抗压强度/MPa	1d	≥35	试件压力试验机
	3d	≥60	
	28d	≥85	
竖向膨胀率/%	3h	≥0.02	竖向膨胀率测定仪
	24h/3h 差值	0.02～0.50	
氯离子含量/%		≤0.03	交流电法
泌水率/%		0	压力检测器

（2）套筒灌浆料进场前，检查其性能指标，其复试性能指标应符合规范规定。

检验数量：按同一生产厂家、同一等级、同一品种、同一批号且连续进场的灌浆料，不超过50t且半个月内进场为一批，每批抽样不少于1次。

检验方法：检查试件强度试验报告。

附录 3　AI 伴学内容及提示词

AI 伴学工具：生成式人工智能（GenAI）工具，如 DeepSeek、Kimi、豆包、通义千问、文心一言、ChatGPT 等。

序号	AI 伴学内容	AI 提示词
1	模块1　装配式混凝土建筑概述	装配式混凝土建筑与传统现浇建筑相比，在施工效率、质量控制和环境影响方面有哪些显著优势？这些优势如何体现"高质量发展"理念？
2		装配式混凝土建筑的主要结构体系有哪些？不同体系在抗震性能、适用范围和经济效益方面有何差异？
3		BIM 技术和数字孪生如何赋能装配式混凝土建筑全生命周期管理？这种数字化转型如何体现"促进数字经济和实体经济深度融合"的要求？
4		装配式混凝土建筑在全生命周期内的碳排放比传统建筑低多少？哪些关键环节（如材料生产、运输、施工）的减排潜力最大？
5	模块2　预制构件运输、进场验收与存放	预制构件运输固定装置如何通过技术创新保障特殊气候条件下的运输安全？
6		预制构件智能验收系统如何通过 AI 技术提升检测精度和效率？
7		预制构件进场验收如何通过区块链技术构建质量追溯体系？
8		预制构件存放场地如何通过光伏一体化设计实现绿色升级？
9	模块3　预制柱施工技术	预制柱施工的主要步骤有哪些？各环节的关键控制点是什么？
10		预制柱的垂直度偏差如何检测？允许误差范围是多少？
11		预制柱吊装作业中存在哪些安全隐患？需采取哪些防护措施？
12		预制柱的混凝土强度等级选择依据是什么？钢筋保护层厚度如何控制？
13		预制柱施工与传统现浇柱相比，在工期和成本上有何差异？
14	模块4　预制混凝土剪力墙施工技术	预制剪力墙吊装前需要完成哪些准备工作？如何确保安装精度？
15		预制剪力墙与现浇结构连接处的钢筋套筒灌浆施工有哪些技术要求？
16		高空作业时，如何设置临时支撑系统以确保剪力墙稳定性？
17		预制剪力墙的脱模剂选择对表面质量有何影响？
18		哪些建筑结构更适合采用预制剪力墙技术？

续表

序号	AI 伴学内容	AI 提示词
19	模块5 钢筋套筒灌浆施工技术	灌浆前需对套筒和钢筋进行哪些检查？如何确保灌浆密实度？
20		灌浆设备操作时应注意哪些安全规范？
21		套筒与钢筋对位偏差过大时，应采取哪些补救措施？
22		灌浆料的产品合格证和检测报告应包含哪些关键信息？
23	模块6 预制梁施工技术	哪些桥梁或建筑结构更适合采用预制梁技术？
24		目前有哪些新型预制梁连接技术（如体外预应力、螺栓连接等）？其优缺点是什么？
25		预制梁安装后出现裂缝的可能原因有哪些？如何预防？
26	模块7 预制叠合板施工技术	叠合板吊装时如何确保平稳性和安装精度？
27		叠合板与现浇层连接处的施工质量如何保证？
28		预制叠合板吊装作业面临的安全隐患有哪些？应采取哪些针对性防护措施？
29		目前有哪些新型叠合板连接技术（如螺栓连接、后浇带等）？其优缺点是什么？
30	模块8 预制楼梯施工技术	高空作业时，如何设置临时支撑系统以确保楼梯稳定性？
31		楼梯与平台连接处不平整会导致哪些后果？补救措施是什么？
32		BIM 技术如何优化预制楼梯的施工流程和质量管理？

参 考 文 献

郭学明，2017．装配式混凝土结构建筑的设计、制作与施工[M]．北京：机械工业出版社．
郭学明，2018．装配式建筑概论[M]．北京：机械工业出版社．
焦安亮，2017．装配式环筋扣合锚接混凝土剪力墙结构体系及建造技术[M]．北京：中国建筑工业出版社．
刘海成，郑勇，姚大鹏，等，2019．装配式剪力墙结构深化设计、构件制作与施工安装技术指南[M]．2版．北京：中国建筑工业出版社．
刘新伟，薛建新，廖逸安，等，2020．装配式叠合外墙的设计-生产-施工技术研究[J]．建筑节能，48（3）：161-165．
汤建新，马跃强，2021．装配式混凝土结构施工技术[M]．北京：机械工业出版社．
王茹，2020．装配式建筑施工与管理[M]．北京：机械工业出版社．
武鹤，杨道宇，张旭宏，2021．装配式混凝土结构设计与施工[M]．北京：中国建筑工业出版社．
吴耀清，鲁万卿，2017．装配式混凝土预制构件制作与运输[M]．郑州：黄河水利出版社．
吴耀清，刘萍，2019．构件装配工[M]．郑州：黄河水利出版社．
王发武，刘继鹏，2019．套筒灌浆工[M]．郑州：黄河水利出版社．
翟传明，王娟娟，张超，等，2020．装配式建筑配件质量检验技术指南[M]．北京：中国建筑工业出版社．

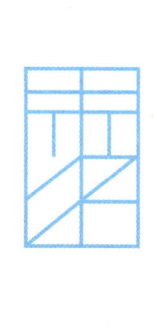